KB049594

아주 위험한
과학책

엉뚱한 상상을 과학적 현실로 만드는 '랜들 먼로 유니버스' 결정판

아주 위험한 과학책

랜들 먼로 지음 | 이강환 옮김

what if? 2

SIGONGSA

경고

집에서 절대 따라 하지 마세요.

이 책의 저자는 웹툰을 그리는 사람이지
건강이나 안전 분야의 전문가가 아닙니다.
그는 어딘가 불이 붙거나 무언가 폭발하는 장면을 좋아해요.
여러분이 좋아하는 것에는 별로 관심이 없다는 말이죠.
출판사와 저자는 직접적이든 간접적이든
이 책에서 얻은 정보 때문에 생기는
어떤 결과에도 책임이 없음을 밝힙니다.

차례

들어가며

저는 바보 같은 질문을 좋아합니다. 아무도 정답을 알 거라고 기대하지 않으니까 틀려도 상관없기 때문이죠. 그렇지만 동시에 저는 대학에서 물리학을 전공했다는 이유로 많은 것을 알고 있어야 한다는 압박을 받곤 합니다. 전자의 질량이나 풍선을 문지르면 머리카락이 끌려 곤두서는 이유 같은 것 말이죠. 누가 전자가 얼마나 무거운지 질문하면 긴장이 됩니다. 바로 대답하지 못하면 곤경에 처할 것만 같은 테스트처럼 느껴지거든요. 그 정도는 굳이 찾아보지 않아도 척척 답해야 할 것만 같습니다.

그런데 만일 큰돌고래에 있는 모든 전자의 무게가 얼마인가 같은 질문이라면 상황이 다릅니다. 누구도 그 숫자를 머리에 바로 떠올리지는 못합니다. 기가 막히게 엄청난 직업을 가지고 있다면 모를까요. 그러니까 헷갈리거나 약간은 멍청하게 느껴져도, 찾아보는 데 시간이 좀 걸려도 괜찮다는 겁니다. (혹시 궁금할까 봐 답을 알려드리면 약 220그램중입니다.)

때로는 간단해 보이는 질문이 실은 생각지도 못한 부분에서 어려운 질문으로 밝혀지기도 합니다. 실제로 풍선을 문지르면 머리카락이 왜 곤두설까요? 과학 시간에 흔히 알려주는 답은 음의 전하를 가진 전자가 머리카락에서 풍선으로 이동하여 머리카락이 양의 전기를 띠기 때문이라는 것입니다. 전기를 띤 머리카락이 서로를 밀기 때문에 곤두서는 거죠.

그런데 왜 전자는 하필 머리카락에서 풍선으로 이동할까요? 왜 다른 방향으로는 이동하지 않을까요?

아주 훌륭한 질문입니다. 아무도 답을 모르거든요. 물리학자들은 왜 어떤 물질은 접촉할 때 표면에서 전자를 내놓고 어떤 물질은 전자를 받아들이는지에 대해 그럴듯하고 일반적인 이론을 가지고 있지 않습니다. 마찰전기라는 이 현상은 최첨단 연구 영역입니다.

진지한 질문과 바보 같은 질문에 답하는 데에는 마찬가지의 과학이 사용됩니다. 마찰전기는 폭풍에서 번개가 만들어지는 법을 설명해줍니다. 생명체에 있는 아원자 입자*들의 수를 세는 것은 물리학자들이 방사선장애† 실험을 할 때 필요한 일입니다. 바보 같은 질문에 답을 하다 보면 진지한 과학의 영역으로 넘어갈 수 있는 거죠.

설사 쓸모없는 답이라고 해도 알면 재미있지 않나요? 여러분이 들고 있는 책은 대략 큰돌고래 두 마리 전자만큼의 무게일 거예요. 이 정보는 아무짝에도 쓸 데가 없겠지만, 그래도 재미있기를 바랍니다.

---

* 원자보다 더 작은 입자. 소립자나 원자핵, 양성자, 전자 따위가 있다. – 편집자
† 인체가 방사선에 피폭되었을 때 일어나는 장애. – 편집자

1. 수프로 태양계를 채운다면

태양계가 목성까지 수프로 채워져 있다면 어떻게 될까요?

- 아멜리아^{Amelia}, **5세**

태양계를 수프로 채우기 전에 모두 안전하게 태양계 밖으로 나가도록 안내하세요.

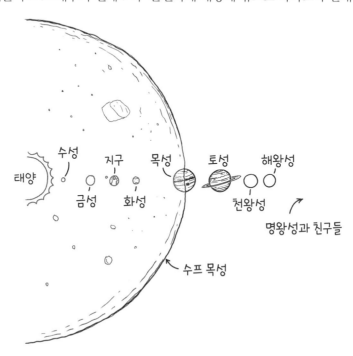

태양계가 목성까지 수프로 가득 찬다면, 어떤 사람들은 몇 분 정도는 괜찮을 거예요. 하지만 다음 30분 동안은 누구도 괜찮지 않을 겁니다. 그리고 그다음에는, 모든 게 끝날 거예요.

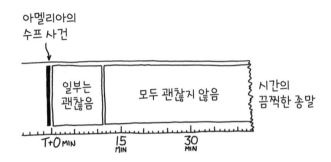

태양계를 채우려면 약 2×10^{39}리터의 수프가 필요합니다. 토마토 수프라고 치면 열량은 약 10^{42}칼로리죠. 태양이 일생 동안 방출하는 것보다 더 많은 에너지예요.

이 수프는 매우 무겁기 때문에 어떤 것도 그 엄청난 중력에서 탈출할 수 없을 것입니다. 블랙홀이 되는 거죠. 중력이 너무 강해서 빛도 탈출할 수 없는 경계인 블랙홀 사건의 지평선은 천왕성 궤도까지 이르게 됩니다. 명왕성은 일단은 사건의 지평선* 밖에 있지만 그렇다고 탈출할 수 있다는 말은 아닙니다. 빨려 들어가기 전에 겨우 전파 신호를 보낼 기회는 있을 거예요.

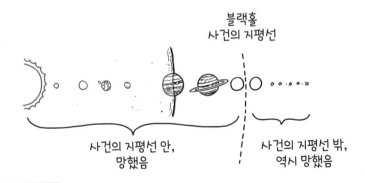

---

* 일반상대성이론에서 그 너머의 관찰자와 상호작용할 수 없는 시공간 경계면. - 편집자

수프 안에 있다면 어떻게 보일까요?

누구도 지구 표면 위에 서 있고 싶지 않을 상황이 펼쳐집니다. 수프가 태양계 행성들과 같이 회전한다고 가정하면 주변에 소용돌이가 생기지 않고 행성의 표면에서는 정지해 있습니다. 하지만 그렇다 하더라도 지구의 중력 때문에 생기는 수프의 압력이 지구에 있는 모든 것을 몇 초 안에 짓눌러버릴 것입니다. 지구의 중력이 블랙홀만큼 강하지는 않지만, 수프의 바다를 당겨서 당신을 으깨버리기에는 충분해요. 실제로 물로 이루어진 바다에서 지구의 중력으로 생기는 압력은 그렇게 할 수 있고, 심지어 아멜리아의 수프는 바다보다 훨씬 더 깊으니까요.

지구의 중력에서 벗어나 목성까지의 태양계 행성들 사이에 떠 있다면, 조금 이상한 일이긴 하지만 얼마 동안은 괜찮을 거예요. 당신은 지금 블랙홀 안에 있어요. 수프가 아니라도 뭔가가 금방이라도 당신을… 죽이게 되는 것 아닐까요?

신기하게도 그렇지 않아요! 보통은 블랙홀에 가까이 가면 조석력*이 당신을 찢어놓을 거예요. 그런데 블랙홀이 커질수록 조석력은 약해지고, 목성 수프 블랙홀은 우리은하† 질량의 약 500분의 1이에요. 이것은 천문학적인 기준으로 보아도 괴물 수준입니다. 알려진 가장 큰 블랙홀과 비교할 만한 크기죠. 아멜리아의 초거대 질량 수프 블랙홀은 충분히 커서 당신 몸의 다른 부분은 같은 중력을 받을 것입니다. 그

---

* 해수면의 높이의 차이를 일으키는 힘. 달과 태양의 인력과 지구의 원심력이 상호작용한 결과로 나타나는 현상. - 편집자

† 현재 인류가 살고 있는 태양계를 포함하고 있는 은하계. - 편집자

러니까 조석력을 느낄 수 없을 거예요.

수프의 중력을 **느낄** 수는 없다 해도, 중력은 당신을 가속시켜서 당신은 곧바로 태양계 중심을 향해 떨어지기 시작할 거예요. 1초가 지나면 당신은 20킬로미터 떨어져 있고 초속 40킬로미터로 움직이고 있을 겁니다. 대부분의 우주선보다 빠르죠. 하지만 수프도 당신과 함께 떨어질 것이기 때문에 당신은 아무것도 잘못되었다고 느끼지 못할 거예요.

수프가 태양계 중심을 향해서 안쪽으로 수축하면 분자들은 서로 더 가까이 눌려서 전체 압력이 올라가요. 이 압력이 당신을 부술 정도로 높아지는 데에는 몇 분이 걸릴 거예요. 만일 깊은 해구를 탐사할 때 사용하는 압력선인 수프 바티스카프* 같은 것을 타고 있다면 아마 10~15분은 더 버틸 수 있을 겁니다.

---

* 프랑스의 심해 관측용 잠수정. – 편집자

수프에서 탈출하기 위해 할 수 있는 일은 아무것도 없어요. 안에 있는 모든 것은 특이점을 향해 안쪽으로 흘러갈 거예요. 보통의 우주에서 우리는 모두 시간과 함께 앞으로만 가고, 시간을 멈추거나 되돌릴 방법은 없죠. 블랙홀 안에서는 시간이 **앞으로** 흐르기를 멈추고 **안으로** 흐르기 시작해요. 모든 시간선은 중심을 향해 모입니다.

우리의 수프 블랙홀 안에 있는 불운한 관찰자의 관점에서 보면 수프와 그 안에 있는 모든 것이 중심으로 떨어지는 데 약 30분이 걸릴 거예요. 그 이후에는 우리의 시간의 정의, 그리고 우리가 이해하고 있는 일반적인 물리학은 모두 무너집니다.

수프 밖에서는, 시간이 계속 흐르고 문제도 계속 일어납니다. 수프 블랙홀은 나머지 태양계를 마시기 시작합니다. 태양계에서 쫓겨난 명왕성도 거의 순식간에, 바로 이어서 카이퍼 벨트*와 이후 수천 년 동안 블랙홀은 우리은하를 가로지르며 별을 집어삼키고, 삼킨 것보다 더 많은 별을 모든 방향으로 흩어놓을 거예요.

아직 질문이 하나 더 남아 있습니다. 이건 도대체 어떤 종류의 수프일까요?

아멜리아가 태양계를 수프로 채우고 행성들이 그 안에 떠다닌다면 이건 행성 수

---

* 해왕성 바깥쪽에서 태양계 주위를 도는 작은 천체들이 밀집한 링 모양 영역. – 편집자

프일까요? 수프 안에 면이 있다면 행성과 면 수프가 되나요? 아니면 행성들은 크루 통(수프나 샐러드에 넣는, 바삭하게 튀긴 작은 빵 – 옮긴이) 같은 건더기에 해당되는 것일까 요? 면 수프를 만들고 암석과 먼지를 뿌리면 이것은 면과 먼지 수프가 될까요, 아니 면 그냥 더러워진 수프가 될까요? 태양이 있기 때문에 별 수프가 될까요?

인터넷 세상은 수프 분류에 대한 논쟁을 즐기는 것 같습니다. 다행히 이 경우에 는 물리학이 논쟁을 정리할 수 있습니다. 블랙홀 안으로 들어가는 물질은 그 성질을 그대로 유지하지 않는다고 알려져 있어요. 물리학자들은 이것을 **털 없음 정리**라고 부릅니다. 털이란 블랙홀을 구분할 수 있는 특성을 뜻하는데요, 블랙홀은 구별되는 특성이나 확실한 성질을 가지지 않습니다. 질량, 스핀*, 전하량과 같은 몇 가지 단순 한 차이를 제외하면 모든 블랙홀은 똑같습니다.

다시 말해서, 블랙홀 수프에 무엇을 넣느냐는 중요하지 않다는 거죠. 요리법이 어떻든 어차피 결국에는 똑같이 되어버립니다.

---

* 소립자의 기본 성질의 하나. 양자역학적인 입자 또는 계(系)가 궤도 운동에 의한 각운동량과는 별도로 고 유하게 가지고 있는 운동량으로, 모형적으로는 입자의 자전으로 본다. – 편집자

2. 돌아가는 헬리콥터 날개에서 버틴다면

헬리콥터의 회전날개를 손으로 잡고 있는데 누가 시동을 걸어버리면 어떻게 될까요?

- 코반 블랑세 Corban Blanset

혹시 영화에서 본 장면을 상상하셨나요?

그렇다면 실망하실 거예요. 실제로 일어나는 일은 이것과 더 가깝거든요.

헬리콥터의 회전날개가 속력을 얻는 데에는 시간이 좀 걸립니다. 날개가 움직이

기 시작하면 처음 한 바퀴를 도는 데 10~15초 정도 걸려요. 그러니까 회전하여 시야에서 사라지기까지 꽤 오랫동안 조종사와 불편한 눈맞춤을 해야 할 거예요.

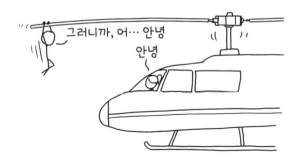

다행히 조종사 앞을 두 번 지나갈 필요는 없을 수도 있습니다. 당신은 당혹스러울 정도로 빨리 떨어질 거거든요. 날개의 표면에 매달려 있기란 날개가 멈춰 있을 때에도 굉장히 힘들어요. 하지만 설사 편안한 손잡이를 발견했다고 해도 아마 날개가 한 바퀴를 돌기 전에 놓치게 될 거예요.

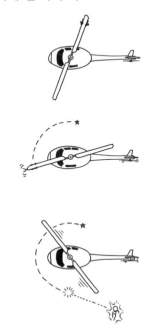

헬리콥터의 회전날개는 꽤 큽니다. 그래서 실제보다 더 천천히 움직이는 것처럼 보이죠. 우리는 그렇게 빠르게 움직이는 큰 물체에 익숙하지 않습니다. 착륙 중인 헬리콥터가 날개를 천천히 돌리고 있으면 아기 침대에 매달려 회전하는 모빌처럼 차분해 보일 거예요. 하지만 날개 끝에 매달려본다면 놀라울 정도로 강하게 밖으로 날아갈 거예요.

날개가 움직이기 시작하여 첫 반 바퀴를 도는 데에는 5~10초 정도 걸립니다. 날개에 매달려 있다면 그 지점에서 이미 몸이 눈에 띄게 밖으로 밀려나고, 원심력 때문에 5~10킬로그램중* 정도 더 무겁게 느낄 거예요. 다행히 대부분의 헬리콥터 회전날개는 땅에서 꽤나 가까이 있기 때문에 작은 부상과 자존심의 상처만 남기고 살아남을 수 있을 거예요.

그런데 어떻게든 계속 매달려 있다면 상황은 아주 빠르게 더 나빠질 겁니다. 날개가 완전히 한 바퀴를 돌 때쯤이면 원심력이 중력보다 강하게 바깥쪽으로 몸을 밀어낼 거예요.† 더해지는 힘은 당신에게 한 사람이 더 매달려 있는 것과 같을 겁니다.

아주 잘 잡고 있다 하더라도 매달려 있기 어려울 거예요. 비행하는 내내 날개에 매달려보고 싶다면 손을 날개에 묶어두는 어떤 장치를 준비해야 할 겁니다.

---

* 중력단위계의 힘의 단위로 중량킬로그램이라고도 한다. – 편집자
† 반드시 주 날개와 꼬리 날개 사이의 간격이 충분한 헬리콥터를 골라야 합니다. 아니면 꼬리 날개에 부딪히지 않게 정확한 시간에 몸을 잘 들어 올려야 할 거예요.

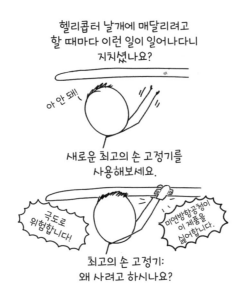

날개가 보통의 비율로 계속 가속되고, 어떻게든 계속 붙어 있다면 한 바퀴를 돈 다음에는 몸이 거의 직선으로 바깥으로 뻗을 거예요. 손은 몸보다 몇 배의 무게를 더 버텨야 하고요. 20초 동안 매달려 있으면 날개는 1초에 한 바퀴를 돌고 손에는 몇 톤의 힘이 가해질 것입니다. 30초가 지나면 어떤 식으로든 헬리콥터를 놓치게 될 거예요. 손이 계속 날개에 붙어 있다면 몸은 손에 붙어 있지 못할 거예요.

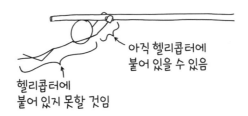

이 경험은 당신 못지않게 헬리콥터에게도 즐겁지 않을 것입니다. 날개가 보통의 경우처럼 계속 가속되지 못할 거예요. 당신의 손이 이렇게 큰 힘을 받는다면 헬리콥터도 마찬가지거든요. 헬리콥터의 회전날개는 수 톤의 힘을 견딜 수 있도록 설계되었습니다. 이 설계에는 힘의 균형이 잘 잡혀 있어요. 그래서 한쪽이 다른 쪽보다 더 큰 힘을 받는다면 균형이 깨져 헬리콥터가 앞뒤로 흔들리게 됩니다. 바닥에 잘 고정되지 않은 세탁기처럼요.

한쪽 날개에 불과 몇십 그램의 무게만 더해져도 불편할 정도로 강한 진동을 일으킬 수 있습니다. 사람 정도의 무게가 날개의 끝에 더해지면 속력을 얻기 한참 전에 헬리콥터가 뒤집힐 거예요.

생각해보면 이것은 멋진 영화 장면이 될 수도 있어요. 악당의 헬리콥터가 달아나려고 하는 장면에서 주인공이 질주해 착륙 썰매*에 매달리는 장면을 본 적이 있죠?

주인공이 정말로 악당이 달아나는 것을 막고 싶다면…

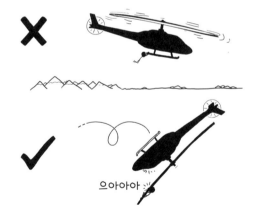

조금 더 높은 곳을 잡으면 됩니다.

---

* 헬기나 드론의 기체 하단 부분으로 랜딩 스키드라고도 한다. 이착륙 시 충격으로부터 기체를 보호하는 역할을 한다. – 편집자

3. 극도로 차가운 물체 옆에 있는다면

0켈빈, 즉 절대온도 0도인
커다란 물체 옆에 있으면 위험할까요?

- 크리스토퍼 Christopher

그러니까 당신은 극도로 차가운 철 큐브를 거실에 설치하기로 했어요.

우선, 절대 만지지 마세요. 만지고 싶은 욕구를 억누르기만 한다면 당장 고통 받지는 않을 거예요.

차가운 물체와 뜨거운 물체는 다릅니다. 뜨거운 물체 옆에 있으면 금방 죽을 수 있어요. (금방 죽을 수 있는 방법을 더 보려면 이 책의 아무 페이지나 펼쳐보세요.) 하지만 차가운 물체 근처에 있다고 해서 곧바로 얼지는 않습니다. 뜨거운 물체는 주변을 가열하는 열복사*를 방출하지만 차가운 물체는 차가운 복사를 방출하지 않아요. 그냥 그 자리에 있을 뿐이죠.

차가운 복사를 방출하지는 않지만 열복사의 **부족** 때문에 추위를 느낄 수는 있어요. 당신의 몸은 모든 따뜻한 물체와 마찬가지로 계속해서 열복사를 방출합니다. 다행히 가구나 벽, 나무처럼 주위에 있는 모든 물체는 **역시** 열을 방출하고, 그렇게 들어오는 복사는 당신이 잃는 열의 균형을 일부 맞춰줍니다. 우리는 보통 방의 온

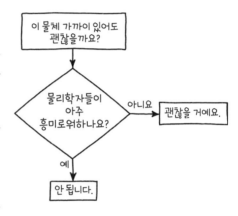

도를 섭씨나 화씨로 측정하지만 우리의 온도계를 켈빈(K)으로 맞춘다면 어떨까요? 그러면 방에 있는 대부분의 물체가 거의 같은 절대온도를 띠는 게 더 명확하게 보일 거예요. 모두 250~300켈빈이기 때문에 열을 방출합니다.

방의 온도보다 훨씬 더 차가운 물체 근처에 있으면 당신이 그 방향으로 잃는 열과 밖에서 들어오는 열의 균형이 맞지 않기 때문에 몸의 그쪽은 훨씬 더 빨리 식어요. 당신의 관점에서는 그 물체가 차가운 복사를 방출하는 것처럼 느껴지죠.

이 '차가운 복사'는 여름밤에 별을 올려다보면 느낄 수 있어요. 당신 몸의 열이 우주 공간으로 날아가기 때문에 얼굴이 춥게 느껴질 거예요. 그런데 하늘을 가리는 우산을 들고 있으면 더 따뜻하게 느껴질 겁니다. 마치 우산이 하늘에서 오는 '차가움을 막고' 있는 것처럼요. 이 '차가운 하늘' 효과는 주위의 공기보다 더 낮은 온도로

---

* 물체로부터 열이나 전자기파가 사방으로 방출되는 현상, 또는 그 열이나 전자기파. – 편집자

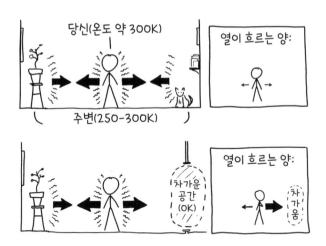

물체를 식힐 수 있어요. 맑은 하늘 아래에 물그릇을 놓아두면, 공기의 온도가 물이 어는 온도보다 높아도 밤사이 얼음이 될 수 있습니다.

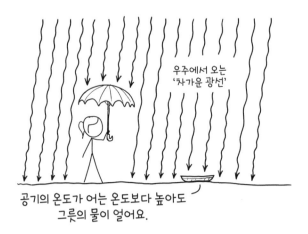

공기의 온도가 어는 온도보다 높아도
그릇의 물이 얼어요.

큐브 옆에 있으면 춥게 느껴질 수 있지만 **그렇게** 춥지는 않아요. 좋은 겨울 코트로 해결할 수 있어요. 하지만 당장 차가운 큐브를 구하러 가기 전에 먼저 공기에 대해 이야기할 필요가 있습니다.

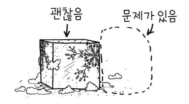

차가운 물체는 공기를 응결시킬 수 있기 때문에 액체 산소가 물체의 표면에 이슬처럼 모이게 됩니다. 충분히 차갑다면 이것을 고체로 얼릴 수도 있어요. 차가운 산업 장비를 이용하는 공학자들은 이 산소 축적을 조심해야 합니다. 액체 산소는 아주 위험한 물질이거든요. 반응성이 아주 높기 때문에 폭발성을 가진 물체를 바로 점화시킬 수 있습니다. 정말로 차가운 물체는 당신 집에 불을 낼 수 있어요.

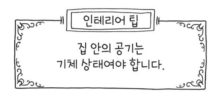

극도로 차가운 물질의 매우 큰 위험 중 하나는 극도로 차가운 채로 유지되지 않으려 하는 경우가 많다는 것입니다. 액체 질소나 드라이아이스가 따뜻해져서 기체로 바뀔 때는 크게 팽창하여 방의 모든 공기를 밖으로 밀어낼 수 있어요. 액체 질소 한 동이는 방을 가득 채울 만큼의 질소 기체로 바뀔 수 있습니다. 당신이 산소로 호흡을 한다면 좋지 않은 소식이죠.

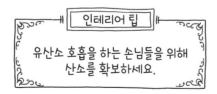

다행히 철은 상온에서 고체이기 때문에 당신의 철 큐브가 증발할 걱정은 할 필요가 없습니다. 만지는 것을 피하고, 표면에 있는 산소가 폭발성 물체와 접촉하는 것

을 막고, 겨울 코트만 입고 있다면 당신은 아마도 괜찮을 겁니다.

결국 당신은 큐브를 극도로 차가운 온도로 유지하는 일은 포기하기로 했습니다.

큐브가 데워지는 데에는 아주 오랜 시간이 걸릴 거예요. 며칠 동안은 극저온 상태로 그곳에 있을 겁니다. 공기를 얼릴 정도로 차가운 상태로 방의 열을 빨아들이면서 말이죠. 창문을 열고 난방을 최대로 가동하여 주위의 공기를 최대한 따뜻하게 유지하려고 해도 큐브가 상온에 가까워지는 데에는 적어도 일주일은 걸릴 거예요.

10여 개의 전열기로 큐브 주위를 둘러싸 그 과정을 빠르게 하려고 시도해볼 수 있겠지만(전기 기술자의 도움을 받으세요. 안 그러면 당신 집의 모든 퓨즈가 끊어질 테니까요), 그래도 큐브를 데우는 데에는 며칠이 걸릴 겁니다.

큐브를 좀 더 빨리 녹이고 싶다면 물을 부어볼 수 있습니다. 물은 열의 일부를 철에 남기고 순식간에 얼음이 될 겁니다. 얼음은 조금씩 떼어서 버리면 되죠. 욕조 몇 통의 물이 필요하겠지만 이 기술로 큐브를 견딜 만한 온도로 더 빨리 올릴 수 있어요.

일단 철이 상온에 도달하면 이제는 집에 있는 또 하나의 물건일 뿐이죠. 그것이 어

디에 있든 마음에 들길 바랍니다. 그렇지 않다면 곤란하거든요. 8톤의 큐브를 옮기는 것이 얼마나 어려울지 생각해보세요. 차라리 **당신이** 이사를 가는 것이 더 쉬울 거예요.

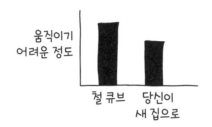

이사는 가기 싫고, 철 큐브를 제거하는 다른 방법을 찾고 싶다면 **더 많은** 열을 가해볼 수 있습니다.

그렇게 했을 때 어떤 일이 일어나는지 알고 싶다면 다음 장을 보세요.

4. 철 덩어리를 증발시킨다면

지구에서 철 덩어리를
증발시키면 어떻게 되나요?

- 쿠퍼 C. Cooper C.

그래서 당신은 한 변이 1미터인 철 큐브를 마당에서 증발시키기로 했습니다.

철도 다른 모든 것과 마찬가지로 끓여서 증발시킬 수 있습니다. 하지만 끓는점이 너무 높기 때문에(2,862도) 일상생활에서는 흔히 볼 수 없죠.

물을 끓이려면 주전자에 물을 넣어서 100도가 될 때까지 가열하면 됩니다. 철을 끓이는 것은 좀 더 어렵습니다. 주전자를 무엇으로 만들어야 할까요? 대부분의 금속은 녹는점이 철의 끓는점보다 낮습니다. 그래서 끓는 철을 담는 데 사용할 수가 없어요. 철이 끓기 시작하기도 전에 녹을 거거든요.

철 녹이기　　　　철 끓이기

철의 끓는점보다 약간 높은 온도까지 고체로 유지되는 소재가 몇 개 있습니다. 텅스텐, 탄탈륨, 탄소 같은 것들요. 하지만 끓는 철을 담는 데 이런 소재를 사용하는 것은 쉽지 않아요. 용기를 녹는점 아래로 유지하면서 철을 끓이는 것은 실제로는 어렵습니다. 그리고 화학적인 문제도 있어요. 철은 화학적으로 골칫거리입니다. 철은 일단 녹으면 용기와 반응하여 합금이 되는 성향이 있거든요.

실제로 철을 증발시키려는 사람들은* 보통 철을 열원 위에 그냥 놓지 않습니다. 전자기장으로 철을 가열하는 인덕션을 사용하거나 전자빔으로 조금씩 증발시키죠. 전자빔의 장점 중 하나는 자기장으로 전자빔을 휘어지게 해서 정말로 흥미롭고 위험한 일이 당신의 정교한 장비와 접하고 있는 반대편에서 일어나게 할 수 있다는 것입니다.

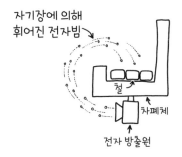

당신은 반드시 장비의 '차폐막' 쪽에 있어야 합니다. 철을 증발시키는 쪽에서는

---

* 주로 철 증기를 금속 도금에 이용하기 위해서지만, 가끔은 그냥 악의적으로 하기도 합니다.

많은 고에너지 입자들이 방출되거든요. "물리학 실험이 일어나고 있는 곳의 반대편에 있어라"는 실제로 과학 장비를 쓸 때 중요하고도 일반적인 규칙입니다.

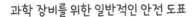

과학 장비를 위한 일반적인 안전 도표

철을 증발시키는 장비를 만들었다면, 뒤로 물러나 있는 것이 좋습니다. 한 변이 1미터인 철 큐브를 증발시키는 데는 약 60기가줄*의 에너지가 필요하거든요. 그 철을 세 시간 만에 증발시키기로 했다면, 당신의 장비는 대략 같은 양의 열을 당신 집을 불태우는 형태로 방출할 겁니다.†

그런데 당신의 질문은 이것을 할 수 있느냐가 아니었습니다. 그 결과가 어떻게 될 것인가였죠. 답은 아주 간단합니다. 당신의 집과 마당에 불이 날 겁니다. 그러면 소방관이 출동할 것이고, 많은 사람들이 당신에게 화를 내겠죠.

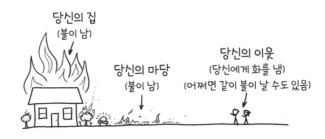

당신의 집
(불이 남)

당신의 마당
(불이 남)

당신의 이웃
(당신에게 화를 냄)
(어쩌면 같이 불이 날 수도 있음)

---

* 줄은 에너지 및 일의 국제 표준 단위로, 기호는 J이다. 1줄은 1뉴턴의 힘으로 물체를 1미터 이동했을 때 한 일이나 이에 필요한 에너지다. – 편집자

† 이 프로젝트를 당신이 실제로 살고 있는 집 근처에서 한다면, 아마도 집 두 채를 불태우는 열을 만들어낼 겁니다.

대기에 일어나는 결과는 더 흥미롭습니다. 당신은 8톤의 철 증기를 대기로 방출했어요. 그것은 주변 환경에 어떤 영향을 미칠까요?

대기 전체에는 큰 영향을 주지 않을 겁니다. 공기 중에는 이미 많은 양의 철이 있어요. 대부분은 바람에 날리는 먼지의 형태죠. 인간의 행동, 대부분 화석연료를 태우는 행동 역시 많은 양의 철을 공기 중으로 내보냅니다. 나탈리 마호왈드[Natalie Mahowald] 등의 2009년 연구에 따르면, 당신이 8톤의 철 큐브를 증발시키는 데 걸린 세 시간 동안 사막 바람은 3만 톤의 철을 공기 중으로 날려 보내고, 산업 시설들이 여기에 1,000톤을 더합니다.

당신의 프로젝트 기간 동안 대기에 더해지는 철

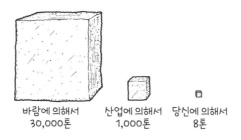

바람에 의해서
30,000톤

산업에 의해서
1,000톤

당신에 의해서
8톤

8톤의 철은 지구 전체에는 별로 영향을 주지 않을 수 있습니다. 그런데 당신의 이웃들에게는 어떨까요? 사람들이 소방차 이외에 무엇을 보게 될까요? 잠에서 깨서 모든 것에 철 도금이 되었다는 사실을 발견하게 될까요?

오, 이런! 누군가가
백합에 이상한 짓을 했어.

철컹
철컹

이 질문에 대한 답을 얻기 위해서 2009년 연구의 주 저자인 마호왈드 박사님께 연락을 했습니다. 대기 중의 금속 이동에 대한 전문가시죠.

마호왈드 박사님은 철 증기를 방출하면 철이 공기 중의 산소와 빠르게 반응하여 산화철 입자로 만들어진다고 설명해주셨습니다. "산화철 입자는 공기의 질에 특별히 해롭지 않아요"라고 말씀하셨어요. 너무 많다면 폐에 분명히 안 좋을 수는 있지만요. 그건 산화철의 어떤 특별한 성질 때문이 아닙니다. 당신의 폐가 공기로 숨을 쉬도록 되어 있기 때문일 뿐이에요.

폐는 공기로 호흡을 하게 되어 있어요.
호흡할 수 있는 것 중 몸에 좋은 것은 원래 별로 없어요.

산화철 입자는 결국에는 당신의 집 어딘가에 내려앉을 거예요. 하지만 큰 문제를 일으키지는 않을 겁니다. "아마 어떤 것도 해치지 않을 거예요. 땅에는 이미 꽤 많은 양의 철이 있거든요"라고 박사님이 말씀하셨어요. 하지만 양이 아주 많다면 화산 분출로 재가 쌓이는 것처럼 농작물을 덮을 수 있다고 하셨습니다. 이웃들이 만만찮은 세차를 하느라 짜증이 날 수는 있을 거예요.

마호왈드 박사님은 증발된 철은 약간의 햇빛을 흡수하여 열로 방출하는 방식으로 기후변화에 영향을 줄 수 있다고 말씀하셨습니다. 하지만 대기 중의 철은 바다에 영양분을 공급하고 대기의 이산화탄소를 흡수하는 조류의 성장을 도와 기후변화를 늦추는 데 도움을 주기도 해요. 1988년 해양학자 존 마틴^{John Martin}은 이런 유명한 주장을 했어요. (최대한 악당 같은 목소리로) "나에게 반 통의 철만 주면 빙하기를 만들어주겠다."

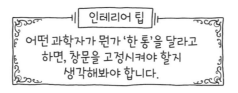

인테리어 팁

어떤 과학자가 뭔가 '한 통'을 달라고 하면, 창문을 고정시켜야 할지 생각해봐야 합니다.

마틴 박사는 악당이 되지 않았고 이 계획을 실행하지도 않았지만, 실제로 그의 말대로 될지는 의심스럽습니다. 후속 연구는 철을 바다에 붓는 것은 대기에서 탄소를 흡수하는 효과적인 방법이 아닐 수 있다는 것을 보여줬어요. 빙하기를 만들기 원하는 악당에게도 지구온난화를 막기 원하는 슈퍼히어로에게도 실망스럽겠네요.

하지만 당신이 철 덩어리와 그것을 증발시키는 방법을 확실히 **알고 있고**, 당신의

집과 마당, 그리고 당신의 집에서 바람이 불어 가는 방향에 있는 이웃의 정원을 정말 싫어한다면 적절한 계획을 세우는 데 도움이 될 좋은 소식이 있어요.

위치에 따른 이웃의 괴로움 정도

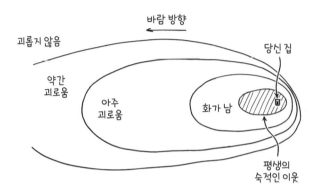

5. 자동차로 우주 끝에 간다면

지금 당장 우주의 팽창이 멈춘다면 우주 끝까지 자동차를 타고 가는 데 얼마나 걸릴까요?

- 샘 H-H^{Sam H-H}

관측 가능한 우주의 끝은 약 435,000,000,000,000,000,000,000킬로미터 거리에 있습니다.

시속 105킬로미터로 운전을 하면 도착하는 데 480,000,000,000,000,000(4.8×10^{17})년이 걸립니다. 현재 우주의 나이의 3,500만 배죠.

이건 위험한 자동차 여행이 될 겁니다. 우주 때문이 아니에요. (우주에 대해서는 걱정하지 않을 거예요.) 운전 그 자체가 아주 위험하기 때문입니다. 미

국에서 평균적으로 중년 운전자는 약 1.6억 킬로미터마다 치명적인 사고를 당합니다. 누군가가 태양계 밖으로 고속도로를 만든다면 대부분의 운전자는 소행성대*를 지나가지 못할 거예요. 트럭 운전자들은 장거리 고속도로 운전에 익숙하고 보통의 운전자보다 거리당 사고율은 더 낮습니다. 하지만 이들도 목성에 도착할 가능성이

---

* 화성과 목성 궤도 사이에 소행성들이 집중적으로 분포하는 지역이며 대부분의 소행성이 이 지역에 있다. - 편집자

별로 없습니다.

미국의 교통사고율에 근거하면 운전자가 460억 광년을 사고 없이 운전할 가능성은 $10^{10^{15}}$분의 1이에요. 이것은 원숭이가 미의회도서관의 모든 책을 **50번 연속으로** 오타 없이 타이핑을 할 가능성과 비슷합니다. 당신은 혼자 운전하거나, 아니면 도로에서 벗어날 경우 알려줄 사람이 적어도 한 명은 있어야 할 것입니다.

이 여행에는 연료가 아주 많이 필요합니다. 1리터로 14킬로미터를 가면 우주의 끝까지 가는 데 달 크기만큼의 휘발유가 필요할 거예요.* 3,000경 번의 오일을 교체할 텐데, 북극해 부피의 엔진오일 컨테이너가 필요합니다.†

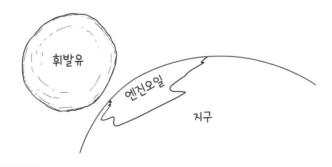

---

* 2021년까지 NASA의 **뉴호라이즌스** 우주선은 약 80억 킬로미터를 약 8억 5,000만 달러의 비용으로 여행했어요. 1킬로미터에 11센트인데, 이는 자동차 여행을 할 때의 휘발유와 과자 비용과 상당히 비슷합니다.
† 5,000킬로미터마다 엔진오일을 교체하라는 오래된 조언이 있지만, 대부분의 자동차 전문가들은 그것을 옛날이야기라고 합니다. 현대의 휘발유 엔진은 그 거리의 두세 배를 오일 교환 없이 안전하게 갈 수 있습니다.

과자도 10^{17}톤이 필요할 거예요. 은하 사이사이에 휴게소가 충분히 있기를 바랍니다. 아니면 트렁크가 가득 찰 거예요.

엄청난 장거리 운전이 될 것이고 경치는 별로 바뀌지 않을 겁니다. 눈에 보이는 별들의 대부분은 우리은하를 벗어나기도 전에 다 타서 없어질 거예요. 상온의 별을 방문해보고 싶다면(이 별이 어떨지에 대해서는 62장 '태양을 만지고 싶다면'을 보세요) 케플러-1606별을 지나가는 경로를 추천합니다. 이것은 2,800광년 거리에 있으니까 당신이 지나가는 300억 년 후라면 편안한 상온으로 식어 있을 거예요. 이 별에는 지금은 행성이 하나 있지만, 당신이 도착할 때쯤이면 아마도 별이 행성을 삼켰을 겁니다.

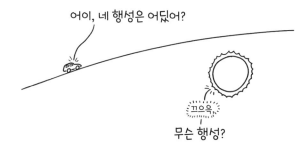

별이 모두 타버렸다면 새로운 재미를 찾아야 할 겁니다. 지금까지 녹음된 모든 오디오북과 모든 팟캐스트의 모든 에피소드를 가지고 왔다고 해도 태양계 끝까지도 가지 못할 거예요.

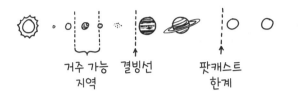

거주 가능   결빙선   팟캐스트
지역   한계

로빈 던바$^{Robin Dunbar}$는 평균적인 사람이 약 150명과 사회적 관계를 유지한다고 주장한 것으로 유명합니다. 지금까지 살았던 모든 사람의 수는 약 1,000억 명 정도입니다. 10^{17}년 동안의 자동차 여행은 그 사람들 모두의 일생을 실시간으로 재생하고 (일종의 무편집 다큐멘터리죠) 모든 다큐멘터리를 150번, 매번 그 주제를 가장 잘 아는 150명의 다른 설명으로 **다시** 볼 수 있는 충분한 시간이에요.

다음은 누구야?

레오폴드, 1833년 헝가리 태생.
설명 담당은 마리아. 어릴 때 친구고,
그에게 돌을 한 번 던진 적이 있어.

또 다른 어릴 때 친구? 좋아.
레오의 지루한 인생을
대부분의 기간 동안 주위에 있지도 않았던
사람의 설명으로 75년을 또 들어야 하는군.

그래, 하지만 마리아의 이야기를 기억해?
그녀는 아주 웃겨. 그러니까 이건 분명히 재미있을 거야.

인간 다큐멘터리를 모두 다 봐도 아직 우주의 끝까지는 1퍼센트만큼도 가지 못합니다. 전체 프로젝트를(모든 사람의 생을 각각 150명의 설명으로) 100번 더 다시 보면 드디어 도착할 거예요.

관측 가능한 우주의 끝에 도착하면 또다시 4.8×10^{17}년이 걸려 지구로 돌아올 수 있습니다. 하지만 돌아갈 지구가 없기 때문에(남은 것은 블랙홀과 얼어붙은 별의 잔해들뿐이에요) 그냥 계속 가는 것이 좋을 거예요.

우리가 알기로는 관측 가능한 우주의 끝이 실제 우주의 끝은 아닙니다. 그저 우리가 볼 수 있는 가장 먼 곳일 뿐이에요. 우주의 더 먼 공간의 빛이 우리에게 도달할 시간이 없었기 때문입니다. 공간 자체가 그 특정한 지점에서 끝난다고 생각할 이유가 없어요. 공간이 얼마나 더 멀리 뻗어 있는지는 모릅니다. 영원히 계속될 수도 있어요. 관측 가능한 우주의 끝은 공간의 끝이 아니라 지도의 끝입니다. 거기를 지나면 무엇을 보게 될지 알 수 있는 방법은 없어요.

잊지 말고 과자를 더 챙기세요.

6. 비둘기에 매달려 하늘로 올라가려면

사람이 앉은 의자를 오스트레일리아의
Q1 마천루 높이로 올리려면
얼마나 많은 비둘기가 필요할까요?

- 닉 에번스 Nick Evans

믿으실지 모르겠지만, 과학은 이 질문에 대답할 수 있어요.

2013년 난징대학교 항공우주공학과에서 팅팅리우Ting Ting Liu가 이끄는 연구팀이 비둘기를 훈련시켜 무거운 벨트를 착용하고 횟대로 날아오를 수 있도록 했습니다. 그들은 비둘기는 평균적으로 124그램을 운반하면서 위로 날아오를 수 있다는 것을 알아냈어요. 자기 몸무게의 약 25퍼센트죠.

연구자들은 짐이 등에 있을 때보다 몸 아래에 매달려 있을 때 비둘기가 더 잘 날 수 있다고 결론 내렸습니다. 그러니까 비둘기가 당신의 의자를 들어 올리게 하려면 아래에서가 아니라 위에서 들게 하세요.

의자와 벨트의 무게는 5킬로그램, 당신의 몸무게는 65킬로그램이라고 해보죠. 2013년 연구의 비둘기들을 이용하면 당신과 의자를 들고 위로 날아가기 위해서는 약 600마리가 필요합니다.

안타깝게도 짐을 들고 나는 것은 아주 힘든 일입니다. 2013년 연구의 비둘기들은 1.4미터 높이의 횃대로 짐을 운반할 수 있었어요. 아마도 그보다 더 높이 날 수는 없었을 거예요. 짐을 들지 않은 비둘기도 격렬한 수직 비행은 몇 초밖에 할 수 없었습니다. 1965년의 한 연구는 짐을 들지 않은 비둘기의 상승 속력을 초당 2.5미터로 측정했습니다.[*] 그러니까 긍정적으로 보더라도 비둘기들이 당신의 의자를 5미터 이상 들어 올리는 것은 어려워 보입니다.[†]

---

[*] 1965년 연구의 저자 콜린 제임스 페니퀵(C. J. Pennycuick)과 제프리 앨런 파커(G. A. Parker)는 비둘기의 수직 비행 속력을 측정한 방법을 이렇게 설명했습니다. "길들여진 비둘기에게 실험실의 평평한 지붕에서 손으로 먹이를 주었다. 실험실의 지붕은 107센티미터의 높은 벽으로 둘러싸인 구석에 있다. 영화 카메라가 벽의 꼭대기와 같은 높이로 설치되어 그곳을 겨냥했다. 촬영이 시작되면 도우미가 비둘기를 향해 뛰어간다. 비둘기는 벽을 넘기 위해서 거의 수직으로 올라갈 수밖에 없다." 저는 실험 방법을 설명한 이 부분을 좋아합니다.

[†] 앤절라 M. 버그(Angela M. Berg) 등의 2010년 연구에 따르면 비둘기가 이륙하는 가속도의 25퍼센트는 다리로 미는 힘에서 나옵니다. 이륙을 위해서 바닥을 차기 때문에 비둘기는 날개로 훨씬 더 많은 일을 할 수 있습니다. 측정 결과를 더 긍정적으로 만들어주죠.

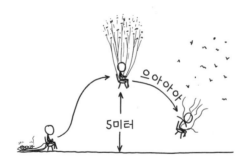

아마 문제없다고 생각하실 겁니다. 비둘기 600마리가 첫 5미터를 들어 올릴 수 있다면, 또 다른 600마리를 데려와서 첫 번째 비둘기들이 지쳤을 때 다음 5미터를 올리게 하면 될 테니까요. 마치 2단 로켓처럼 말이죠. 그리고 다음 600마리로 5미터를 올리는 것을 계속하면 되겠죠. Q1의 높이는 322미터니까 비둘기 약 4만 마리면 꼭대기로 올릴 수 있지 않나요?

아뇨. 그 생각에는 문제가 하나 있습니다.

비둘기는 자기 몸무게의 4분의 1밖에 운반하지 못하기 때문에 쉬고 있는 비둘기한 마리를 운반하기 위해서는 날고 있는 비둘기 네 마리가 필요합니다. 각 단계에서는 그 전보다 최소 네 배의 비둘기가 필요하다는 말입니다. 한 사람을 들어 올리는데에는 600마리의 비둘기면 되지만 한 사람과 600마리의 쉬고 있는 비둘기를 들어올리려면 3,000마리의 비둘기가 필요한 거죠.

이렇게 기하급수적으로 늘어나면 당신을 45미터 들어 올릴 수 있는 9단 비행체에는 약 3억 마리의 비둘기가 필요합니다. 지구 전체에 있는 비둘기 수와 비슷해요. 중간 지점에 도달하려면 1.6×10^{25}마리의 비둘기가 필요한데, 그 무게는 약 8×10^{24}킬로그램입니다. 지구보다 더 무거워요. 그렇게 되면 비둘기들은 지구의 중력에 끌려서 내려가지 않습니다. 지구가 비둘기들의 중력에 끌려서 올라가죠.

Q1의 꼭대기에 도달하기 위한 총65단 비행체의 무게는 3.5×10^{46}킬로그램입니다. 지구에 있는 모든 비둘기보다 무거운 정도가 아니라 은하 전체보다 더 무거워요.

좀 더 나은 방법은 비둘기들을 당신과 같이 운반하는 것을 피하는 것입니다. 어쨌든 비둘기는 마천루 꼭대기까지 스스로 올라갈 수 있으니까 미리 보내서 당신을 기다리게 할 수 있습니다. 훈련을 잘 시킨다면 적당한 높이로 활강을 해서 당신을 낚아챈 후 몇 초 동안 자신들이 담당한 높이까지 위로 끌어올리게 할 수 있는 거죠. 비둘기는 발로 물건을 운반할 수 없기 때문에 당신을 낚아채기 위해서는 비행체 운반용 작은 벨트가 필요하다는 것을 명심하세요.

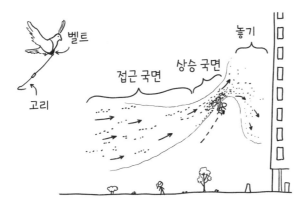

이렇게 준비하면 불과 몇만 마리의 잘 훈련된 비둘기만으로 탑의 꼭대기까지 올라갈 수 있습니다. 다만 매가 나타나서 비둘기들을 놀라게 할 때마다 추락으로 목숨이 위험해지는 것을 막아줄 일종의 안전장치는 준비해두는 게 좋을 겁니다.

이 기구는 엘리베이터보다 위험할 뿐만 아니라 방향을 조정하기도 훨씬 더 어려울 거예요. Q1의 꼭대기로 올라갈 **계획은** 세울 수 있겠지만, 일단 이륙을 하면…

…모이 가방을 들고 있는 누군가에게 완전히 통제권을 빼앗길 수 있습니다.

1

짧은 대답들

Q 피가 액체 우라늄으로 바뀌면 어떻게 되나요?
방사선으로 죽나요, 산소 부족으로 죽나요, 아니면 어떤 다른
이유로 죽나요?

- 토머스 채터웨이 Thomas Chattaway

의학 전문용어로 말하자면 당신은
'피는 없고 용융된 우라늄으로만 가득 찬'
증세로 죽을 거예요.
간단하게는 '제프 병'이라고 하죠.
불쌍한 제프.

Q 공기에서 칼을 만들어 만화처럼 공격할 수 있을까요? 공기 칼이 아니라 공기를 식혀서 고체 공기로 사람을 공격하는 걸 말하는 거예요.

- 맨해튼에서 에마 Emma

물론입니다. 방 안 전체의 공기가 필요하지만 가능합니다.

연구에 의하면 고체 산소는 부드러운 플라스틱과 비슷한 기계적인 성질을 띠고, 차가워질수록 조금 더 단단해져요. 그러니까 산소로 칼을 만들면 그렇게 단단하지는 않을 것이고, 날을 세우기는 어렵고, 금방 손에 동상을 입을 겁니다. 녹는점이 약간 더 높은 질소로 해도 딱히 더 낫지는 않을 거예요. 하지만 할 수는 있어요.

산의 요정들이 만든 공기 칼이야.

이 산소 칼은 아주 약하고 부드럽고
오븐 장갑을 꼈는데도 손이 얼 것 같아.

칼을 더 잘 만드는 요정을 찾아야겠어.

이런, 승화되고 있어. 빨리 치워야 돼!

Q 몸의 99퍼센트가 물이 되려면 물을 얼마나 마셔야 하나요?

- 닉네임 LyraxH

$$\frac{\text{새로운 물} + \text{몸의 물}}{\text{물이 아닌 몸}} = \frac{99}{1}$$

$$\text{새로운 물} = \frac{99}{1} \times (\text{물이 아닌 몸}) - \text{몸의 물}$$

$$= \frac{99}{1} \times \left(1 - \frac{70}{100}\right) \times 65L - \frac{70}{100} \times 65L$$

$$= 29 \times 65L$$

$$\approx 1{,}900L \approx 500 \text{ GAL}$$

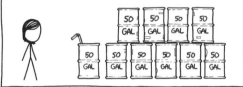

자, 해봅시다!

Q 가벼운 카메라를 풍선에 매달아 날려 보내면 무엇을 볼 수 있을까요?

- 레이먼드 펭Raymond Peng

Q 마리오는 하루에 얼마나 많은 칼로리를 쓸까요?
- 대니얼과 하비어 호블리 Daniel and Xavier Hovley

슈퍼마리오 브로스에 있는 버섯: 56
버섯 하나의 칼로리: 5
사용 가능한 전체 칼로리: 280
슈퍼마리오 브로스 출시된 날: 1985년 9월 13일
다음 마리오 게임이 버섯을 가지고 출시된 날: 1986년 6월 3일
기간: 263일
하루당 칼로리: 1.1

결론
마리오는 1985년 말에
굶어 죽었음

Q 뱀이 입을 크게 벌려 풍선을 통째로 삼키면 그 풍선은 뱀을
위로 띄울 수 있을까요?

- 닉네임 Freezachu

Q 뉴욕시 상공 30킬로미터에서 마하* 880980의 속력으로
날고 있는 비행기에서 스카이다이빙 장비를 가지고
뛰어내리면 살 수 있을까요?
- 잭 캐튼 Jack Catten

Q 지구에 물이 없다면 우리는 살 수 있을까요?
- 캐런 Karen

위의 두 질문 모두 살아남을 수 없는 시나리오예요.

시나리오	살아남을 확률
상대론적 속도의 스카이다이빙	0.0%
물이 모두 사라짐	0.0%

Q 집에서 제트 팩†을 만드는 것이 가능할까요?
- 아즈하리 자딜 Azhari Zadil

한 번 작동하는 제트 팩을 만드는 것은 꽤 쉽습니다. 두 번 이상 작동하게 하는
것은 훨씬 어렵고요.

---

* 속도의 단위. 비행기, 로켓, 고속 기류 따위의 속도를 잴 때 쓰며, 음속에 대한 운동 물체의 속도의 비로
나타낸다. 마하 1은 약 초속 340미터이다. 기호는 M, mach. – 편집자
† 사람의 몸에 엔진을 직접 부착하여 비행하는 1인승 장비. – 편집자

상대적으로 쉬움   훨씬 어려움

Q 나의 용접기를 제세동기로 사용하는 방법이 있을지 궁금해요. (내가 가지고 있는 모델은 Impax IM-ARC140 아크 용접기입니다.)

- 우카시 그라보프스키 Łukasz Grabowski**, 영국 랭커스터**

아크 용접기를 제세동기로 사용하면 절대 안 됩니다. 그리고 질문을 읽어보니 당신은 그것을 아크 용접기로 사용해서도 안 되겠다는 생각이 드네요.

이 질문에 어떻게 과학적으로 답해야 할지는 잘 모르겠습니다. 하지만 지금 포도가 아주 먹고 싶네요.

7. 티라노사우루스와 같이 산다면

뉴욕에 티라노사우루스 렉스가 나타난다면
하루에 몇 명을 잡아먹어야
필요한 칼로리를 얻을 수 있을까요?

- T. 슈미츠Schmitz

성인 절반, 혹은 열 살 아이 한 명입니다.

이런, 어제 하나 먹는 걸 깜빡했네. 오늘 두 배로 먹어도 돼?

티라노사우루스 렉스의 무게는 코끼리와 비슷해요.*

---

* 이건 항상 이상하게 느껴졌습니다. 내 머릿속에선 코끼리가 자동차나 트럭과 비슷한 크기로 느껴지는데, 영화 〈쥐라기 공원〉에서 보여준 티라노사우루스 렉스는 자동차를 밟아버릴 정도로 크거든요. 그런데 자동차+코끼리로 구글 이미지 검색을 해보니 코끼리가 〈쥐라기 공원〉의 티라노사우루스 렉스처럼 자동차 너머로 다가오더군요. 네, 그래요. 이제 코끼리도 무서워졌습니다.

공룡의 신진대사가 어떤지는 아무도 확실히 모릅니다. 하지만 티라노사우루스 렉스는 하루에 약 4만 칼로리를 먹었을 것으로 추측됩니다.

공룡이 현재의 포유류들과 비슷한 신진대사를 가지고 있다면 하루 4만 칼로리보다 훨씬 더 많이 먹었을 거예요. 하지만 현재의 추측으로는 공룡이 현재의 뱀과 도마뱀보다는 더 활동적이었지만(느슨하게 말해서 '온혈') 아주 큰 공룡은 아마도 코끼리나 호랑이보다는 코모도도마뱀과 더 가까운 신진대사를 가졌을 거라고 봅니다. *

다음으로, 사람의 칼로리가 얼마나 되는지 알아야 합니다. 이 숫자는 웹툰 '공룡만화Dinosaur Comics'의 저자 라이언 노스Ryan North가 잘 알려주었어요. 사람 몸의 영양분을 표시한 티셔츠를 만든 분이죠. 라이언의 티셔츠에 따르면 80킬로그램인 사람의 칼로리는 약 11만 칼로리입니다. 그러니까 티라노사우루스 렉스는 대략 이틀마다 사람 한 명을 먹으면 됩니다. †

뉴욕에서는 2018년에 11만 5,000명이 태어났습니다. 티라노사우루스 렉스 350마리를 먹일 수 있는 인구죠. 하지만 이것은 이민을, 그리고 더 중요하게는 이 시나리오에 큰 변화를 줄 수 있는 이사를 무시한 것입니다.

브루클린에서 이사 가야겠어.

월세가 너무 비싼 데다가 모든 사람이 티라노사우루스에게 잡아먹히고 있어.

---

* 큰 용각류의 경우는 반드시 이래야 합니다. 만일 그들이 포유류와 비슷한 신진대사를 가지고 있었다면 과열되었을 거예요. 하지만 티라노사우루스 렉스 크기의 공룡과 관련해서는 불확실한 점이 아주 많아요.

† 티라노사우루스 렉스는 며칠에서 몇 주 동안 먹을 음식을 한 번에 먹기를 원할 가능성도 있습니다. 그러니까 가능하다면 여러 사람을 한 번에 먹고 한동안 먹지 않고 지낼 수도 있어요.

전 세계의 3만 9,000개 맥도날드 매장에서는 매년 180억 개의 햄버거 패티를 팔고 있습니다.* 매장 하나당 하루 평균 1,250개의 버거를 파는 거죠. 이 1,250개의 버거에는 60만 칼로리가 있어요. 티라노사우루스 한 마리는 하루에 햄버거 약 80개만 먹으면 살 수 있다는 말입니다. 그러니까 맥도날드 매장 하나가 열두 마리가 넘는 티라노사우루스를 햄버거만으로 먹여 살릴 수 있어요.

뉴욕에 살다가 공룡을 보아도 걱정 마세요. 친구를 희생시킬 필요가 없습니다. 그냥 햄버거 80개만 주문하세요.

만일 티라노사우루스가 당신 친구에게로 간다면, 어쨌든 그래도 햄버거 80개가 남잖아요.

뭐 친구랑 더 친하긴 하겠지만요.

---

* 맥도날드는 1990년대 중반에 간판에서 "몇십억 개가 팔렸습니다"라는 숫자 업데이트를 중단했습니다. 그래서 이것은 대략 추정한 값이에요.

8. 분출하는 간헐천에 서 있는다면

옐로스톤 국립공원의 올드 페이스풀^{Old Faithful}
간헐천 위에 서 있으면
물에 의해 얼마만큼의 속력으로 위로 솟구치고
어떤 부상을 입게 될까요?

- 캐서린 맥그래스^{Catherine McGrath}

당신은 올드 페이스풀에서 심하게 덴 첫 번째 사람이 되지는 않겠지만, 첫 번째로 죽는 사람이 될 수는 있어요.

공원의 역사학자 리 H. 휘틀시^{Lee H. Whittlesey}가 정리한 옐로스톤 국립공원의 치명적인 사건 사고 목록인 《옐로스톤에서의 죽음》이라는 책에는 간헐천 제트* 그 자체로 인한 죽음은 나오지 않습니다. 분출에 의해 데는 사람은 자주 있지만(1901년 올드 페이스풀의 분출구에 떨어지고도 살아남은 독일의 의사를 포함해서요), 간헐천 폭발로 죽은 경우에 대한 기록은 없어요.

---

* 가는 구멍에서 가스, 물 따위가 연속적으로 뿜어져 나오는 현상, 혹은 그 분출물. – 편집자

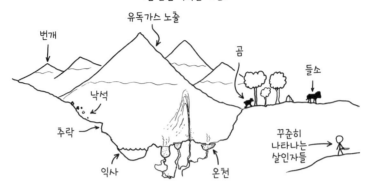

옐로스톤에서의 죽음의 원인
(완전한 목록은 아님)

그런데 《옐로스톤에서의 죽음》은 간헐천 제트 자체로 인한 죽음을 언급하고 있지는 않지만, 그 **근처**에서 일어난 놀랄 만큼 많은 사건들에 대해 이야기하고 있습니다. 지질학적으로 계속 활동하는 끓는 웅덩이는 종종 얇고 깨지기 쉬운 광물의 지각으로 덮여 있어요. 간헐천 주위를 걷던 사람들이 그곳을 밟고 떨어지는 사고가 꾸준히 발생합니다.*

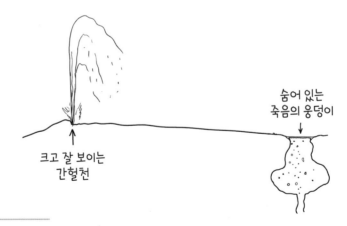

---

* 1905년에 있었던 한 사고에서 불운했던 사람은 공책에 간헐천에 대한 기록을 하다가 떨어졌어요. 남 일 같지 않았습니다. 저도 분명히 그렇게 될 것 같거든요.

무사히 간헐천으로 갔어도, 물이 분출할 때 그 위에 서 있으면 그 경험은 그렇게 즐겁지 않을 거예요. 올드 페이스풀이 분출할 때는 1초에 약 0.5톤의 물을 방출합니다. 분출하는 제트는 솜사탕 밀도 정도의 물방울, 공기, 수증기의 혼합물이에요. 제트는 빠르게 움직여서(땅에서 벗어나기 직전의 속도가 약 초속 70미터) 고속도로 위의 자동차와 같은 운동량을 가집니다.

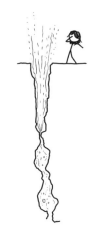

간헐천은 뒤집어놓은 로켓과 비슷해요. 올드 페이스풀의 추력을 로켓 엔진과 같은 방법으로 계산하여 질량이 흐르는 비율에 속력을 곱하면 수천 킬로그램중의 힘이 나올 것입니다. 이것은 제트 전투기의 탈출 의자 추력과 비슷합니다. 그러니까 사람을 공중으로 높이 발사하기 충분할 정도로 강력하죠.

단순화된 모형

당신이 발사되는 속력은 (그리고 날아가는 높이는) 간헐천 제트가 정확하게 당신을 어떻게 때리느냐에 크게 달려 있습니다. 빗맞으면 당신은 그냥 옆으로 튀어 나갈 거예요. 분출구 위 정확하게 한가운데에서 흐름을 최대한 많이 막고 있으면 더 높이 올라갈 수 있어요. 튼튼한 우산을 들고 있으면 원칙적으로는 수십 미터 공중으로,

심지어는 수증기 그 자체보다 더 높이 발사될 수 있습니다. 심각한 화상은 피할 수 있더라도 착륙할 때 충격이 치명적일 것은 거의 확실합니다.

놀라울 정도로 많은 사람들이 옐로스톤의 간헐천에서 화상을 입어요. 1920년대에는 거의 1년에 한 명이 올드 페이스풀 때문에 화상을 입었습니다. 끓고 있는 웅덩이에 떨어지는 사람들과는 달리 간헐천에 데는 사람들은 대체로 잘 모르고 위험한 지점을 우연히 돌아다니던 사람들이 아니에요. 대부분은 몸을 기울여 증기 구멍 안쪽을 들여다보려는 사람들이었습니다.

목록에 새로운 항목을 추가해야겠어요.

하지 말아야 할 일
(???? 중 3,647번 항목)
#156,812 가루 세제 먹어보기
#156,813 뇌우 속에서 죽마 타기
#156,814 주유소에서 불꽃놀이 하기
#156,815 사람 손과 정확하게 같은 모양과 감촉을 가진 것으로 고양이에게 간식 주기
#156,816 (신규!) 간헐천 웅덩이에 몸을 기울여 안을 들여다보려 하기

9. 우주를 향해 레이저 총을 쏜다면

엄청나게 강한 레이저 총을 쏘면
직선으로 나아가 지구를 벗어나나요,
아니면 지구 주위를 도나요?

- 메일러^{Maelor}, 11세

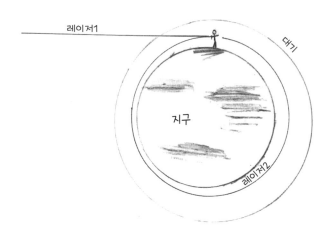

레이저1의 경로가 맞습니다. 광선은 지구를 벗어나 우주로 나갈 거예요.

아마도요.

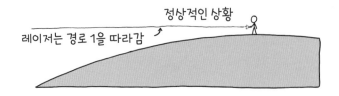

광선이 지구를 벗어나지 **않는** 몇몇 드문 경우가 있습니다. 더운 날 바다 근처의 아주 정확한 시간과 장소에 있다면, 레이저2의 경로를 따라가게 할 수 있어요.

대기 중의 레이저는 완벽하게 직선으로 나아가지 않습니다. 공기는 빛의 속력을 늦춥니다. 그리고 공기의 밀도가 높을수록 더 느려져요. 공기가 광선의 한쪽의 속력을 다른 쪽보다 더 많이 늦추면 빛이 그 방향으로 휘어집니다.

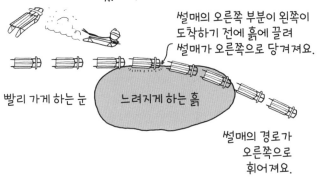

대기에서는 대부분 빛이 약간 아래쪽으로 휘어집니다. 아래쪽 공기가 위쪽 공기보다 밀도가 더 높기 때문이에요.*

땅 가까이에서는 아주 다른 온도의 공기층들이 서로 가까이 있는 경우가 자주 있습니다. 맑고 더운 날에는 땅이 뜨거워져서 땅 바로 가까이의 공기도 뜨겁게 만들어요. 주차장에서 가끔씩 희미하게 빛나는 물의 형상이 보이는 이유가 바로 이것입니다. 신기루예요. 신기루는 하늘이 반사된 것입니다. 하늘에서 온 빛이 표면 근처로 내려와 당신의 눈을 향해 휘어지면, 빛이 땅에서 오는 것처럼 보여요.

'물' 덩어리로 레이저 총을 쏘면 위로 휘어져 하늘로 나아갈 거예요.

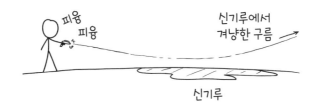

레이저가 우주로 나아가지 않도록 충분히 휘어지게 하려면 땅 가까이의 공기 온도가 그 바로 위의 공기보다 더 **차가운** 곳을 찾으면 됩니다. 이런 일이 일어나는 곳

---

* 대기는 태양 빛도 휘어지게 합니다. 해가 뜰 때, 해가 우리 눈에 나타나는 순간 사실 해는 아직 지평선보다 약간 아래에 있어요. 대기가 없으면 보이지 않을 거예요. 대기가 빛을 휘어지게 해서 해가 조금 일찍 보이는 거랍니다.

중 하나가 바다죠. 뜨거운 공기가 차가운 바닷물 위를 지나가면 바다 표면이 공기를 식힙니다. 주차장에서와는 반대 현상입니다. 차가운 공기 위를 지나가는 빛은 아래로 휘어집니다. 가끔은 아주 많이요.

보통의 신기루
(뜨거운 공기)

반대 신기루
(차가운 공기)

물 위를 보면 간혹 육지와 물이 표면 위에 떠 있는 것을 볼 수 있습니다. 빛이 이상한 경로로 이동했기 때문이에요. 이렇게 땅과 건물들이 희미한 모습으로 지평선 위에 떠 있는 것을 파타 모르가나^{Fata Morgana}라고 해요. 사람들이 이것을 마법사 모르간 르 페이^{Morgan le Fay}의 성이 떠 있는 것처럼 보인다고 생각해서 이런 이름이 붙었어요.

파타 모르가나로 레이저를 쏘려면 그냥 정확하게 그것을 겨냥하세요. 실제로 거기에 있지는 않지만, 레이저가 가는 경로는 당신 눈에 들어오는 빛의 경로와 같을 거예요. 하늘에 떠 있는 것은 환각이지만, 환각은 빛으로 만들어집니다. 그러니까 만약 무서운 유령 환각 같은 것과 마주친다면 이 단순한 광학 규칙만 기억하세요. 볼 수 있다면 레이저로 쏠 수 있습니다.

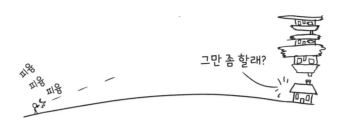

10. 책의 팽창기를 추정한다면

일생 동안 다 읽을 수 없을 정도로
(영어) 책이 너무 많아진 것은
인류 역사의 어느 지점인가요?

- 그레고리 윌모트 Gregory Willmot

복잡한 질문이에요. 역사의 여러 시점에 존재했던 책의 수를 정확하게 세는 것은 아주 어렵습니다. 거의 불가능에 가깝죠. 예를 들어, 알렉산드리아 도서관이 불탔을 때 아주 많은 기록이 소실되었지만* **얼마나 많은** 기록이 소실되었는지는 정확히 말하기 어려워요. 일부는 4만 권의 책에서 53만 2,800개의 종이 두루마리로 추정해요. 어떤 작가들은 그 숫자가 타당해 보이지 않는다고 주장합니다.

연구자 엘초 부링Eltjo Buringh과 얀 라위턴 판 잔던Jan Luiten van Zanden은 역사책 목록을 이용하여 지역별로 매년 출판된 책의 수를 통계적으로 구했습니다. 그들의 연구에 따르면 1075년경 영국에서의 출판 속도는 하루에 필사본 하나 이상이었습니다. 1075년에 출판된 필사본은 대부분 영어가 아니었습니다. 심지어 당시에 흔하게 사용되던 영어의 변형도 아니었어요. 1075년에 영국 문학은 주로 라틴어나 프랑스어로 쓰였습니다. 고대영어가 거리에서 흔하게 사용되던 지역에서조차도 말이에요.

---

* 대여 연체료를 내지 않게 되어 기뻐한 이집트 독자들이 꽤 있었겠네요.

(1300년대 후반에 쓰인) 《캔터베리 이야기》에 있는 이야기들은 토착어인 영어를 문학 언어로 만들려는 움직임의 일부였습니다. 기술적으로는 영어로 쓰였지만 현대인의 눈으로 정확하게 읽어내기가 쉽지 않습니다.

"울며 통곡하며, 슬픔과 또 다른 슬픔
나는 충분히 안다, 아침저녁으로."
상인이 말했습니다.
"다른 사람들도 알지, 결혼한 사람들."

(영어 선생님이 이것을 읽고 있다면, 걱정 마세요. 농담이었어요. 저는 이 구절을 완벽하게 이해해요.)

1년에 얼마나 많은 책이 출판되었는지 알 수 있다 하더라도 그레고리의 질문에 대답하기 위해서는 책을 **읽는 데** 시간이 얼마나 걸리는지까지 알아야 합니다.

모든 책의 길이가 얼마나 되는지 알아내려 하기보다는, 한발 물러나 좀 더 긴 관점으로 봅시다.

쓰는 속도

J.R.R. 톨킨Tolkien은 《반지의 제왕》을 11년 동안 썼습니다. 하루 평균 125개의 단어를 썼다는 말이죠. 1분에 0.085단어가 되지 않습니다. 하퍼 리Harper Lee는 10만 단어의 《앵무새 죽이기》를 2년 반 동안 썼습니다. 《앵무새 죽이기》는 그녀가 출판한 유일한 책이기 때문에 그녀는 일생 동안 분당 0.002개의 단어, 혹은 하루에 약 세 단어를 쓴 셈이죠.

어떤 작가들은 훨씬 더 빠릅니다. 코린 텔라도Corin Tellado는 20세기 중반에서 후반 사이에 수천 권의 로맨스 소설을 출판했어요. 일주일에 한 권씩 편집자에게 준 거죠. 활동 기간 동안 1년에 100만 단어 이상 쓴 것입니다. 일생의 대부분을 평균 1분에 두 단어를 쓰며 보낸 거죠.

역사 속의 작가들도 비슷한 정도의 속도로 썼다고 가정하는 것이 합리적입니다. 키보드로 타이핑을 하는 것이 손으로 쓰는 것보다 두 배 이상 빠르다고 지적할 수 있겠네요. 하지만 타이핑 속도가 작가의 병목은 아닙니다. 1분에 70단어를 타이핑하면 《앵무새 죽이기》를 타이핑하는 데에는 24시간밖에 걸리지 않아요.

타이핑 속도와 글을 쓰는 속도는 완전히 다릅니다. 책을 쓰는 데 있어 중요하고도 어려운 점은 우리의 뇌가 얼마나 빨리 이야기를 구성하고 만들어내고 편집하느냐거든요. 이 '스토리텔링 속도'는 손으로 쓰던 때의 속도와 크게 달라지지 않았을 겁니다.

이 점은 출판된 책의 양이 다 읽을 수 없을 정도로 많아지게 되었을 때를 추정할 수 있는 좋은 방법을 제공해줍니다. 살아 있는 작가는 보통 일생 동안 하퍼 리와 코린 텔라도 사이 어딘가에 위치할 것입니다. 일생 동안 1분에 0.05단어를 쓴다고 볼 수 있어요.

평균적인 독자는 1분에 200~300단어를 읽을 수 있습니다. 1분에 300단어씩 하루 16시간 동안 읽는다면 10만 명의 하퍼 리, 혹은 200명의 코린 텔라도가 살고 있는 세상을 따라잡을 수 있어요.

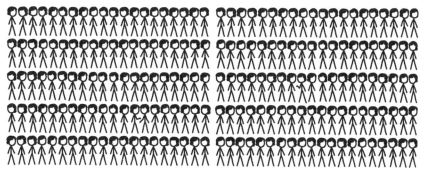

코린 텔라도 200명

이것을 작가들의 **활동** 기간 동안으로 계산하면 1분에 0.1~1개의 단어를 쓰니까, 부지런한 독자는 500~1,000명의 작가를 따라잡을 수 있습니다. 한평생 읽어도 모자랄 만큼 너무 많은 책이 출간된 시점이 언제인가 하는 그레고리의 질문에 대한 답은 '활동하는 작가가 수백 명이 되기 전 어느 때'입니다. 그 시점이 되면 따라잡기가 불가능해요.

잡지 《시드Seed》는 전체 저자의 수가 1500년 근처에 이 지점에 도달했고, 그 이후로 빠르게 증가하고 있다고 추정했습니다. 활동하는 영어권 작가의 수는 바로 직후인 셰익스피어 시대 근처에 이 문턱을 넘었고, 영어로 쓰인 출간 도서의 양은 인간이 일생 동안 읽을 수 있는 한계를 1500년대 후반쯤 넘었을 것으로 보입니다.

그런데 여러분은 그중 얼마만큼의 책을 읽기를 **원하시나요?** goodreads.com/book/random으로 가시면 거의 무작위로 선택된 당신이 읽을 만한 책의 목록을 볼 수 있습니다. 여기서 저에게 골라준 목록은 이렇습니다.

* 《세계화 거버넌스 맥락에서 학교의 분권화: 풀뿌리 반응의 국제 비교》, 홀거 다운 저
* 《임명(드래곤 시대 #2)》, 데이비드 게이더 저
* 《식물 분석 개론: 원리, 활용과 설명》, 데이비드 R. 코스턴 저

- 《AACN 중환자 간호의 필수 요소 포켓 핸드북》, 메리앤 출레이 저
- 《국가의 정의와 국가의 범죄: 사우스 세일럼 장로교회에서 제공하는 담화의 내용》, 1856년 11월 20일 뉴욕 웨스트체스터, 에런 래드너 린즐리 저
- 《객석의 유령(구스범스 #24)》, 로버트 로런스 스타인 저
- 《고등 법원 #153: 채무자와 채권자에 관한 사례 요약》, 다나 L. 블랫 저
- 《갑자기 시간이 없어져서》, 에밀 개버루크 저

이 중 제가 읽은 것은… 구스범스 책입니다.
나머지를 다 읽으려면 도움을 좀 요청해야 할 것 같네요.

1

이상하고 걱정되는 질문들

Q 벌이나 다른 동물들도 지옥에 가나요? 벌은 다른 벌을 죽여도 지옥에 가지 않나요?

- **새디 킴**Sadie Kim

사탄 벌

Q 사람을 죽이거나 최소한 다치게 하려면 얼마나 많은 거울로 태양 빛을 반사하면 되나요?

- **엘리 콜린지**Eli Collinge

거울아, 거울아, 내 소원을 들어줘.

Q 거인의 편도선을 제거하려면 가장 안전한 방법은 무엇일까요? 일단 의사는 평범한 사람이에요.

- **티르자**Tirzah, 10세

안녕, 나는 보통 사람이야!

나는… 그렇게 생각하지 않는데.

Q 드론으로 **에어포스 원**을 이기려면 얼마나 걸릴까요?

- 익명

여보세요, 정보기관이죠? 아까 전화했던 랜들인데요…

11. 바나나로 교회를 채운다면

전 세계에 있는 모든 바나나를
전 세계에 있는 모든 교회 안에 넣을 수 있을까요?
제 친구들은 이걸로 10년이 넘게 논쟁하고 있어요.

- 조너스 Jonas

네.

우리는 바나나가 교회에 들어갈 수 있다는 것을 간단한 이유로 알 수 있습니다. 전 세계의 모든 사람들이 예배당에 들어갈 수 있을 것으로 보이고, 사람은 매년 자기 몸무게만큼의 바나나를 먹지 않거든요.

2017년 퓨 리서치의 종교 생활 조사에 따르면* 전 세계 인구의 30퍼센트가 조금

---

* 조사를 하지 못한 나라들의 빈틈을 메우기 위해 약간의 추정을 했습니다.

안 되는 사람들이 매주 종교 생활의 일부로 예배에 참석합니다. 예배가 일어나는 모든 공간을 '교회'로 보면 이 공간들은 최소한 20억 명을 수용하기에 충분합니다.

교회와 학교 같은 건물은 일반적으로 한 사람당 0.5~2제곱미터의 바닥 공간을 확보하고 있습니다. 한 사람당 평균 1.5제곱미터를 차지하고, 대부분 한 번씩만 예배를 본다고 하면, 예배를 보는 장소는 지구 표면의 약 2,600제곱킬로미터를 차지합니다.

(실제 위치는 아님)

1년에 재배되는 바나나를 모두 모은다면 약 1억 2,000만 톤이 될 거예요. 상자에 담으면 바나나의 밀도는 1세제곱미터당 300킬로그램이 됩니다. 전 세계 예배당에 얼마만큼의 깊이로 쌓이는지 보려면 전체 부피를 2,600제곱킬로미터로 나누면 됩니다.

$$\frac{120,000,000\text{t}}{16\text{kg} / (25\text{cm}\times40\text{cm}\times50\text{cm})} / 2,600\text{km}^2 = 15\text{cm}$$

결과를 보면 1년 동안 재배되는 바나나는 사람의 발목 정도밖에 되지 않습니다.

바나나 층은 1년 총재배량보다 훨씬 더 얇을 것입니다. 1년 동안 재배되는 모든 바나나는 동시에 존재하지 않거든요. 바나나가 작은 손가락만 한 열매에서 먹을 수 있을 정도의 크기가 되려면 몇 달이 걸리는데…

바나나 성장 단계

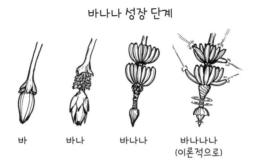

| 바 | 바나 | 바나나 | 바나나나 (이론적으로) |

…특정한 시간에 존재하는 바나나는 1년 재배량의 일부이기 때문에 바나나 층이 훨씬 얇아집니다.

설사 바나나에 대한 우리의 자료가 틀렸다 하더라도 아마 답은 여전히 맞을 거예요. 계산 방법을 바꾸면 전 세계의 모든 교회를 가득 채우기 위해서는 얼마나 많은 바나나가 있어야 하는지 계산할 수 있고, 그것이 현실적으로 가능해 보이는 수인지 확인해보면 되겠죠.

약 네 명 중 한 명이 실내 예배에 참석하고 그 건물이 한 사람당 약 1.5제곱미터의 공간을 가지고 있다면, 지구에서 (예배에 참석하지 않는 사람까지 포함하여) 한 사람당 약 0.4제곱미터의 공간이 교회인 셈입니다. 모든 교회를 천장까지 채울 수 있을 정도로 충분한 바나나가 있다면, 한 사람이 가질 수 있는 바나나의 양은 대략 60센티미터 곱하기 60센티미터에 천장의 평균 높이를 곱한 부피가 됩니다.

그렇게 되려면 한 사람이 바나나를 얼마나 먹어야 되는 거야.

많은 종교 건물들이 천장이 높은 것으로 유명하죠. 하지만 평균 높이를 비교적 낮은 2.5미터라고 가정하면, 한 사람의 공간을 채우는 데 약 2,000개의 바나나가 필요합니다. 저는 전 세계에서 1년에 한 사람당 2,000개의 바나나를 소비하지 않는다고 확신합니다. 하루에 바나나 여섯 개를 먹지 않고, 그런 사람을 본 적도 없다는 단순한 이유 때문이죠.

어디서 누군가가 엄청나게 많은 바나나를 먹어서 평균을 맞추지 않는다면 말이에요.

산에 살면서 1년에 1구조 개의 바나나를 먹는 바나나 조지는 예외적인 사람이라 계산에 넣지 말아야 합니다.

12. 발사된 총알을 손으로 잡는다면

총을 쏴서 공중으로 날아간 총알을
손으로 안전하게 잡을 수 있는 방법이 있나요?
예를 들어, 총을 쏘는 사람은 해수면
높이에 있고 잡는 사람은 총의 최대 사정거리인
산 위에 있다면요.

- 에드먼드 후이 Edmond Hui**, 런던**

'총알 잡기'는 연기자가 발사된 총알을 중간에서 잡는 것처럼 보이게 하는 무대 속임수입니다. 당연히 착시죠. 총알을 그런 식으로 잡는 것은 불가능합니다.

하지만 적합한 조건에서는 총알을 잡을 **수 있어요.** 상당한 끈기와 행운만 있으면 됩니다.

위로 발사된 총알은 결국에는 최대 높이에 도달합니다.* 아마도 완전히 멈추지는 않을 것이고, 1초에 몇 미터 정도 옆으로 이동할 가능성이 높습니다. 누군가가 위로 총을 쏘고…

---

* 이렇게 하지 마세요. 축하를 위해 사람들이 총을 위로 쏘는 곳에서는 근처에 있던 사람이 떨어지는 총알에 맞아서 죽는 경우가 자주 일어납니다.

절대 이러지 마세요.

…당신이 열기구를 타고 사정거리 바로 위에 떠 있으면…

절대, 절대 이러지 마세요.

총알이 최고점에 도달했을 때 팔을 뻗어 잡을 수 있어요.

하지 말아야 할 일
(앞에서 추가)

#156,812 가루 세제 먹어보기
#156,813 뇌우 속에서 죽마 타기
#156,814 주유소에서 불꽃놀이 하기
#156,815 사람 손과 정확하게 같은 모양과 감촉을 가진 것으로 고양이에게 간식 주기
#156,816 간헐천 웅덩이에 몸을 기울여 안을 들여다보려 하기
#156,817 (신규!) 사정거리 안에서 열기구 타기

총알을 원호의 꼭대기에서 잡는 데 성공한다면 뭔가 이상한 것을 알게 될 것입니다. 총알이 뜨거운 상태로 회전하고 있을 거예요. 위를 향한 운동량은 잃어버렸지만 회전운동량은 잃지 않았거든요. 총알은 총구가 전해준 회전을 여전히 가지고 있을 것입니다.

이 효과는 총알이 얼음으로 발사되면 극적인 모습을 볼 수 있습니다. 수많은 유튜브 영상에서 확인할 수 있는 것처럼, 얼음에 발사된 총알은 여전히 빠르게 회전합니다. 당신은 총알을 단단히 잡아야 할 겁니다. 아니면 손에서 튀어나가 버릴 거예요.

열기구가 없다면 산꼭대기에 할 수도 있습니다. 캐나다 토르산*의 수직 높이는 1,250미터입니다. 클로즈 포커스 연구소의 탄도 실험실에 따르면 이것은 장총의 총알이 정확하게 위로 발사될 때 올라가는 높이와 거의 정확하게 같아요.

---

* 《위험한 과학책》 273쪽의 자유낙하 부분에서 만난 적이 있는 곳이죠.

더 큰 총알을 이용하고 싶다면 더 높은 곳이 필요합니다. AK-47의 총알은 2킬로미터 이상 위로 올라갈 수 있어요. 지구에는 그렇게 높은 완전한 수직 절벽은 없기 때문에 총알을 약간의 각도를 두고 쏴야 합니다. 그러면 궤적의 꼭대기에서 다소 옆으로 움직이는 속력이 꽤 클 거예요. 하지만 아주 튼튼한 야구 글러브가 있으면 잡을 수 있을 거예요.*

이 모든 시나리오는 운이 아주 좋아야 합니다. 총알의 정확한 궤적이 불확실하기 때문에 정확한 지점에서 잡으려면 아마도 수천 번을 쏴야 할 것입니다.

그리고 그때쯤이면 사람들의 관심을 꽤 끌게 될 거예요.

---

* 사실 《라이플》 잡지에 따르면 총에 대한 글을 쓰는 사람이 900미터 거리에서 평범한 라이플 총알을 야구 글러브로 잡을 수 있다고 주장한 적이 있어요. 물론 이건 상상일 뿐입니다. 당신은 총알이 오는 것을 보지 못할 것이기 때문에 글러브로 잡을 가능성과 당신 얼굴로 잡을 가능성이 비슷할 거예요.

실례지만 당신이 열기구를 향해
총을 쏘고 있다는 신고를 받아서요.

저 마법사가 도망을 가지 않아요!
오즈로 돌아가서 자신의
거짓말에 대한 대가를 치러야 해요!

13. 지구의 질량을 제거한다면

저는 9킬로그램중을 감량하고 싶어요.
목표를 달성하려면 얼마만큼의 지구 질량을
우주에 '재위치'시켜야 하나요?

– 라이언 머피[Ryan Murphy], 뉴저지

이건 아주 간단해 보입니다. 당신의 몸무게는 지구의 중력이 당신을 아래로 당기기 때문에 생겨요. 지구의 중력은 질량에서 오죠. 질량이 작으면 중력이 작아요. 지구의 질량을 제거하면 몸무게가 줄겠죠.

그래서 당신은 그렇게 해보기로 결심했습니다.

지구에서 질량을 많이 제거하려면 아주 많은 에너지가 필요하죠. 그래서 당신은 지구의 모든 석유를 장악하는 것부터 시작합니다.

당신은 석유를 가공하여 연료로 만들어 수조 톤의 암석을 궤도로 쏘아 올렸습니다. 이것은 지구의 표면에서 평균 0.2밀리미터의 암석을 벗겨낸 것과 같아요. 당신은 저울에 올라갑니다.

그래요, 이걸로는 안 되는군요. 하지만 이해는 됩니다. 몇조 톤은 지구 질량의 아주 일부밖에 되지 않으니까요.

지구의 다른 화석연료, 그중 특히 많은 석탄을 태우는 것도 약간 도움이 될 거예요. 그리고 나서 지구 표면의 약 1밀리미터를 제거합니다.* 다시 저울로 올라갑니다.

이런.

에너지가 더 필요합니다.

당신은 지구 전체를 효율이 높은 태양전지판으로 덮고 1년 동안 지구에 도달하는 모든 태양 빛을 받아서 암석 발사에 사용합니다. 인류는 당신의 태양전지판 아래 그늘에서 살게 됩니다. 이 지점에서는 사람들이 당신에게 아주 많이 화를 낼 거예요.

---

* 사람들이 불평을 할 수 있겠지만, 긍정적으로 보면 그 밀리미터에는 아마도 바닥의 모든 때와 먼지가 포함되었을 테니 공짜 청소를 해준 것으로 우길 수 있을 거예요.

1년 동안의 태양 빛은 약 100조 톤의 암석을 제거하기에 충분한 에너지를 제공해 줄 거예요. 지구 표면의 몇 센티미터 정도에 해당되죠. 슬프지만 그것도 충분하지 않습니다.

확실히 이런 방식은 통하지 않습니다.

에너지가 더 필요합니다. 지구에 도달하는 것은 태양에너지의 적은 일부일 뿐이기 때문에 당신은 태양을 둘러싸는 에너지 울타리를 만들어 태양의 **모든** 에너지를 받기로 결정합니다. 다이슨 구(물리학자 프리먼 다이슨Freeman Dyson이 태양에너지를 완전하게 이용하는 방법으로 제안한 것 – 옮긴이)죠. 태양의 모든 에너지를 이용할 수 있다면 지구의 표면을 훨씬 더 빠르게 벗겨낼 수 있습니다.

지구의 암석은 깊이 들어갈수록 더 뜨거워집니다. 당신이 지각을 몇백 미터 벗겨내면 사람들은 땅이 뜨거워지고 있다는 것을 알아차리기 시작할 거예요. 1킬로미터의 암석을 제거하면 표면은 최대 40도가 될 거예요. 추운 날 아침에 침대에서 나올 때는 느낌이 좋겠지만 생활은 꽤 불편해질 겁니다. 그리고 당신이 모든 종류의 열점의 윗부분을 제거해버렸기 때문에 세계의 모든 화산이 폭발할 거예요.

저울을 확인해봅니다.

이런.

당신은 다이슨 구를 이용하여 더 많은 암석을 제거합니다. 이제 약 5킬로미터의 층을 벗겨냈어요. 약 20분이 걸렸습니다. (정확하게는, 바다를 제거하는 데 몇 분이 더 걸렸어요.) 지구는 더 이상 생물이 살 수 있는 곳이 아니에요. 옐로스톤의 거대 화산 아래에 있는 마그마가 노출된 덕분에 와이오밍의 북서쪽은 용암 호수가 되었어요. 대부분 지역의 땅은 물을 끓일 정도로 뜨겁고 어떤 곳은 불이 붙기 시작합니다.

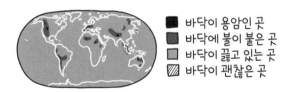

다시 저울에 올라가봅니다.

괜찮습니다. 더 많은 암석을 제거하기만 하면 되니까요. 마치 태양에너지를 이용한 채소 깎이처럼요.

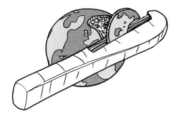

당신은 20킬로미터의 지각을 깎아냈습니다. 바다의 바닥이었던 대부분의 곳에서 지구의 맨틀이 드러납니다.

뭐, 체중을 줄이는 것이 쉬운 일은 아니니까요. 20킬로미터를 더 제거합니다. 용융된 맨틀 층들과 지각의 깊은 부분을 제거했어요.

당신은 계속합니다. 행성 깎이로 네 시간을 더 일하여 대부분 용융된 암석 60킬로미터를 제거했습니다. 저울에 올라가보니 드디어 변화가 생겼어요.

당신은 1킬로그램중 더 **무거워**졌습니다.

어떻게 그럴 수가 있죠?

지구가 균일한 밀도를 가지고 있다면, 바깥층을 제거하면 당신은 더 가벼워질 거예요. 하지만 우리 지구는 더 깊이 들어갈수록 밀도가 더 커져서 질량 손실을 상쇄합니다. 표면을 제거하면 지구는 조금 더 가벼워지지만 밀도가 높은 핵에 더 가까워지기도 합니다. 지구의 바깥층을 제거한 전체 효과는 표면 중력이 더 **커지는** 거예요.

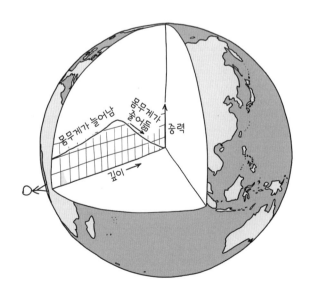

깊이 들어갈수록 중력은 계속 커집니다. 약 3,000킬로미터를 깎아내어 지구의 지름이 반으로 줄고 질량의 3분의 2를 떼어낸 후에야 일정해집니다. (당신의 태양에너지 깎기 작업에는 약 일주일이 걸려요.) 당신의 몸무게는 최대 94킬로그램중까지 올라가고, 밀도가 높은 외핵을 제거하기 시작하면 그때 다시 줄어들기 시작할 거예요.

3,450킬로미터의 암석을 제거하면 당신의 몸무게는 원래대로 돌아갈 거예요. 3,750킬로미터를 제거하면 드디어 9킬로그램중을 줄이겠다는 당신의 목표가 달성됩니다. 당신은 지구 질량의 85퍼센트를 제거했어요. 어쨌든 몸무게는 줄였습니다!

이 계획에는 허점이 있습니다. 지구를 파괴하는 거죠. 맞아요. 하지만 불필요하게 비효율적이기도 합니다. 당신의 질량을 바꾸거나 지구 표면을 떠나지 않고도 지구가 당신을 당기는 중력을 줄일 수 있는 훨씬 더 쉬운 방법이 있어요.

구형의 껍질로 된 물질은 그 안쪽에 있는 물체에 중력을 미치지 않습니다. 땅속으로 들어가면 당신 위에 있는 암석층은 당신 몸무게에 영향을 미치지 않는다는 말이죠. 중력의 관점에서 보면 위쪽의 암석층이 사라지는 것과 같습니다. 실제로 질량을 지구에서 **제거할** 필요가 없어요. 그냥 그 아래로 내려가면 됩니다. 상대적으로 간단한 터널로 그 모든 일을 피할 수 있었던 거예요.

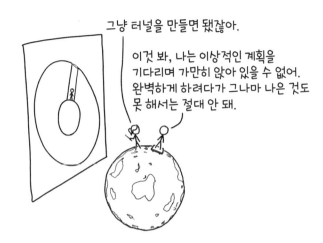

그냥 터널을 만들면 됐잖아.

이것 봐, 나는 이상적인 계획을 기다리며 가만히 앉아 있을 수 없어. 완벽하게 하려다가 그나마 나은 것도 못 해서는 절대 안 돼.

적어도 운동하는 건 피한 거 아니냐고요? 뭐, 그렇게 볼 수도 있지만, 이 체중 감량 프로젝트는 결국 당신에게 엄청나게 많은 일을 하게 했어요. 지구의 표면을 제거하는 데에는 5×10^{28}칼로리가 필요합니다. 지구의 인구 전체가 지금부터 하루 24시간 중노동을 시작하여 태양이 다 타고 그 나머지가 상온으로 식을 때까지 일을 했을 때 태울 칼로리보다 더 많아요.

	필요한 일 (태우는 칼로리)
당신의 계획	50,000,000,000,000,000,000,000,000,000
아무나 생각한 다른 모든 계획	더 작음

당신의 목표가 일을 피하는 것이라면, 이보다 심하게 실패할 수는 없어요.

14. 지구 전체를 페인트칠한다면

인류는 지구의 육지를 모두 칠할 수 있을 정도로
충분한 양의 페인트를 만들었나요?

– 조시[Josh], 로드아일랜드 운소켓

이 답은 꽤 간단하게 계산할 수 있습니다. 전 세계 페인트 산업의 규모를 조사한 다음 그것을 과거로 연장하여 지금까지 만들어진 페인트의 전체 양을 알아내고, 땅을 어떻게 칠할지 몇 가지 가정을 하면 됩니다.*

하지만 먼저 답이 얼마나 될지 추측할 수 있는 다른 방법에 대해 생각해봅시다. 이런 종류의 생각에서(페르미 추정이라고 흔히 불립니다) 중요한 것은 올바른 방향으로 가는 것입니다. 답의 자릿수가 대략 맞아야 한다는 말이죠. 페르미 추정에서는 모든

---

* 사하라사막에서라면 솔은 추천하진 않겠습니다.

답을 가장 가까운 자릿수로 반올림*할 수 있습니다.

나에 대한 값(페르미 추정으로 반올림-옮긴이)

나이: 100살
키: 1미터
팔의 수: 1개
다리의 수: 1개
팔다리의 총수: 10개
평균 운전 속도: 시속 100킬로미터

　세계의 모든 사람이 평균 두 개의 방을 가지고 있고 모두 페인트칠이 되어 있다고 가정합시다. 저희 집 거실은 칠이 가능한 면적이 약 50제곱미터니까, 방 두 개면 100제곱미터가 됩니다. 80억 명에 1인당 100제곱미터를 곱하면 1조 제곱미터가 조금 안 되네요. 이집트보다 작은 면적입니다.

충분하지 않음	딱 적당함	충분하고도 남음
/		

　거칠게 가정하여 평균 1,000명당 한 명이 페인트칠을 직업으로 가지고 있다고 해 보죠. 제가 있는 방에 페인트칠을 하는 데 세 시간이 걸린다고 가정하고† 지금까지 1,000억 명이 살았으며, 각각 하루 여덟 시간 동안 30년 동안 페인트칠을 했다면 150조 제곱미터가 됩니다. 거의 정확하게 지구의 육지 면적입니다.

충분하지 않음	딱 적당함	충분하고도 남음
/	/	

---

* 　공식 $Fermi(x)=10^{round(\log_{10}x)}$을 사용하면 3은 1로, 4는 10으로 반올림됩니다.
† 　이것은 아마도 긍정적으로 본 것일 겁니다. 특히 방에 인터넷이 연결되어 있다면요.

집에 페인트칠을 하려면 얼마만큼의 페인트가 필요할까요? 이 부분은 저도 모르기 때문에 또 한 번 페르미 추정을 해보죠.

제가 리모델링 가게 복도를 걸으면서 본 바로는 페인트 깡통과 전구의 수가 비슷한 듯했습니다. 보통의 집에는 약 20개의 전구가 있으니까, 집 하나에는 약 76리터의 페인트가 필요하다고 가정하죠.* 확실히 그럴듯해 보입니다.

미국에서 집의 평균 가격은 약 40만 달러입니다. 3.8리터의 페인트로 약 28제곱미터를 칠한다고 가정하면, 70달러의 부동산에 1제곱미터를 칠하는 것이 됩니다. 전 세계 부동산 전체의 가치가 약 400조 달러였다는 것이 어렴풋이 기억나요.† 그러면 전 세계 부동산에는 페인트를 칠할 곳이 약 6조 제곱미터가 됩니다. 이것은 오스트레일리아보다 조금 작은 면적입니다.

충분하지 않음	딱 적당함	충분하고도 남음
‖	∣	

물론 건물과 관련된 추정이 둘 다 과대 추정(많은 건물이 페인트칠이 되어 있지 않음)되거나 과소 추정(건물이 아닌 많은 물건에도 페인트칠이 되어 있음‡)되었을 수 있습니다. 하지만 이런 거친 페르미 추정들로 페인트가 모든 땅을 칠하기에는 충분하지 않았을 거라고 추정할 수 있어요.

그러면, 페르미 추정을 어떻게 했을까요?

* 이건 아주 거친 추정입니다.
† 자료: 예전에 꾸었던 아주 지루한 꿈.
‡ 건물이 아닌 물건들의 예: 오리, 나뭇잎, 초콜릿, 자동차, 태양, 모래알, 갑오징어, 마이크로칩, 매니큐어 제거기, 목성의 위성들, 번개, 쥐의 털, 제플린 시계, 조충류, 피클 단지, 마시멜로 굽는 데 사용한 막대, 악어, 소리굽쇠, 미노타우로스, 페르세우스자리 유성, 투표 용지, 원유, 소셜미디어 인플루언서, 한 주먹의 약혼반지를 던지는 투석기. 이것이 제가 생각할 수 있는 건물이 아닌 모든 물건이에요. 제가 빠뜨린 것 중 생각나시는 게 있다면 여백에 기록을 하시면 됩니다.

《중합체 페인트 색 저널》에 따르면 2020년에 전 세계에서는 415억 리터의 페인트와 코팅재가 만들어졌습니다.

여기 도움이 되는 멋진 방법이 있어요. 어떤 양이(예를 들면 세계경제) 얼마 동안 매년 n의 비율로(예를 들면 3퍼센트, 0.03) 성장한다면 지금까지의 전체 양에 가장 최근 1년이 기여한 양은 $1-\dfrac{1}{1+n}$ 이고, 지금까지의 전체 양은 가장 최근 1년의 양에 $1+\dfrac{1}{n}$ 을 곱하면 됩니다.

최근 수십 년간의 페인트 산업이 경제와 같이 매년 약 3퍼센트 성장했다고 가정한다면 생산된 전체 페인트의 양은 최근 1년 생산량에 34[*]를 곱하면 됩니다. 결과는 약 1.4조 리터입니다. 1갤런당 30제곱미터[†]의 페인트가 필요하다면 이것은 11조 제곱미터를 칠할 수 있는 양입니다. 러시아 면적보다 작아요.

그러니까 답은 '아니요'입니다. 페인트는 지구의 땅을 전부 칠하기에 충분하지 않아요. 그리고 이 비율이라면 2100년까지도 충분하지 않을 거예요.

페르미 추정 1승.

엔리코 페르미가 가장 좋아하는 영화들
(실제 제목에 나오는 숫자를 모두 페르미 식으로 반올림-옮긴이)

- 100 달마시안
- 오션스 10
- T10N
- 1000: 스페이스 오디세이
- 100번가의 기적
- 10번째 감각
- 10마일
- 100살까지 못해본 남자

---

[*] $1+\dfrac{1}{0.03}$

[†] '1갤런당 제곱미터'는 미터법이 아닌 아주 보기 싫은 단위죠. 하지만 더 나쁜 것도 있습니다. 실제 기술 논문에서 에이커 - 피트를 본 적도 있어요. 1피트 곱하기 1체인 곱하기 1펄롱인 부피 단위예요.

15. 목성이 집 크기라면

랜들 씨, 목성을 집 크기로 줄여서
이웃에 놓으면,
그러니까 집을 목성으로 바꾸면 어떻게 되나요?

- 재커리 Zachary**, 9세**

마음에 들지 않으시겠지만, 집주인 협회 규정에
이것을 금지한 항목은 없어요.

이것은 재난을 일으킬 것 같은 질문들 중 하나처럼 보이겠지만, 잠시 생각해보면 실제로는 그렇게 이상해 보이지 않을 겁니다. 그런데 좀 더 생각해보면 이것이 **아주 나쁜** 상황임을 깨닫게 될 거예요.

집 크기의 목성은 중력이 그렇게 크지 않기 때문에 블랙홀 같은 것은 만들지 않아요.* 목성은 물보다 약간 밀도가 높기 때문에 지름 15미터인 목성의 무게는 약 2,500톤밖에 되지 않습니다. 무겁긴 하지만 **그렇게** 무겁진 않죠. 작은 사무실 건물이나 고래 몇십 마리 정도의 무게입니다. 당신의 이웃집 사이에 지름 15미터의 물 공을 놓는다면 큰 혼란을 일으키고 가까운 집 몇 채를 부순 다음 작은 연못을 만들겠지만, 이상한 중력 현상 같은 것은 생기지 않아요.

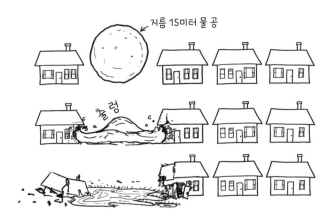

재커리의 목성은 15미터 물 공의 크기와 무게 정도일 뿐이기 때문에 그렇게 문제가 될 것으로 보이지는 않아요.

문제는 이것입니다. 목성은 **뜨거워요.**

지구와 마찬가지로 목성은 얇고 차가운 바깥층이 엄청나게 뜨거운 내부를 둘러싸고 있습니다. 목성의 내부는 대부분 수소인데 압축되어 수만 도로 가열되어 있어요. 그리고 뜨겁고 밀도가 높은 물질은 팽창하기를 원해요.

2만 도의 수소 공은 엄청난 압력으로 밖으로 밀려날 거예요. 실제 목성이 폭발하

---

* 작은 목성의 밀도는 원래와 같다고 가정합니다. 같은 재료가 양만 적을 뿐이죠. 영화 〈애들이 줄었어요〉와 같은 규칙이에요.

지 않는 이유는 거대한 중력이 압력에 맞서 붙잡고 있기 때문입니다. 목성을 축소시켜 당신의 이웃집들 사이에 놓으면, 붙잡아둘 중력이 없는 그 뜨겁고 높은 압력의 수소는 팽창할 거예요.

팽창? 좋아. 커지기 시작한다는 말이지?

미안하지만 아니야. 물리학자들이 '팽창'한다고 말하는 것은 가끔은 '폭발'한다는 의미야.

목성은 너무나 격렬히 팽창하여 주변에 있는 모든 집을 거의 순식간에 무너뜨리고, 아마도 이웃집 전체를 쓸어버릴 거예요. 불덩어리가 커지면 식으면서 대기 위로 솟구칩니다. 5~10초가 지나면 솟구치는 기체가 버섯구름을 만들 거예요.*

만일 이 사건을 녹화하여(부디 충분히 안전한 거리에서 촬영하시길) 동영상을 거꾸로 돌리면 목성이 만들어지는 모습과 비슷할 거예요.

목성이 그렇게 뜨거운 **이유**는 46억 년 전에 중력이 기체 구름을 수축시켰기 때문입니다. 기체를 수축시키면 뜨거워집니다. 분자들이 눌러져서 빠르게 충돌하기 때

---

* 우리는 버섯구름을 주로 핵무기와 연결 짓지만, 사실은 많은 열에너지를 공기 중에 한꺼번에 방출하면 항상 일어나는 일이에요. 열이 어디에서 왔는지는 중요하지 않습니다. 열이 충분히 매우 높은 상태에서 빠르게 방출되면 버섯구름은 항상 만들어져요.

문이죠. 목성을 만든 기체의 양은 아주 많았기 때문에 중력 또한 아주 큽니다. 그래서 매우 강하게 당기는 힘이 있고 엄청나게 뜨거워요.

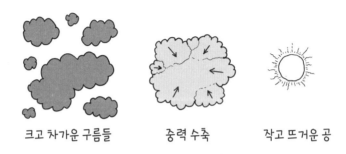

크고 차가운 구름들   중력 수축   작고 뜨거운 공

40억 년이 넘게 지났지만, 그 열의 많은 양이(약 절반) 아직 거기에 있습니다. 목성의 거대한 중력에 잡혀 구름의 담요에 갇혀 있죠. 미니 목성은 이렇게 안으로 당기는 힘이 부족할 거예요. 뜨거운 중심핵은 둘러싼 담요를 던지고 밖으로 팽창하여 퍼지면서 빠르게 식어요.

작고 뜨거운 공   방해받지 않는   크고 차가운 구름들
                         팽창

이웃들을 파괴한 폭발은 40억 년 동안 억눌려 있던 열이 드디어 방출되는 것입니다. 중력의 속박에서 풀려난 목성이 태양이 만들어지기 전으로 돌아간 것이죠. 하늘에 넓게 퍼진 얇고 차가운 기체 구름으로.

16. 우리은하가 해변에 있다면

우리은하에 있는 별들의 크기에
비례하는 모래로 해변을 만들면
그 해변은 어떻게 보일까요?

- 제프 월츠 Jeff Wartes

모래는 흥미롭습니다.

"모래알은 하늘의 별보다 더 많나요?" 많은 사람들이 흔히 하는 질문입니다. 이 질문에 대한 짧은 대답은 관측 가능한 우주에는 지구의 모든 해변에 있는 모래알보다 아마도 더 많은 수의 별이 있다는 것입니다.

사람들은 모래보다 별이 더 많냐는 질문에 답하기 위해 흔히 별의 수에 대한 좋은 자료를 찾은 다음 모래로 비슷한 숫자를 맞추기 위해 모래알의 크기를 조정합니다. 반론이 있긴 하지만, 이것은 지질학과 토양과학이 천체물리학보다 더 복잡하기 때문입니다.

그런데 우리는 모래알의 수를 세려고 하지 않을 거예요. 하지만 제프의 질문에 답을 하기 위해서는 모래알을 다룰 때 무엇이 문제인지 알아야 합니다. 특히 우리는 진흙, 실트, 가는 모래, 거친 모래, 그리고 자갈에 해당되는 알갱이 크기에 대해서 생각해보아야 합니다. 그래야 우리은하가 해변에 있다면 어떻게 보이고 느껴질지 이해할 수 있으니까요.*

다행히 분류하고 정의하는 것만큼 과학자들이 좋아하는 일도 없습니다. 한 세기 전에 지질학자 체스터 웬트워스Chester K. Wentworth가 거친 모래, 가는 모래, 그리고 진 흙의 크기 범위를 명확히 정의한 알갱이 크기 색인을 발표했습니다.

모래에 대한 조사에 따르면 해변에서 발견되는 알갱이는 0.2~0.5밀리미터 정도 입니다. (가장 가는 알갱이 층이 맨 위에 있어요.) 이것은 웬트워스의 분류에서 중간 - 거 친 모래에 해당됩니다.

개개의 모래 알갱이는 대략 이 정도 크기입니다.

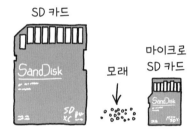

태양이 평범한 모래 알갱이에 해당한다고 가정하면, 은하에 있는 별의 수를 곱하 여 큰 모래 상자만큼의 모래를 계산할 수 있습니다.†

모든 별의 크기가 태양과 같다면 이 계산은 맞겠지만 그렇지가 않습니다. 어떤 별은 작고 어떤 별은 거대해요. 가장 작은 별은 목성 정도의 크기지만 일부 큰 별은 우리 태양계 전체와 비교할 수 있을 정도로 어마어마하게 큽니다. 우리의 모래 상자 우주에 있는 일부 알갱이는 바위와 비슷할 거예요.

주계열‡ 별 - 모래 알갱이는 이렇게 보일 거예요.

---

* 그냥 모래알을 가지고 있기만 하는 것이 아니라 말이죠.
† 어떤 숫자를 얻게 되겠지만 우리의 상상력은 그것을 모래 상자로 바꾼다는 말이에요.
‡ 연료를 태우는 일생에서 가장 긴 시기에 해당되는 별. - 편집자

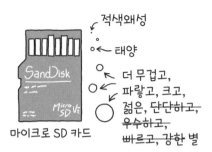

천문학 지식: 이 별들은 모두 기본적으로 '왜성'이라고 불립니다. 큰 별들도요. 천문학자들은 체스터 웬트워스만큼 이름을 붙이는 데 능숙하지 않거든요.

주계열성의 모래 버전은 대부분 '모래' 분류에 들어갑니다. 더 큰 다프트 펑크**Daft Punk** 별은 '더 큰 알갱이' 혹은 '작은 조약돌' 범위로 들어가긴 하지만요.

하지만 이건 주계열성일 뿐이에요. 죽어가는 별들은 훨씬 훨씬 더 커져요.

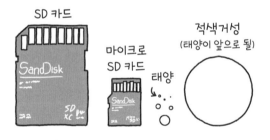

이들은 거의 SD 카드 크기예요!

별이 연료가 소진되면 적색거성으로 팽창해요. 평범한 별들조차도 엄청난 크기로 커집니다. 그런데 원래 무거운 별들이 이 단계로 들어오면 진정한 괴물이 됩니다. 이런 적색초거성들은 우주에서 가장 큰 별들이에요.

이런 비치볼 크기의 모래 별은 드물지만, 포도 크기나 야구공 크기의 초거성은 상대적으로 흔해요. 이들은 태양과 같은 별이나 적색왜성만큼 흔하지는 않지만, 거대한 부피 때문에 우리의 모래에서 큰 덩어리 역할을 합니다. 우리는 큰 모래 상자만큼의 모래와… 수 킬로미터 뻗어 있는 자갈밭을 가지게 될 거예요.

이 작은 모래밭은 알갱이 수의 99퍼센트를 차지하지만 전체 부피의 1퍼센트도 되지 않습니다. 태양이 부드러운 은하 해변의 모래 알갱이 하나라기보다는, 우리은하가 모래가 일부 사이사이에 있는 자갈밭인 거죠.

하지만 지구의 진짜 해변과 마찬가지로 모든 재미있는 일이 일어나는 곳은 바위들 사이에 있는 작은 모래밭들입니다.

17. 그네를 타고 가장 높이 올라가려면

사람이 다리를 흔들어서 움직일 수 있는 그네의
최대 높이는 얼마일까요? 탄 사람이 정확한 시간에
점프를 하면 우주로 날아갈 수 있을 정도로
높은 그네를 만드는 것이 가능할까요?
(사람은 충분한 에너지를 가지고 있다고 가정하죠.
제 다섯 살 아들은 그래 보이거든요.)

- 조 코일 Joe Coyle

그네의 물리학에 대해서는 놀라울 정도로 많은 연구가 있습니다. 진자는 아주 흥미로운 물리 시스템이기도 하고 모든 물리학자들 역시 한때는 아이였던 것도 이유가 되겠죠.

그네를 탄 아이들은 어떻게 그네를 움직이는지 금방 배웁니다. 다리를 앞으로 차면서 몸을 뒤로 기울인 다음 다리를 접으면서 몸을 앞으로 기울이는 거죠. 물리학자들은 이것을 '구동 진동'이라고 부릅니다. 이들은 1970년대부터 그네를 움직이는 가장 효율적인 방법은 무엇인지에 대해 여러 연구를 해왔습니다.

반세기에 걸친 연구 끝에 물리학자들이 발견한 것은 결국 아이들이 정확한 방법을 안다는 것이었죠. 리드미컬하게 발을 차면서 줄을 잡은 손으로 몸을 기울이는 것은 탄 사람의 몸으로 그네를 움직이게 하는 최적화된 전략으로 보입니다. 한동안은 일부 물리학자들이 그네를 움직이는 더 나은 전략은 서서 몸을 높였다가 낮추기를 반복하는 것, 그러니까 웅크렸다가 똑바로 서는 것일 수 있다는 이론을 세웠습니다. 하지만 더 자세히 계산을 해보니 아이들이 옳았다는 게 밝혀졌어요.

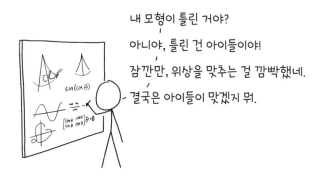

발로 그네를 높이 움직이게 하는 것은 에너지보존법칙을 깨뜨리는 것처럼 보입니다. 어떻게 허공을 밀 수가 있죠? 그런데 허공을 미는 것이 아닙니다. 그네의 줄을 매달고 있는 막대를 간접적으로 밀고 있는 거예요.

모터가 달린 바퀴를 추의 끝에 매달고 모터를 작동하여 바퀴를 돌리면 추는 반대 방향으로 약간 움직입니다. 추를 매단 막대를 둘러싼 전체 시스템의 각운동량*이 보

---

* 회전하는 물체의 회전운동의 세기. 물체의 질량과 회전 속도를 곱하고 여기에 회전축에서 떨어진 거리를 곱한 양이다. - 편집자

존되는 거죠.

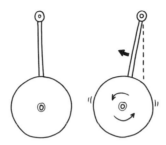

그네를 움직이는 것도 같은 방법입니다. 당신이 그네의 줄을 잡고 몸을 기울이면 그네는 약간 반대 방향으로 움직여 중력의 반대 방향으로 당신을 밀어 올립니다. 그런 다음 중력이 당신의 방향을 바꾸면 반대 방향으로 몸을 기울입니다. 당신은 다른 방향으로 움직이고 있기 때문에 비틀림은 당신을 움직이는 방향으로 조금 더 밀어줍니다. 그네를 알맞게 비틀어주면 앞뒤로 움직일 때마다 당신은 더 높이 올라갑니다.

그네의 줄이 아주 길면 움직이는 효율이 낮아집니다. 줄을 매단 막대에서 아주 멀리 있으면 당신의 움직임이 전체 시스템의 회전에 큰 영향을 주지 않기 때문에 그네가 더 조금 움직여요. 2.4미터 길이의 그네를 탄 어른이 몸을 뒤로 기울이면 그네는 1도 움직일 수 있습니다. 하지만 9미터 길이의 그네에서는 0.07도밖에 움직이지 않아요.

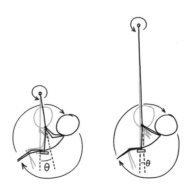

긴 그네는 움직이게 하는 효율이 떨어지기 때문에 그네를 움직이는 데 시간도 더 많이 걸립니다. 2.4미터 길이의 그네는 저을 때마다 1도 정도 더해지니까 45도로 흔들기 위해서는 45번만 저으면 됩니다. 약 70초면 되죠. 그런데 9미터 길이의 그네는 너무 조금씩 움직이기 때문에 45도로 흔들려면 640번 저어야 합니다. 긴 추는 앞뒤로 흔드는 데 시간이 많이 걸리기 때문에 시간당 젓는 횟수도 줄어듭니다. 그래서 640번 젓는 데에는 30분이 넘게 걸려요.

실제로 9미터 길이의 그네에서 시도를 하면 절대 45도로 올라가지 못할 거예요. 사실은 2.4미터 그네만큼 높이 올라갈 수가 없어요! 공기저항 때문에 흔들릴 때마다 바닥 근처에서 속도를 조금 잃게 됩니다. 더 크게 흔들리면 더 많이 움직이기 때문에 속도가 더 많이 느려져요. 약 20도 정도로 흔들면 저어서 얻는 것보다 저항으로 잃는 에너지가 더 큽니다. 그래서 실제로는 2.4미터 그네가 9미터 그네보다 당신을 더 높이 올려줍니다!

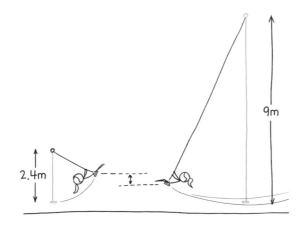

아주 큰 그네가 있는 곳이 있습니다. 남아프리카공화국 더반^{Durban}의 모지스 마비다 스타디움에는 관람객이 높이 올라가서 스타디움의 구조물에 매달린 60미터 길이의 그네를 탈 수 있어요. 하지만 그 정도 속도에서는 공기저항이 아주 강합니다. 그네를 탄 사람이 바닥에 도착하면 대부분의 운동량을 잃어버려서 반대 방향으로는 그렇게 많이 올라가지 못해요. 발로 차는 건 별로 도움이 되지 않습니다. 그네가 너무 길기 때문에 젓는 것은 사실상 아무런 효과가 없거든요.

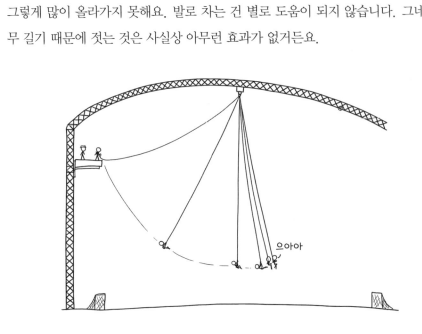

거대한 그네는 재미는 있겠지만 당신을 우주로 보내는 데에는 도움이 되지 않습니다. 평균적인 사람들로 측정해본 결과 가장 높이 올라가게 해주는 이상적인 그네의 길이는 3~4.5미터로 밝혀졌습니다. 정확하게 큰 놀이터에 있는 그네의 길이죠.

다시 한번, 아이들이 가장 정확합니다.

18. 새총으로 비행기를 날린다면

제 친구는 민간 비행기 조종사입니다.
그녀의 말로는 이륙에 상당히 많은
연료가 든다는군요.
연료 절약을 위해 항공모함에 있는 것 같은
새총 시스템을 이용해 이륙시키면 어떨까요?
(평범한 사람에게 맞도록 조정된 가속도로)
새총이 청정에너지로 작동되면
많은 양의 화석연료를 절약할 수 있지 않을까요?
저는 밧줄을 생각하고 있어요.
한쪽 끝은 비행기에 묶고 다른 쪽 끝은
낭떠러지 끝에 있는 커다란 바위에 묶는 거죠.
그리고 바위를 낭떠러지로 밀어서
떨어뜨리기만 하면 됩니다!

- 브래디 바키 Brady Barkey**, 시애틀**

저는 이 질문이 아주 멋지고 미래 지향적인 것처럼 시작되었다가 밧줄과 바위로 끝나버리는 것이 마음에 들어요.

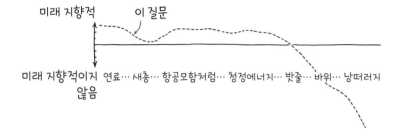

비행기가 이륙할 때 연료가 더 빠르게 타는 것은 사실이지만, 이륙은 아주 짧아요. 에어버스 A320과 같은 작은 비행기는 이륙 속도를 얻기 위해 활주로에서 가속하는 동안 40~80리터의 연료밖에 태우지 않습니다. 나머지 비행 동안에는 수천 리터를 태우죠.

비행기는 고도를 높이며 올라가는 동안에도 계속 연료를 빠르게 태웁니다. 활주로에서 가속하는 것보다 꽤 긴 시간이죠. 이 연료를 더하면, A320의 경우는 수백 리터 정도입니다. 하지만 새총은 땅에 있는 동안에만 도움이 됩니다. 올라가는 동안에도 계속 도움이 된다면 그건 새총이 아니라 에스컬레이터죠.

땅에 있는 동안에는 새총을 이용하면 추가 속력을 얻을 수 있어요. 비행기가 이륙할 때의 속력은 보통 비행하는 동안 속력의 절반 이하입니다. 땅 가까운 곳에서 속력을 더 얻기 위해서 새총을 이용한다는 것은 상승하는 동안 속력을 올리는 데 더 적은 연료를 태운다는 것을 의미하죠.

여기에는 두 가지 문제가 있습니다.* 첫 번째는 땅 가까운 곳의 밀집한 공기에 의한 마찰이 상층대기로 올라가기도 전에 그렇게 얻은 속도의 일부를 잃게 만드는 것입니다.

---

* 최소한 두 가지라는 말이에요.

두 번째이자 더 큰 문제는 부동산입니다.

비행기는 일반적으로 이륙하는 동안 0.2~0.3G로 앞으로 가속합니다. 그래서 이륙을 위해서는 보통 최소한 1.6킬로미터 길이의 활주로가 필요합니다. 페달을 최대로 밟은 빠른 자동차에서 느끼는 가속도와 비슷한 0.5G로 계속 가속한다면 이론적으로는 800미터면 빠듯하게 뜰 수 있어요. 그런데 이륙하기 전에 최대 비행 속도에 가까울 정도로 가속하려면, 대기의 가장 두터운 부분을 벗어날 수 있는 운동량을 얻어야 하기 때문에 아홉 배 더 긴 활주로가 필요합니다. 안전거리를 고려하지 않는다 해도 활주로의 길이가 최소한 7.2킬로미터는 되어야 한다는 말이죠.

워싱턴 DC 공항의 활주로를 그 길이로 연장시키면 이렇게 보일 것입니다.

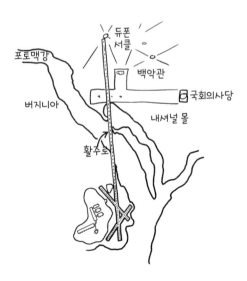

활주로는 링컨 기념관과 워싱턴 기념탑 사이의 내셔널 몰을 가로지르고, 프랭클린 루스벨트 기념관과 제2차 세계대전 기념관을 살짝 비껴가서 시내를 통과한 다음 듀폰 서클 근처 어딘가에서 끝날 거예요.

공정하게 말하면, 새총을 이용하는 아이디어는 여객기를 띄우는 데 있어 완전히 엉터리는 아니예요. 절약하는 연료는 얼마 되지 않을 수 있지만 더 큰 비행기를 더 짧은 활주로에서 이륙시킬 수 있어요. 그리고 이륙을 더 조용히 할 수 있습니다. 소음은 도심에 있는 공항의 풀리지 않는 골칫거리거든요.

새총 비행기에 대한 진지한 제안이 몇 번 있었어요. 1937년, NACA(NASA의 전신)는 말도 안 되게 긴 활주로 없이 거대한 여객기를 띄우는 데 도움을 줄 수 있는, 땅에서의 새총 이륙을 연구했습니다.* 2012년, 에어버스는 2050년의 비행기는 어떻게 생겼을지에 대한 개념도를 발표했습니다. 그 개념도에는 에코-클라임이라고 부르는 새총 모양의 이륙 시스템이 포함되어 있었어요.

하지만 가끔씩 있었던 실험적인 설계 이외에 새총은 특수한 상황에 한정되어 있었습니다. 비행기가 짧은 거리에서 이륙하기 위해서 빠르게 가속해야 하는 항공모

---

* 1937년의 사람들에게 '거대한' 비행기는 40명을 태우는 것이고, 그들이 상상한 '말도 안 되게 긴' 활주로는 1.6킬로미터가 되지 않았습니다. 우리가 만든 수 킬로미터 길이의 활주로들과는 비교할 수준이 아니었죠.

함 같은 곳이죠. 비용에 비해 잠재적으로 절약되는 연료가 아주 적기 때문에 그 정도에서 머물 것으로 보입니다.

그래도 당신의 시스템을 만들기를 고집한다면(밧줄과 낭떠러지는 준비되어 있다고 치고) 한 가지 팁을 알려드리겠습니다. 200톤의 비행기로 시속 최대 650킬로미터로 가속하려면 엄청나게 무거운 추 혹은 엄청나게 높은 낭떠러지가 필요합니다. 거대한 수천 톤의 무게가 엄청나게 높은 마천루에서 떨어져야 하는 거죠.

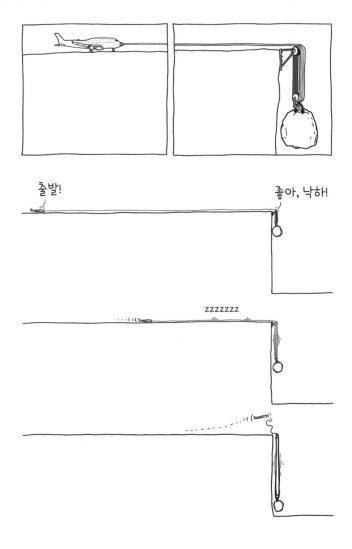

더 무거운 무게의 추를 가지고 있다면 그렇게 높은 곳에서 떨어뜨릴 필요는 없어요. 제가 여기서 어떤 특정한 방법을 제안하는 것은 아니지만, 기록을 위해서 남겨두면, 워싱턴 기념탑의 지상 부분 무게는 약 8만 톤입니다. 8만 톤의 물체는 짧은 거리만 떨어져도 비행기를 이륙시킬 속도로 가속할 수 있습니다.

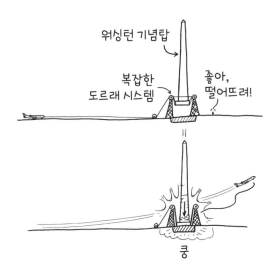

그냥 생각만 해본 거예요.

2

짧은 대답들

Q 광대 빌리가 돈이 떨어졌어요. 그래서 돈을 벌기 위해서 새로운 기술을 고안했어요. 보통 크기의 파티 풍선을 풍선 재료(터지지 않는 어떤 종류의 고무)가 원자 하나 두께가 될 때까지 입으로 부는 거예요. 그러면 그 풍선의 크기는 얼마나 될까요?

– 앨런 퐁 Alan Fong

빌리가 왜 돈이 떨어졌는지가
정말 의문이네요.

Q 일반적인 SUV를 움직이게 하려면 얼마나 많은 낙엽 청소기가 필요할까요?

— 애슐리 H. Ashley H.

평지에서 중립 기어를 넣은 자동차라면 10~20개의 대형 낙엽 청소기만 있으면 움직이게 할 수 있을 거예요. 뒤에서 빵빵거리는 것을 피할 정도로 가속을 하려면 훨씬 더 많이 필요하겠지만요.

Q 엄청나게 강력한 진공청소기를 BMW 세단을 향하게 하면 무슨 일이 일어날까요?

— 익명

> **Q** 더운 여름날 저녁에 불을 켜고 밖에 앉아 있으면 벌레들이 불로 모여들 것이 분명하죠. 그런데 이 벌레들이 낮에는 왜 무엇보다 크고 강렬한 불빛인 태양을 향해서는 날아가지 않나요?
>
> **- 익명**

나방을 비롯한 벌레들이 왜 불빛을 향해 날아가는지는 곤충학에서 해결되지 않은 의문이에요. 하지만 왜 이들이 태양을 향해 날아가지 **않는지는** 훨씬 더 간단한 답이 있어요.

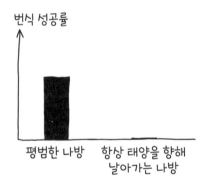

Q 전 세계에 있는 모든 총을 모아서 지구의 한쪽 옆에 놓고
동시에 발사하면 지구가 움직일까요?

– 네이선Nathan

아니요. 하지만 총들을 계속 그곳에 모아둔다면 지구의 반대편은 더 살기 좋은
곳이 되겠죠.

전 세계의
모든 총들

우리 집

Q 작은 전자레인지를 더 큰 전자레인지에서 돌리면 어떤 일이
일어날까요? 작은 전자레인지도 켜져 있어요.

– 마이클Michael

더 이상 그 이케아에는 가지 못하게 될 거예요.

A. 몸에 있는 **모든** 뼈를 부러뜨리는 것은 어렵습니다. 많은 뼈는 자갈 정도의 크기이고, 그보다 큰 신체 구조 깊은 곳에 숨어 있거든요. 뼈를 모두 부러뜨리려면 얼마나 빨리 움직여야 하는지 정확하게는 모르겠어요. 하지만 트램펄린이 큰 차이를 만들지 못할 정도로 빨라야 하는 것은 분명합니다.

B. 이런 일은 일어날 수 없다는 사실을 알려드리게 되어 기쁩니다.

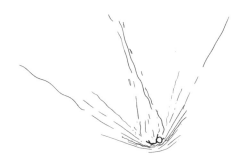

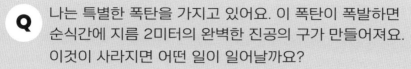

Q 나는 특별한 폭탄을 가지고 있어요. 이 폭탄이 폭발하면
순식간에 지름 2미터의 완벽한 진공의 구가 만들어져요.
이것이 사라지면 어떤 일이 일어날까요?

- 데이브 H.^Dave H.

진공 구는 수축을 할 건데, 중심에서 너무나 강한 힘으로 충돌하여 빠르게 가열
되고 아마도 순간적으로 플라스마*가 될 거예요. 에너지는 열과 충격파의 형태로 밖
으로 방출되어 심각한 부상이나 죽음을 유발하고 작은 건물들을 부술 수 있습니다.

다시 말해서, 당신이 가지고 있는 건 그냥 보통 폭탄이에요.

Q 우주는 뜨거운가요, 차가운가요?

- 아이작^Isaac

온도에 대한 교과서적인 정의에 따르면 우주는 뜨겁습니다. 적어도 여기 태양계
는요. 우주에 있는 분자들은 개별적으로 아주 빠르게 움직여요. 각각은 많은 에너지
를 가지고 있다는 의미고, 온도는 대체로 분자들의 평균 운동에너지로 정의됩니다.
하지만 우주에는 분자가 너무 적기 때문에 각각은 많은 에너지를 가지고 있다 하더

---

* 음양의 하전 입자가 중성 기체와 섞여 전체적으로 전기적 중성인 상태. - 편집자

라도 전체 열에너지의 양은 적습니다. 물체를 데울 수는 없다는 말이에요. 우주는 이론적으로는 따뜻할 수 있지만 실제로는 차갑게 느껴집니다.

우주는 뜨겁긴 하지만, 얼어 죽을 수 있는 가장 뜨거운 곳이죠.

Q 사람이 계속 살아 있을 수 있는 상태를 유지하면서 몸에서 얼마나 많은 뼈를 제거할 수 있나요? 제 친구가 물어보네요.

– 크리스 레이크먼Chris Rakeman

그분이 정말로 당신 친구일 거라는 생각이 들지 않네요.

Q 사람을 417그램 중력에 20초 동안 두면 어떻게 되나요?
– 닉네임 Nythil

당신은 살인죄로 체포될 겁니다.

 Q 살인을 하고도 기소되지 않는 것은 언제 혹은 어떤
경우인가요?
- 쿠날 다완^{Kunal Dhawan}

옐로스톤 국립공원에 사람이 중범죄를 저지르고도 처벌받지 않을 수 있는 130제곱킬로미터의 영역이 있다고 주장하는 법학 교수 브라이언 C. 칼트^{Brian C. Kalt}의 유명한 법률 기사가 있습니다. 미국 헌법에는 배심원을 어디서 뽑아야 하는지에 대한 명확한 규정이 있습니다. 그런데 경계선을 그을 때의 실수로 이 지역에서의 범죄를 기소할 때는 인구가 0명인 지역에서 배심원을 뽑아야 한다고 되어 있어요.

하지만 범죄 행각을 벌이지는 마세요. 저는 연방 검사에게 '옐로스톤의 허점'에 대해 물어보았습니다. 그는 한바탕 웃고는, 그것을 이용하려다가는 분명히 기소당할 거라고 이야기했어요. 저는 칼트 교수가 기사에서 쓴 주장을 알려주었습니다. 그의 대답을 그대로 옮길게요. "법학 교수들은 말만 많아요."

살인이 불법이라는 게 확실해?
여기 8페이지에 있는
세부 조항에 따르면…

휴…

Q 나는 오늘 곤충이 미국 경제에 최소한 570억 달러의 기여를 한다는 내용을 읽었어요. 미국에 있는 모든 곤충들에게 그들이 경제에 기여한 것에 대해 똑같이 나누어 준다면 한 마리당 얼마씩 받게 되나요?

- 해나 맥도널드 Hannah McDonald

경제적 가치에 대한 측정은 복잡하고, 가치를 어떻게 정의하느냐에 따라서도 크게 좌우됩니다. 하지만 이 질문에 따라 570억 달러를 그대로 받아들이죠. 그 곤충들 중 일부는 아마도 다른 곤충들보다 훨씬 더 많은 기여를 할 거예요. 개인적으로는 개미들이 엄청나게 많은 일을 한다고 생각합니다. 하지만 모든 곤충들에게 똑같이 나누어 준다고 가정하죠.

곤충의 수는 얼마나 될까요? 1990년대에 미주리대학의 얀 위버Jan Weaver와 세라 헤이먼Sarah Heyman은 조사를 수행해 미주리의 오자크 숲 1제곱미터당 약 2,500마리의 곤충이 있다는 것을 발견했습니다. 다른 조사들에서는 더 많은 수를 발견했습니다. 다른 종류의 숲을 조사했거나, 땅을 더 깊이 팠거나, 더 작은 곤충을 셀 수 있었기 때문이겠죠. 그런데 이 조사들은 상대적으로 곤충이 많은 지역에서 수행되었습니다. 국가 전체의 평균은 아마도 숲 바닥의 나뭇잎 사이의 평균보다 훨씬 작을 것입니다. 이들의 값을 그냥 대략적인 국가 평균으로 잡는다면 미국에는 약 2경 마리의 곤충이 있어요.

570억 달러를 2경 마리의 곤충에게 나누어 준다면 한 마리당 0.0000029달러, 혹은 3,500마리당 1페니를 받을 거예요. 우연하게도 조사에서 곤충 한 마리의 평균 무게는 1밀리그램이 조금 되지 않았습니다. 그러니까 3,500마리의 곤충은 그들이 받는 1페니와 거의 비슷한 무게를 가져요.

위버와 헤이먼의 조사에 있는 분포에 따르면 돈은 다음과 같이 나누어 줄 수 있어요.

- 180억 달러: 파리, 모기 포함
- 160억 달러: 벌, 말벌, 개미
- 100억 달러: 딱정벌레
- 70억 달러: 총채벌레, 식물의 즙을 마시는 작은 곤충들
- 10억 달러: 나비와 나방
- 10억 달러: 노린재
- 40억 달러: 나머지 곤충들

괜찮아 보이네요. 하지만 제가 이 예산을 다룰 수 있다면 제일 먼저 모기에 대한 지출을 줄이겠어요.

> **Q** 오늘의 세계와 어제의 세계에서, 인간이 된다는 것은 무슨 의미일까요? 사회적인 면과 생물학적인 면 모두에서 말이에요.
>
> – 세스 캐럴Seth Carrol

이것은 《why if》에 물어보는 것이 어떨까요?

대답할 수 없는 철학적인 질문에 대한
완전히 비문법적인 답
(그런 책은 아직 없음)

19. 운석이 느리게 지구와 충돌한다면

칙술루브 충돌체*와 같은 물체가 상대적으로 느린 속도인, 예를 들면 시속 5킬로미터로 지구를 때리면 어떻게 될까요?

- 베니 폰 알레만Beni von Alemann

대멸종을 일으키지는 않을 겁니다. 하지만 그것이 땅에 떨어질 때 근처에 있는 사람에게는 별로 위안이 되진 않을 거예요.

6,600만 년 전† 우주에서 온 커다란 돌덩어리가 현재 멕시코의 도시 메리다Merida 근처의 지구를 때렸습니다. 이 충돌로 대부분의 공룡이 멸종했죠.

우주에서 날아와서 지구를 때리는 것은 모두 땅에 닿을 때에는 아주 빨라요. 그 물체가 지구와 만날 때는 천천히 움직였다 하더라도 지구의 중력에 끌려 떨어지면 최소한 탈출속도‡까지 가속이 됩니다. 그 속력은 물체에 많은 운동에너지를 줍니다. 그래서 자갈 크기의 운석이 그렇게 밝게 빛나고, 더 큰 운석은 지각에 큰 구멍을 만드는 거죠.

---

* 지름 11~81킬로미터, 질량 1.0×10^{15}~4.6×10^{17}킬로그램으로 추정되는 소행성으로, 6,600만 년 전 지구와 충돌하여 충돌구를 만들었을 것이라 여겨진다. 충돌체는 현재의 멕시코의 마을 칙술루브에서 얼마 떨어지지 않은 곳에 충돌했으며, 충돌체와 충돌구의 이름 모두 이 마을에서 따왔다. - 편집자

† 2022년 기준입니다.

‡ 천체의 인력에서 벗어나 무한히 먼 곳까지 갈 수 있는 최소 속도. - 편집자

느린 운석은 좀 다를 겁니다. 운석을 조심스럽게 지구 표면에서 13센티미터 높이까지 내린 다음 떨어뜨린다고 해봅시다.

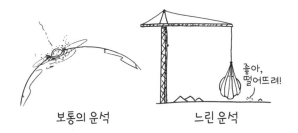

보통의 운석　　　　　　느린 운석

운석은 다른 물체와 똑같이 떨어질 것입니다. 0.1초 후에 운석은 땅과 접촉을 합니다.

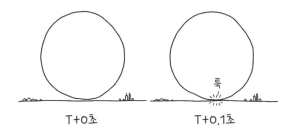

T+0초　　　　　　　　T+0.1초

운석의 바닥이 땅에 닿을 때의 속력은 약 시속 5킬로미터입니다. 실제 공룡을 죽인 운석 속력의 1,000분의 1도 되지 않아요. 운석의 바닥은 땅에 부딪쳐 멈추지만, 그보다 10킬로미터 위는 계속 떨어지고 있습니다.

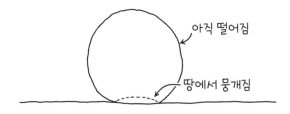

대부분의 혜성과 소행성은 그렇게 단단하지 않아요. 우리는 흔히 소행성을 충돌구로 뒤덮인 감자처럼 생긴 단단한 바위로 상상합니다. 실제로 일부 소행성은 그렇게 보입니다. 하지만 이제 우리는 무인 탐사선으로 그곳에 몇 번 방문해보았고 이들 중 많은 수가 중력과 얼음으로 느슨하게 묶여 있는 수많은 자갈에 더 가깝다는 것을 알게 되었어요. 바위라기보다는 모래성에 가깝죠.

'세계에서 가장 큰 모래 공'을 검색하면 별로 나오는 것이 없을 기예요.* 모래 공은 소프트볼 공보다 더 크게 만들기도 어렵거든요. 모래에 아주 적당한 양의 물을 섞어서 조심스럽게 뭉쳐도, 그보다 더 큰 모래 공은 자신의 무게를 지탱하지 못합니다. 모래 공에서 일어나는 일이 충돌체에도 일어납니다.

'토양 액상화'는 뭔가 무서운 것을 의미하는, 지루해 보이는 용어입니다. 지진과 같은 어떤 특정한 환경에서는 흙이 액체처럼 흐를 수 있습니다. 땅 위에 살고 있는 사람에게는 아주 위험한 상황이죠. 충돌체를 이루는 물질은 똑같은 변화를 겪게 됩니다. 초음속 토양 액상화가 전방위적인 산사태로 흐르는 거죠.†

이후 45초 동안 운석은 떨어지는 공에서 원반으로 퍼질 거예요.

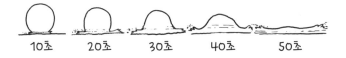

10초   20초   30초   40초   50초

---

* 제가 이 책을 쓸 때는 맞는 말이지만 당신이 이 책을 읽을 때는 바뀔 수도 있어요. 당신이 '세계에서 가장 큰 모래 공'을 검색하여 이 책을 찾았는데 왜 이 책이 검색 결과의 맨 위에 나오는지 이해가 되지 않는다면, 당신은 미스터리를 해결한 것입니다!

† 몇몇 논문 아카이브에서 '초음속 토양 액상화'를 검색해보았지만 실망스럽게도 아무런 결과를 얻지 못했어요. 아마도 누군가가 연구비 신청을 하고 있겠죠.

산사태는 수 킬로미터로 퍼질 거예요. 지구와 태양계 다른 천체들에서의 큰 산사태에 대한 연구는 산사태로 덮이는 영역은 물질의 원래의 전체 부피에 의존한다는 것을 보여줍니다. 정확하게 무엇으로 이루어졌는지는 상관이 없어요. 그러니까 우리의 산사태는 처음 접촉한 지점에서 약 50~60킬로미터로 퍼질 거예요. 어쩌면 좀더 멀리 갈 수 있습니다. 대부분의 산사태보다는 더 속력이 빠를 거거든요. 칙술루브 충돌과 같은 곳에서 일어났다면 원래 충돌구 영역의 대부분을 덮을 거예요.

칙술루브 충돌 지점은 해안에 있기 때문에 우리 운석 잔해의 많은 양은 바다로 흘러갈 겁니다. 6,600만 년 전의 충돌과 마찬가지로 이것은 엄청난 양의 바닷물의 위치를 바꿀 거예요.

백악기의 충돌은 멕시코만을 휩쓸고 육지로 수 킬로미터 밀고 온 쓰나미를 일으켰습니다. 그 충돌은 지구를 크게 흔들어 지구 전체의 물이 출렁거리게 만들고, 멕시코만과 연결되어 있지 않은 호수들에서도 쓰나미 같은 파도를 일으키기도 했어요.

우리의 충돌에 의한 흔들림은 백악기의 충돌만큼 치명적이지는 않을 거예요. 충돌체가 훨씬 더 느리니까요. 백악기의 충돌은 규모 10 이상의 지진과 같았는데, 우리 충돌은 규모 7의 지진과 같고 쓰나미도 더 작을 거예요.

하지만 멕시코만 해변으로 구경하러 가지는 마세요. 파도는 **그렇게** 작지 않을 겁니다. 백악기 충돌체의 에너지 대부분은 충돌구를 만드는 데 쓰였고, 상대적으로 적은 비율이 쓰나미를 만들었어요. 하지만 물속에 구멍을 만들어서 거기를 채우는 대신, 많은 양의 물질이 바다로 쏟아지면 더 효율적으로 파도를 만들 수 있습니다. 그래서 우리의 쓰나미는 내륙으로 꽤 멀리 들어갈 수 있어요.

산사태 자체가 메리다시를 덮을 거예요. 30분 후에는 쓰나미가 멕시코만에 접해 있는 나머지 도시들을 파괴할 겁니다. 이후 몇 시간 동안 작은 파도들이 전 세계 바다에서 일었다가 점차 잦아들 거예요.

당신이 지구의 반대편에, 예를 들면 자카르타나 퍼스Perth에 살고 있고 잠깐 동안의 해안 침수 동안 해변에서 먼 곳에 있었다면 별로 다른 점을 발견하지 못했을 겁니다. 6,600만 년 전과는 달리 튀어나간 잔해가 대기로 다시 떨어지면서 지구 전체에 불 폭풍을 일으키지는 않을 거거든요. 화산 폭발이 일어나지도 않을 겁니다. 먼지가 일부 대기로 퍼지기는 하겠지만, 화산재 때문에 지구 전체가 식는 일은 일어나지 않을 거예요.

느린 충돌은 대멸종을 일으키지는 않겠지만, 멸종을 일으키기는 할 거예요.

〈쥐라기 공원〉에 나오는 가상의 장소인 누블라섬은 코스타리카 남서쪽 해안에서 떨어진 곳에 있어요. 영화에서 섬의 크기를 특정하고 있진 않지만, 쥐라기 공원의 설립자 존 해먼드John Hammond는 '80킬로미터의 담'을 설치했다고 말했습니다. 공원의 면적이 500제곱킬로미터보다 작다는 말이죠.

사람이 정말로 공룡을 복제했고 충돌 지점이 남쪽으로 약 1,600킬로미터 떨어진 곳이라면…

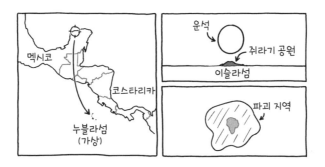

…충돌은 공룡을 멸종시킬 수 있습니다.

20. 행성이 같은 이름의 원소로 만들어진다면

머큐리(수성)가 순전히 머큐리(수은)로 만들어졌다면
어떻게 될까요? 케레스가 세륨으로 만들어졌다면요?
유러너스(천왕성)가 우라늄으로 만들어졌다면요?
넵튠(해왕성)이 넵튜늄으로 만들어졌다면요?
플루토(명왕성)가 플루토늄으로 만들어졌다면요?

- 익명

원소의 세계

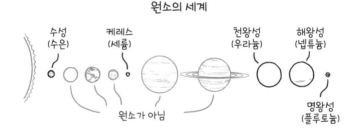

원소와 이름을 공유하는 다섯 개의 큰 세계가 있어요. 행성인 수성, 천왕성, 해왕성, 그리고 왜소행성인 케레스와 명왕성입니다.

지구에서 우리가 보는 관점에서 수성과 케레스는 별로 변화가 없을 거예요. 수성은 두 배 이상 무거워지고, 빛나는 새로운 반액체 상태의 표면 덕분에 약 다섯 배 더 밝아질 거예요. 케레스는 세 배 더 무거워지고 거의 열 배 더 밝아질 겁니다. 어두운 밤에는 맨눈으로도 보일 정도로 밝아요.

불행히도 어두운 하늘을 보기는 더 어려워질 거예요. 나머지 세 행성들 때문에요.

다른 원소 이름을 가진 세 세계(천왕성, 해왕성, 명왕성)의 변화는 좀 더 극적일 겁니다.

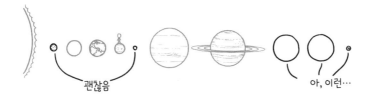

우라늄, 넵튜늄, 플루토늄은 모두 방사성 원소예요. 그러니까 이 세 행성은 많은 열을 만들 거예요. 명왕성이 가장 안정적인 동위원소인 ^{244}Pu로 만들어졌다면 표면이 캠프파이어의 불그스름한 색으로 빛날 정도로 뜨거울 거예요. 지구에서 맨눈으로 겨우 볼 수 있을 정도의 밝기일 겁니다. 하지만 1년에 몇 번밖에 볼 수 없을 거예요. 태양계의 새로운 두 행성 때문에요.

우라늄의 가장 흔하고 안정적인 동위원소는 ^{238}U입니다. 수십억 년 동안 아주 느리게 붕괴합니다. ^{238}U 덩어리는 만지기에 뜨겁지 않을 거예요. 방사선 중독의 위험 없이 다룰 수 있습니다. 하지만 이것을 행성 크기의 공으로 만들면 각각에서 만들어내는 적은 양의 빛이 더해져 행성이 수천 도로 뜨거워질 거예요.*

---

* 섭씨, 화씨, 켈빈, 어느 단위나 마찬가지예요.

만질 수 있을 정도로 적은 양의 열을 가진 금속이 큰 공으로 모이면 그렇게 뜨거워진다는 게 이상하게 보이겠지만, 이것은 규모 차이의 결과일 뿐입니다. 부피는 표면적보다 빠르게 커지기 때문에 큰 물체는 단위면적당 더 많은 열을 만들어요. 그래서 이 열을 방출하기 위해서 더 뜨거워지는 거죠. 아주 큰 물체는 단위부피당 만드는 열이 아주 적은 양이라도 엄청나게 뜨거워질 수 있습니다.

핵융합이 일어나고 있는 태양의 핵조차도 한 조각만 떼어낸다면 꽤 차가울 거예요. 태양 핵 재료* 한 컵은 약 60밀리와트의 열에너지를 만듭니다. 부피로 따지면 이것은 도마뱀 몸의 열 생산 비율과 거의 같고 사람의 몸보다는 작아요. 그런 면에서 당신의 몸은 태양보다 뜨거워요. 태양은 당신만큼 뜨겁지 않습니다.†

사람 한 컵,
350밀리와트

태양의 핵 한 컵,
60밀리와트

도마뱀 한 컵,
60밀리와트

태양 빛을 반사하여 빛나는 진짜 천왕성은 운이 좋다면 쌍안경으로 볼 수 있겠지만 맨눈으로 보기에는 너무 어두워요. 아주 뜨거운 우라늄 천왕성은 밝게 빛나서 하늘에서 보통의 별처럼 보일 거예요.

해왕성이 진짜 문제죠.

---

* 만드는 방법을 알아내더라도 만들지는 마세요.

† 당신이 도마뱀이 아니라면 이 책을 읽고 있는 것에 감사드립니다. 이 페이지가 태양 아래에 펼쳐져서 포근하고 따뜻해지길 바랍니다.

	이전	이후
수성	보임	보임
케레스	안 보임	보임
천왕성	겨우 보임	보임
해왕성	안 보임	아, 내 눈!
명왕성	안 보임	보임

넵튜늄은 일상생활에서 접할 수 있는 것이 아닙니다. 우라늄과 플루토늄도 **흔한** 것은 아니지만 핵무기에서의 역할 덕분에 잘 알려져 있죠. 주기율표에서 우라늄과 플루토늄의 이웃 중 하나인 넵튜늄은 훨씬 덜 유명합니다.

넵튜늄은 가끔씩 등장합니다. 2019년 초에 오하이오 남부의 한 중학교가 학기 중에 갑자기 휴교를 한 적이 있습니다. 이유는요? 넵튜늄 오염 때문에요. 이 학교는 포츠머스 가스확산공장Portsmouth Gaseous Diffusion에서 몇 킬로미터 떨어진 곳에 있었습니다. 2001년에 가동을 멈춘 핵연료 처리장이었죠. 2019년 초 학교 건너편에 있던 에너지부의 공기 감시부가 넵튜늄 초과를 감지했다는 것을 지역 관공서에 알렸습니다. 원인은 그 공장에서 나온 쓰레기의 부산물로 추정되었죠. 지역 관공서는 즉시 휴교를 명령했고, 학교는 그다음 해까지 문을 닫았습니다.*

넵튜늄은 방사능이 아주 강합니다. 미량으로도 충분히 위험할 수 있어요. 그러니까 행성 전체가 이것으로 이루어지길 원하지는 않을 거예요. 해왕성이 넵튜늄으로 만들어졌다면 이웃인 천왕성과 명왕성보다 **훨씬** 더 많은 열을 만들 겁니다. 해왕성은 빛이 날 정도로 뜨거울 뿐만 아니라 너무나 많은 열을 만들어서 증발을 할 거예요. 기체 넵튜늄이 두꺼운 대기를 만들 겁니다.

---

* 에너지부는 후속 조사로 학교가 오염된 증거는 발견하지 못했다고 발표했지만, 모든 사람이 동의하지는 않았습니다. 학교는 조사가 진행되는 동안 계속 휴교를 했어요.

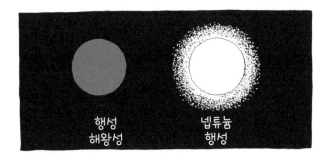

해왕성은 방사능 때문에 중간 크기의 별만큼 밝을 거예요. 태양보다 더 밝지는 않겠지만 표면은 태양보다 더 뜨거워서 더 푸른색으로 보일 것입니다.

해왕성은 우리에게서 태양보다 훨씬 더 멀리 있기 때문에 겉보기에는 어두워집니다. 하지만 그래도 보름달 정도만큼은 밝을 거예요.

달과는 달리 해왕성은 한 달 주기를 가지지 않아요. 해왕성이 태양의 주위를 도는 데에는 150년이 넘게 걸리기 때문에 수년 동안 매일 밤 별들 사이의 같은 자리에 있는 것처럼 보일 거예요. 2020년대에는 6월부터 12월까지 대부분의 밤에 보이면서 물병자리, 물고기자리, 페

가수스자리를 가로지를 겁니다. 이후 수십 년 동안은 양자리와 황소자리를 천천히 가로질러 움직일 거예요. 그 빛은 수십 년 동안 오리온자리를 거의 보이지 않게 만들 겁니다.

천문학과 점성술이 좀 복잡해지는 것 외에는, 지구의 생명체는 아마 해왕성의 방사선에서 살아남을 수 있을 거예요. 새로운 방사성 행성의 내부는 뜨거워지겠지만 핵융합을 일으킬 정도로 엄청나게 뜨거워지지는 않을 겁니다. 그리고 지구의 대기가 물고기자리 방향에서 지구를 향해 흘러오는 모든 이상한 입자들도 막아줄 거예요.

나를 '제미니'라고 불러.
지금 물고기자리에서 엄청난 양의
나쁜 에너지가 오고 있는 것을
잡아냈거든.

일부 불안정한 동위원소는 훨씬 더 놀라운 상황을 만들 거예요. 천왕성이 ^{238}U가 아니라 ^{235}U로 만들어졌다면 오래가지 못할 거예요. 볼링공보다 큰 ^{235}U 덩어리는 핵분열을 일으킵니다. 불행히도 가장 안정한 동위원소인 ^{237}Np도 핵분열을 일으켜요. 그래서 ^{237}Np는 순식간에 폭주 연쇄반응을 일으켜 전체 행성을 팽창하는 고에너지 입자 구름과 엑스선으로 바꿀 거예요. 세 시간 이내에 충격파가 지구에 도착하여 지구를 완전히 없애버리고, 지구 표면을 날려 하늘에 떠 있는 용융된 덩어리만 남길 것입니다.

여기에서 얻을 교훈이 있어요. 불안정한 동위원소는 좋지 않습니다. 동위원소들 중에서 뭔가를 선택해야 하는데 어떤 것을 골라야 할지 모르겠다면, 가장 안정적인 것을 고르세요.

21. 하루가 1초가 된다면

지구의 자전이 빨라져서
하루가 1초밖에 되지 않는다면 어떻게 될까요?

- 딜런Dylan

파국적인 상황이지만, 2주마다 한 번씩 훨씬 **더** 파국적인 상황이 됩니다.

지구는 자전을 합니다. 그러니까 가운데 부분은 원심력 때문에 밖으로 밀려나고 있다는 말이죠. 이 원심력은 지구의 중력을 이기고 지구를 찢어버릴 정도로 강하지는 않아요. 하지만 지구를 약간 평평하게 만들고, 적도에서 당신의 몸무게를 극에서보다 약 500그램중 가볍게 만들 정도는 됩니다. *

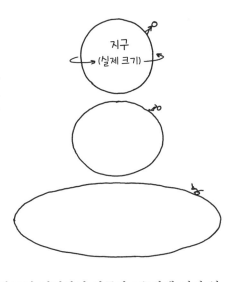

지구(와 지구 위에 있는 모든 것)가 갑자기 빠르게 회전하여 하루가 1초밖에 되지 않

---

* 이것은 몇 가지 효과가 결합된 것입니다. 원심력, 지구의 평평한 모양, 그리고 북극을 향해서 가면 북아메리카 사람들이 푸틴(갓 튀긴 감자튀김 위에 치즈 커드와 뜨거운 그레이비 소스를 얹어 먹는 캐나다 음식 - 옮긴이)을 주기 시작하는 것 등이죠.

게 되면 지구는 하루*도 유지되지 못합니다. 적도는 빛의 속력의 10퍼센트 이상으로 움직이고, 원심력이 중력보다 훨씬 더 강해져서 지구를 이루고 있는 물질이 바깥쪽으로 날아가게 됩니다.

당신은 곧바로 죽지 않아요. 몇 밀리초**millisecond** 혹은 몇 초 동안 살아남을 수도 있습니다. 얼마 되지 않는 시간 같지만, 상대론적인 속력을 포함하는 이 책의 다른 시나리오에서 죽는 것에 비하면 꽤 긴 시간이죠.

지구의 지각과 맨틀은 건물 크기의 덩어리로 떨어져 나갈 것입니다. 1초†가 지나면 대기가 숨을 쉬기 어려울 정도로 얇아집니다. 하지만 상대적으로 정지해 있는 극에서도 질식해서 죽을 정도로 오래 살아남지는 못할 거예요.

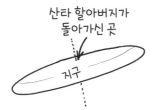

산타 할아버지가
돌아가신 곳

지구

처음 몇 초 동안 팽창으로 지각이 회전하는 조각으로 부서지고 지구에 있는 모든 사람이 죽겠지만, 그다음에 일어날 일에 비하면 이건 비교적 평화로운 일입니다.

모든 것이 상대론적인 속력으로 움직이지만 지각의 조각들이 서로 옆에 있는 것과 거의 같은 속력으로 움직이기 때문에 상대론적인 충돌이 곧바로 일어나지는 않아요. 비교적 조용한 상황이라는 말입니다. 원반이 뭔가를 때리기 전까지는요.

첫 번째 장애물은 지구 주위를 도는 인공위성들입니다. 40밀리초 후, 국제우주정 거장이 팽창하는 대기의 가장자리에 부딪히면서 순식간에 증발해버립니다. 더 많은 인공위성들이 뒤를 따릅니다. 1.5초 후, 원반이 적도 위를 돌고 있는 정지위성들에 도달합니다. 위성들을 지구가 삼키는 순간 강력한 감마선이 방출됩니다.

---

* 원래 하루와 바뀐 하루 둘 다입니다.
† 그러니까, 하루요.

　지구의 파편들은 팽창하는 회전 톱날처럼 바깥쪽으로 잘려 날아갑니다. 원반은 약 10초 만에 달에 도달하고, 한 시간 후에 태양을 지나서 하루나 이틀 사이에 태양계에 퍼집니다. 원반이 소행성을 삼킬 때마다 모든 방향으로 에너지를 뿌리고 결국에는 태양계에 있는 모든 천체의 표면을 황폐화시킵니다.

　지구는 기울어져 있기 때문에 태양과 행성들은 보통은 지구의 적도와 같은 평면에 있지 않습니다. 그래서 회전하는 지구 톱을 피할 가능성이 꽤 높아요.

　하지만 2주에 한 번씩 달이 지구의 적도 평면을 가로질러요. 딜런이 이 순간에 지구를 빨리 회전하게 했다면 달은 정확하게 팽창하는 원반의 경로에 있게 됩니다.

　이 충돌은 달을 혜성으로 바꾸어 고에너지 잔해의 파동과 함께 태양계 바깥쪽으로 발사시킵니다. 그 섬광은 너무나 밝고 뜨거워서 당신이 만일 태양 표면 위에 서 있다면 위쪽이 아래쪽보다 더 밝아질 거예요. 태양계 모든 천체의 표면(유로파의 얼음, 토성의 고리, 수성의 암석 지각)이 깨끗하게 청소될 것입니다.

별 안녕.

공기 안녕.

모든 곳의 소음도 안녕.

　달빛으로 말이에요.

22. 10억 층 건물을 만들려면

네 살 반인 제 딸은 10억 층 건물을 짓겠다고
고집을 피워요. 그 크기가 어느 정도인지 감을 잡게
해주기도 어렵고, 그게 얼마나 어려운 일인지도
설명할 수가 없어요.

**– 키라^{Keira}의 아빠 스티브 브로도비치^{Steve Brodovicz},
펜실베이니아주**

키라,

건물을 너무 높게 만들면 위쪽이 무거워서 아래쪽을 무너뜨려요.

땅콩버터 탑을 만들어본 적이 있나요? 과자 위의 성처럼 작은 탑을 만드는 것은
쉬워요. 서 있을 수 있을 정도로 충분히 튼튼하죠. 하지만 아주 큰 성을 만들면 팬케
이크처럼 무너질 거예요.

키라에게: 아빠가 땅콩버터로 뭔가를 만들지 못하게 한다면 말을 듣지 마세요.
식탁이 지저분해진다고 뭐라고 하면 버터 통을 몰래 방으로 가져가서
카펫 위에 탑을 만드세요. 제가 허락할게요.

땅콩버터에서 일어난 것과 같은 일이 건물에도 일어납니다. 우리가 만드는 건물들은 튼튼합니다. 하지만 우주까지 올라가는 건물은 만들 수 없었어요. 위쪽이 아래쪽을 무너뜨릴 테니까요.

우리는 꽤 높은 건물을 만들 수 있습니다. 가장 높은 건물은 높이가 거의 1킬로미터이고, 원한다면 아마도 2킬로미터, 혹은 심지어 3킬로미터 높이 건물도 만들 수 있을 거예요. 그래도 이 건물들은 자신의 무게로 서 있을 수 있어요. 그보다 더 높은 건물은 쉽지 않을 겁니다.

그런데 높은 건물에는 무게 이외에도 다른 문제들이 있어요.

한 가지 문제는 바람입니다. 높은 곳에서는 바람이 아주 강하기 때문에 건물은 바람을 견딜 수 있도록 튼튼해야 해요.

또 다른 문제는, 놀랍게도 엘리베이터입니다. 높은 건물에는 엘리베이터가 필요합니다. 수백 층을 계단으로 올라가고 싶은 사람은 없으니까요. 고층 건물일수록 엘리베이터가 많이 필요합니다. 매우 많은 사람이 동시에 왔다 갔다 하기 때문이죠. 건물을 너무 높게 만들면 엘리베이터가 자리를 모두 차지하여 일반적인 방들이 들어갈 공간이 없을 거예요.

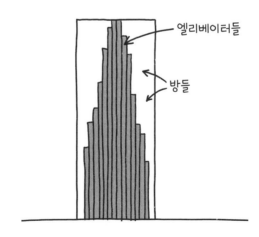

엘리베이터를 너무 많이 설치하지 않고 사람들을 자기 층으로 가게 하는 방법을

생각해볼 수도 있습니다. 6장 '비둘기에 매달려 하늘로 올라가려면'에서처럼 비둘기들을 이용할 수도 있겠죠. 열 개 층을 차지하는 거대한 엘리베이터를 만들 수도 있습니다. 롤러코스터처럼 움직이는 빠른 엘리베이터를 만들 수도 있어요. 열기구로 사람들을 자기 방으로 날려 보낼 수도 있고, 새총으로 쏠 수도 있습니다.

엘리베이터와 바람도 큰 문제지만 가장 큰 문제는 비용입니다.

아주 높은 건물을 만들려면 누군가가 큰돈을 써야 하는데, 누구도 그렇게 큰돈을 쓰고 싶어 하지 않습니다. 수 킬로미터 높이의 건물을 만들려면 수십억 달러가 들거예요. 10억 달러는 아주 큰돈입니다! 10억 달러가 있으면 우주선을 한 대 사고, 위험에 처한 전 세계의 여우원숭이를 모두 구하고, 미국인 모두에게 1달러씩 주고도 여전히 돈이 남을 거예요. 대부분의 사람들은 수 킬로미터 높이의 거대한 건물을 만드는 것이 그렇게 많은 돈을 쓸 정도로 중요한 일이라고 생각하지 않습니다.

당신이 정말 부자라서 건물을 짓는 비용을 부담할 수 있고, 모든 기술적인 문제를 해결했다 하더라도 **10억** 층의 건물을 짓는 데에는 여전히 문제가 남아 있습니다. 10억 층은 그냥 너무 엄청나요.

큰 마천루는 100층 정도는 될 수 있어요. 이것은 작은 집 100개만큼의 높이라는 말입니다.

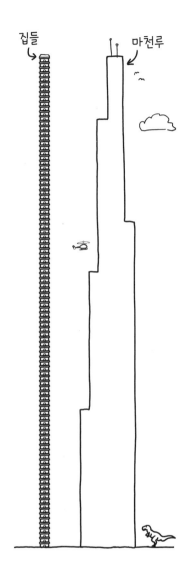

100개의 마천루를 위로 쌓아서 메가 - 마천루를 만들면 이것은 우주에 이르는 높이의 절반까지 닿을 거예요.

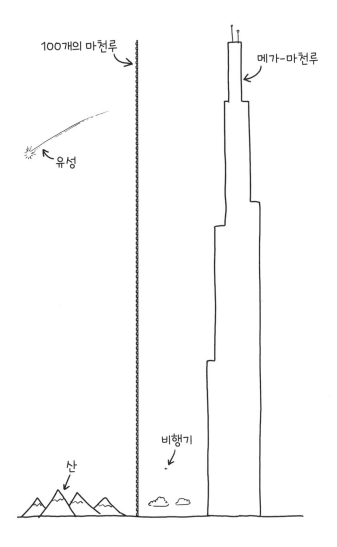

100개의 마천루

메가-마천루

유성

비행기

산

이 마천루도 아직 1만 층밖에 되지 않아요. 10억 층에 비하면 한참 부족하죠! 100개의 마천루는 각각 100층을 가지니까 전체 메가 – 마천루는 100×100=10,000층이 됩니다.

그런데 당신이 원한 것은 10억 층입니다. 그러면 100개의 메가 – 마천루를 쌓아서 메가 – 메가 – 마천루를 만들어보죠.

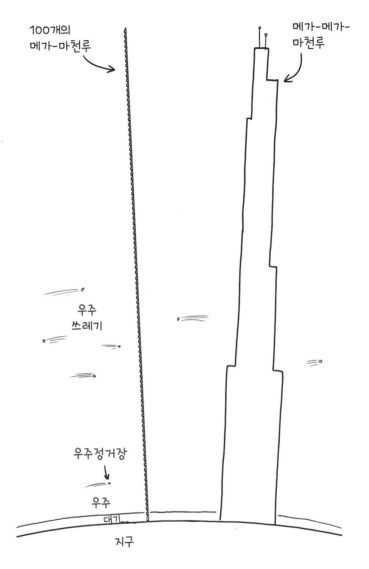

100개의
메가-마천루

메가-메가-
마천루

우주
쓰레기

우주정거장

우주

대기

지구

메가-메가-마천루는 너무나 높이 솟아 있어서 우주선들이 부딪칠 거예요. 우주
정거장이 건물을 향해 가면 로켓을 사용해서 피할 수 있습니다.* 나쁜 소식은 우주가

---

* 반복해서 건물을 피하다 보면 짜증이 날 거예요. 그러니까 가까이 지나갈 때 창문을 통해 레일 건으로 연
  료와 간식을 쏴주는 게 좋겠어요.

부서진 우주선, 인공위성, 쓰레기 조각 들로 가득 차 있고, 모두 무작위로 날아다닌다는 것입니다. 메가 – 메가 – 마천루를 만든다면 언젠가는 우주선 조각이 부딪칠 거예요.

그런데 메가 – 메가 – 마천루도 $100 \times 10{,}000 = 1{,}000{,}000$층밖에 되지 않습니다. 당신이 원하는 10억 층보다는 아직 많이 작아요!

이제 100개의 메가 – 메가 – 마천루를 쌓아서 메가 – 메가 – 메가 – 마천루를 만들어보죠.

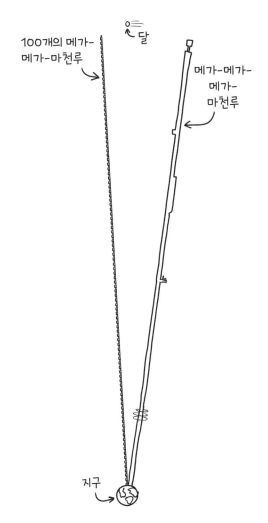

메가 – 메가 – 메가 – 마천루는 너무 높아서 거의 달을 스칠 수 있는 정도입니다.

하지만 이것도 1억 층밖에 되지 않아요! 10억 층이 되려면 열 개의 메가 – 메가 – 메가 – 마천루를 쌓아서 키라 – 마천루를 만들어야 합니다.

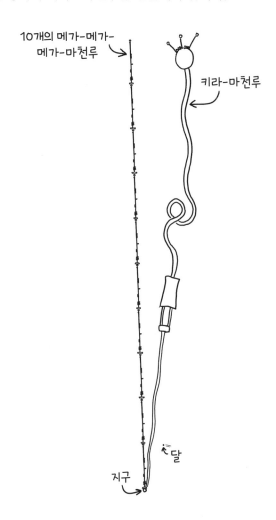

키라 마천루를 만드는 것은 거의 불가능에 가깝습니다. 달에 충돌하지 않도록 계속해서 관리해야 하고, 지구의 중력에 부서지지 않게 해야 하고, 넘어져서 공룡을

멸종시킨 거대한 운석처럼 지구에 충돌하지 않도록 해야 합니다.

하지만 당신의 건물과 같은 종류의 아이디어를 가진 공학자들이 있어요. 이것을 우주 엘리베이터라고 부릅니다. 이것은 당신의 건물만큼 높지는 않지만(우주 엘리베이터는 달까지 거리의 일부밖에 미치지 못합니다) 상당히 가까워요!

우주 엘리베이터를 만들 수 있다고 생각하는 사람들이 있습니다. 말도 안 되는 아이디어라고 생각하는 사람들도 있죠. 우리는 아직 우주 엘리베이터를 만들지 못했습니다. 어떻게 해결해야 할지 모르는 문제가 몇 개 있기 때문이죠. 어떻게 충분히 튼튼하게 만들 것인가, 엘리베이터를 작동할 에너지를 어떻게 올려 보낼 것인가 같은 것들입니다. 당신이 정말로 거대한 건물을 만들고 싶다면 이들이 고민하는 문제들에 대해서 더 잘 이해하고, 그것을 해결할 수 있는 아이디어를 찾아내는 사람이 되어야 합니다. 언젠가 당신이 우주까지 올라간 거대한 건물을 만들 수 있을지도 모르죠.

당연히 그것이 땅콩버터로 만들어지진 않을 거예요.

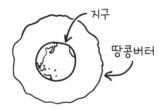

23. 2언데실리언 달러 배상을 피하려면

오봉팽^{Au Bon Pain}이 2014년 소송에서 져서 고소인에게 2언데실리언 달러를 지불해야 했으면 어떻게 됐을까요?

- 케빈 언더힐^{Kevin Underhill}

2014년 베이커리 카페 체인 오봉팽은 (다른 몇몇 기관과 함께) 누군가에게 2언데실리언(10^{36}) 달러 손해배상 소송을 당했습니다. 소송은 곧바로 기각되었지만, 상당수의 법조인들이 이미 '언데실리언'이라는 단어를 본 후였습니다.

이것이 고소인이 요구한 금액입니다.

$2,000,000,000,000,000,000,000,000,000,000,000,000

2021년 보스턴 컨설팅 그룹 보고서에 따르면 전 세계에 있는 돈은 이만큼입니다.

인류가 진화한 뒤에 만들어낸 모든 재화와 서비스의 경제적 가치는 대략 이 정도로 추정이 됩니다.

$3,100,000,000,000,000

$2,000,000,000,000,000,000,000,000,000,000,000,000

오봉팽이 지구를 정복하여 모든 사람들을 별들이 죽을 때까지 일을 시킨다고 하더라도 소송 금액에 흠집도 내지 못할 것입니다.

사람만으로는 가치가 충분하지 않을 수도 있습니다. EPA^Economic Partnership Agreement, 경제 동반자 협정는 '통계적 수명의 가치'로 970만 달러를 사용하고 있습니다. 이것이 어떤 실제 사람의 수명에 대한 가치를 매긴 것은 절대 아니라고 길게 설명하고 있긴 하지만요.* 어쨌든 이 값을 이용하면 전 세계 모든 사람의 전체 가치는 약 7.5경 달러밖에 되지 않습니다.†

하지만 지구에는 사람만 있는 것이 아니죠. 지구에 있는 모든 원자들 중에서 10조분의 1만이 사람의 몸을 구성하고 있습니다. 다른 재료들도 가치가 있을 수 있어요.

지구의 지각에는 많은 원자들이 있습니다. 그중 일부는 가치가 있을 수 있습니다. 지구의 모든 원소들을 뽑아내 정제하여‡ 판다면 시장은 붕괴할 것입니다.§ 하지만 이것을 현재의 시장가격으로 팔 수 있다면 그 가치는 다음과 같습니다.

← 좀 가까워졌음 → $1,600,000,000,000,000,000,000,000,000

$2,000,000,000,000,000,000,000,000,000,000,000,000

신기하게도 그 가치는 금이나 백금 같은 것에서 오지 않아요. 이들은 가치가 높지만 흔하지가 않습니다. 가치의 많은 양은 포타슘과 칼슘에서 오고, 나머지 대부분

---

* 그 값이 더 큰지 작은지 말을 하지 않았다는 것을 지적하지 않을 수 없네요.

† 전 세계의 석유 매장량은 수백조 달러 가치밖에 되지 않아요. 경제적인 관점에서 볼 때 "석유를 위해서 피를 흘리지 말라"는 그럴듯한 구호입니다.

‡ 이것은 이 아이디어가 실용적이지 않다는 많은 이유들 중 하나일 뿐이에요. 많은 원소들이(^235U와 같은) 가치가 있는 이유는 가공하거나 정제하기가 힘들기 때문입니다. 그저 귀하기 때문만은 아니에요.

§ 두 가지 이유 때문입니다. 그렇게 공급하면 가격이 떨어질 것이고, 시장은 맨틀 30킬로미터 위에 위치해 있는데 당신이 방금 시장을 받쳐주는 지각을 제거해버렸거든요.

은 소듐과 철에서 옵니다. 지구의 지각을 재활용품으로 팔려고 한다면 이런 것들에 초점을 맞추어야 할 거예요.

안됐지만 지각을 재활용품으로 팔아도 우리에게 필요한 수에 가까워지지는 않습니다.

귀금속들이 포함된 철과 니켈로 이루어진 핵을 포함할 수도 있지만, 이것도 별로 도움이 되지 않아요. 소송에서 요구한 금액은 그냥 너무 큽니다. 사실 지구 전체가 금으로 이루어졌다고 해도 충분하지 않아요. 태양 질량만큼의 백금으로도 충분하지 않습니다.

무게로 따지면 오픈마켓에서 가장 비싸게 사고 팔리는 것은 트레스킬링 옐로 우표(1855년 스웨덴에서 발행된 우표)일 것입니다. 이것은 단 하나밖에 없고, 2010년에 230만 달러에 팔렸어요. 킬로그램당 최소 300억 달러에 해당됩니다. 지구 무게만큼의 우표가 있다 하더라도 오봉팽의 소송비를 지급하기에는 충분하지 않아요.*

오봉팽이 고의적으로 상황을 어렵게 만들기 위해서 소송비를 모두 페니로 지불하기로 했다면, 수성의 궤도만 한 공이 될 거예요. 결론적으로 이 소송비를 지불하는 것은, 거의 모든 의미에서, 불가능하다는 겁니다.

다행히 오봉팽에게는 더 나은 방법이 있어요.

이 질문을 한 케빈은 변호사이고 오봉팽 사건을 알린 법률 관련 유머 블로그 '법정 문턱 낮추기Lowering the Bar'의 운영자입니다. 그는 세계에서 가장 많은 수임료를 받는 변호사는(시간 단위로) 전 법무차관 테드 올슨Ted Olson일 거라고 말해줬어요. 그는 한때 파산 신청서에 시간당 1,800달러를 청구한다고 밝혔습니다.

우리은하에 거주 가능한 행성이 400억 개가 있고 모든 행성에 지구 인구만큼인 80억 명의 테드 올슨이 있다고 가정해보죠.

---

* 지구 전체만큼의 우표가 있다면 아마도 가치가 떨어지겠지만, 그건 오봉팽 문제에서는 작은 일이죠.

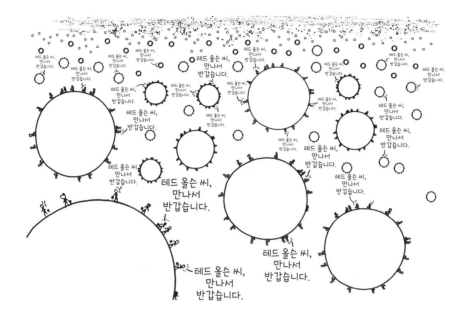

당신이 2언데실리언 달러짜리 소송을 당해서 이 사건을 방어하기 위해 우리은하에 있는 테드 올슨을 모두 고용해서 1주에 80시간, 1년 52주를 수천 세대 동안 일을 하게 하면…

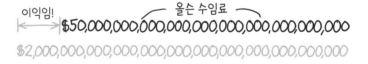

그래도 지는 것보다는 비용이 적게 들어요.

24. 별의 소유권을 따진다면

모든 나라의 영공이 무제한으로 위로 올라간다면 어떤 특정한 시각에 우리은하의 가장 많은 비율을 차지하는 나라는 어디일까요?

- 레우벤 라자루스Reuven Lazarus

축하합니다, 오스트레일리아. 우리은하의 새로운 지배자가 되었어요.

오스트레일리아의 국기에는 남십자성을 표현하는 다섯 개의 별을 포함하여 몇 가지 상징들이 있습니다. 이 질문의 답에 기초한다면 국기 디자이너는 생각을 좀 더 크게 할 필요가 있을 것 같네요.

별의 소유권에 있어서는 남반구의 나라들이 유리합니다. 지구의 자전축은 은하수에 대해서 기울어져 있는데 북극은 대체로 우리은하 중심의 반대 방향을 향해요.

이전 국기

새롭게 제안하는 국기

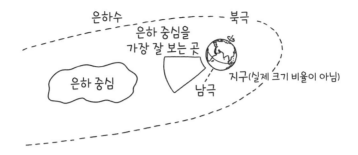

모든 나라의 영공이 무제한으로 위로 올라간다면 은하의 중심은 지구의 자전에 따라 하루 중에도 차례를 바꾸어가며 남반구 나라들의 지배 아래에 있을 거예요.

가장 많을 때는 오스트레일리아가 다른 어떤 나라보다 더 많은 별을 지배하게 됩니다. 은하 중심의 초거대질량 블랙홀은 매일 작은 도시 브로드워터Broadwater 근처의 브리즈번 남쪽 상공으로 들어갑니다.

약 한 시간 후에 은하 중심 거의 전체가 (상당 부분의 원반과 함께) 오스트레일리아의 관할로 들어갑니다.

    은하의 중심은 하루 동안 남아프리카공화국, 레소토, 브라질, 칠레 영역을 지나갑니다. 미국, 유럽, 그리고 아시아 대부분의 나라들은 은하 원반의 바깥 지역으로 만족을 해야 할 거예요.

    하지만 북반구에 찌꺼기만 들어가지는 않아요. 원반의 바깥쪽에는 백조자리 X-1과 같은 멋진 것도 있습니다. 초거성을 집어삼키고 있는 블랙홀이죠.* 매일 은하 중심이 태평양을 가로지를 때 백조자리 X-1은 북캐롤라이나 위 미국 영공으로 들어갑니다.

---

* 백조자리 X-1은 블랙홀이냐 아니냐로 천체물리학자 스티븐 호킹(Stephen Hawking)과 킵 손(Kip Thorne)이 내기를 했던 것으로 유명합니다. 블랙홀 연구에 많은 시간을 할애했던 스티븐 호킹은 이것이 블랙홀이 아니라는 데 걸었어요. 그는 블랙홀이 존재하지 않는 것으로 밝혀지면 최소한 내기에서 이겼다는 것으로 위안을 삼을 수 있다고 생각했죠. 그의 연구 결과에게는 다행스럽게도 호킹은 내기에서 졌습니다.

블랙홀을 소유하는 것은 멋지지만, 미국은 국경 안팎으로 계속해서 움직이는 수백만 개의 행성계도 소유하게 됩니다. 이건 문제가 될 수 있어요.

큰곰자리 47 별은 최소한 세 개의 행성을 가지고 있고 어쩌면 더 많을 수도 있습니다. 만일 이 행성들 중 어딘가에 생명체가 있다면 하루에 한 번씩 이 모든 생명체가 미국을 지나가게 됩니다. 이것은 매일 몇 분 동안 그 행성들의 어떤 살인자들이 기술적으로 뉴저지에 있게 된다는 말이죠.

다행히도 뉴저지 법률 시스템에서는 약 20킬로미터 이상의 고도는 일반적으로 '높은 바다'로 간주됩니다. 미국변호사협회의 해군성 및 해양법 위원회 뉴스레터 2012년 겨울호에 따르면, 이 고도 이상 높이에서의 죽음은(우주에서의 죽음까지) 1920년 높은 바다에서의 죽음 규정Death On the High Seas Act, 즉 DOHSA가 적용될 수 있어요.

하지만 큰곰자리 47의 외계인이 DOHSA에 따라 미국 법정에 소송을 하려고 생각한다면 실망하게 될 겁니다. DOHSA는 공소시효를 3년으로 설정하고 있는데 큰곰자리 47은 40광년 이상 떨어져 있거든요.

시간 안에 소송을 하는 것이 물리적으로 불가능하다는 말입니다.

25. 사라진 타이어의 행방을 밝히려면

수많은 자동차와 트럭의 고무 타이어에는
1.3센티미터의 홈이 있는데 결국에는 매끈해집니다.
그러면 고무는 어디에나 있어야 하고,
최소한 고속도로는 더 두꺼워져야 합니다.
고무는 모두 어디에 있나요?

– 프레드 Fred

좋은 질문입니다. 그 고무는 모두 **어딘가에** 있어야 하는데, 어떤 답도 그렇게 좋아 보이지는 않아요.

고무는 모두 어디로 갔을까요?

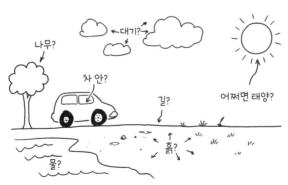

우리는 타이어 하나가 얼마만큼의 고무를 잃어버리는지(새 타이어와 닳아서 매끈해진 타이어의 차이) 간단하게 계산할 수 있습니다.

잃어버린 고무 = 타이어 지름 × 홈의 너비 × π × (새 타이어 두께 - 매끈한 타이어 두께) ≈ 1.6L

고무 1리터

1리터가 넘네요. 상당히 많은 양이죠. 타이어 전체 부피의 10~20퍼센트 정도입니다.

다이어가 모두 닳기 전에 10만 킬로미디를 달린다면 그 경로에 원자 하나 두께의 고무 줄을 까는 것과 같습니다. 실제로는 고무가 고르게 퍼지지 않아요. 작은 입자와 덩어리, 그리고 때때로 큰 덩어리가 한꺼번에 긁힙니다. 운전자가 급브레이크를 밟고 미끄러지면 타이어는 종종 눈에 보일 정도로 두꺼운 자국을 남기죠.

특히 붐비는 고속도로의 한 차선에는 시간당 최대 2,000대의 자동차가 지나갑니다. 떨어진 모든 고무가 차선의 표면에 남는다면 길은 하루에 약 1마이크로미터, 1년에 3분의 1밀리미터 올라갑니다.

타이어 고무가 길에 그대로 **있다면** 사실 아주 좋을 것입니다. 적어도 환경의 관점에서는 말이에요. 평소의 운행 동안 만들어지는 입자들은 보통 공기 중으로 날아갈 수 있을 정도로 작습니다. 혹은 바람, 비, 그리고 지나가는 다른 자동차에 의해 씻겨나갑니다. 이 고무 입자들은 고속도로에서 퍼져나가서 공기, 먼지, 강, 바다, 흙, 그리고 우리의 폐 속으로 들어갑니다.

폐는 공기로 호흡하도록 되어 있다고 이야기했죠!

그 모든 타이어를 들이마시는 것은 우리에게도 좋지 않고 환경에도 좋지 않습니

다. 타이어 고무 입자들은 강과 바다에 있는 미세플라스틱의 주요한 공급원이에요. 거기서 물의 화학적 성질에 영향을 주고 해양 동물들에게 먹히기도 합니다. 이 미세플라스틱의 효과에 대한 연구는 지금 진행되고 있어요. 예를 들어 2021년의 한 연구는 북서태평양에서 연어의 죽음을 홍수에 쓸려간 타이어 고무의 화학 성분과 연관 지었습니다.

타이어 고무 쓰레기 문제는 해결하기 어렵습니다. 우리는 환경에서 일부 다른 플라스틱 입자들을 줄였지만(많은 나라에서 화장품에서 나오는 플라스틱 미세 입자를 금지시켰어요) 타이어에서 나오는 것은 빨리 해결하기 어려워 보여요.

타이어 고무 쓰레기를 줄이는 몇 가지 아이디어가 있습니다. 길에서 홍수로 쓸려가는 것을 더 잘 거르면 도움이 될 거예요. 타이어의 어떤 화학 성분이 가장 문제가 되는지 알아내어 대체품을 찾는 것도 좋은 아이디어로 보입니다. 몇몇 그룹은 고무 입자가 타이어에서 떨어질 때 그것을 붙잡는 메커니즘을 제안했어요.

당신에게도 아이디어가 있다면 반드시 혁신적인 방법을 사용해야 할 거예요!

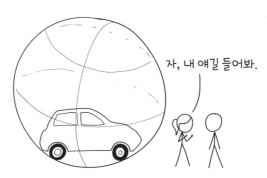

26. 플라스틱에 포함된 공룡의 양을 추정한다면

플라스틱을 석유로 만들고 석유는 죽은 공룡에서 만들어진 것이라면, 플라스틱 공룡에는 얼마만큼의 진짜 공룡이 포함되어 있을까요?

- 스티브 리드퍼드 Steve Lydford

모릅니다.

석탄과 석유는 죽어서 땅에 묻힌 죽은 생명체의 잔해에서 수백만 년이 넘는 시간 동안 만들어졌기 때문에 화석연료라고 부릅니다. "땅속의 석유는 어떤 종류의 사체에서 온 건가요?"에 대한 표준적인 답은 '바다의 플랑크톤과 조류'입니다. 그러니까, 화석연료에 공룡 화석은 없다는 말이죠.

근데 그게 아주 정확하지는 않습니다.

우리는 대부분 석유를 정제된 형태(등유, 플라스틱 그리고 주유소에 있는 것들)로만 봅니다. 그래서 그 원료가 어디에서나 똑같은 거품 섞인 균일한 검은 물질이라고 상상하기 쉽죠.

하지만 화석연료에는 기원에 대한 지문이 포함되어 있습니다. 석탄, 석유, 천연가스의 다양한 성질은 그것을 만든 생명체와 그 생명체의 조직에 오랜 시간 동안 무슨 일이 일어났는지에 따라 달라집니다. 그들이 어디에 살았고, 어떻게 죽었으며, 잔해가 어디에 남았는지, 그리고 그것이 어떤 종류의 온도와 압력을 경험했는지에 달려 있어요.

죽은 물체에는 그것의 역사에 대한 화학적 흔적이 여러 방식으로 바뀌고 뒤섞이면서 수백만 년 동안 남아요. 이것을 파낸 후에는 이 이야기의 증거를 없애기 위해 많은 노력을 기울여서 복잡한 탄화수소를 균질한 연료로 정제합니다. 이 연료를 태우면 그 이야기는 완전히 지워지고, 그 안에 잡혀 있던 쥐라기의 태양 빛이 우리 자동차를 움직이는 힘으로 나오는 거죠.*

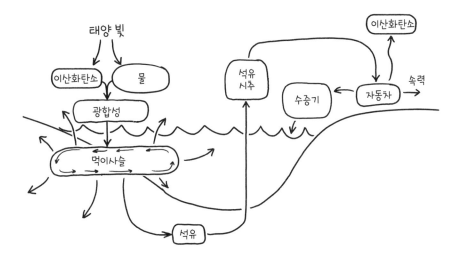

_____

* 광합성을 통해서 생명체는 태양 빛을 이용하여 이산화탄소와 물을 복잡한 분자로 묶어요. 우리가 석유를 태우면 드디어 그 이산화탄소와 물이 대기로 돌아갑니다. 수백만 년 동안 쌓인 이산화탄소를 한꺼번에 풀어놓는 거죠. 이것이 문제를 일으킵니다.

암석에 의해 전달되는 이야기는 복잡합니다. 때로는 조각들이 분실되거나 폐기되고, 혹은 변형되어 우리를 잘못된 방향으로 이끌기도 하죠. 지질학자들은 학계와 석유 산업 양쪽에서 이 이야기들의 다양한 측면들을 재구성하기 위해 참을성 있게 일하며 증거가 우리에게 알려주는 것을 이해하려 합니다.

대부분의 석유는 해저에 묻힌 바다 생물에서 만들어집니다. 대부분 공룡이 아니라는 말이죠. 하지만 우리의 연료가 공룡의 잔해를 포함하고 있다는 시적인 아이디어도 어떤 면에서는 사실입니다.

석유가 만들어지기 위해서는 몇 가지 조건이 있어요. 수소가 풍부한 생명체가 대량으로 산소가 적은 환경에 빠르게 묻혀야 한다는 것도 포함됩니다. 이런 조건은 대륙붕 근처의 얕은 바다에서 가장 흔히 충족됩니다. 깊은 바다에서 풍부한 영양분이 주기적으로 올라와 플랑크톤과 조류가 번성하는 곳이죠. 일시적으로 번성했던 이들은 금방 죽어서 산소가 적은 해저에 바다눈marine snow*으로 내립니다. 이들이 빠르게 묻힌다면 결국 석유나 가스가 될 수 있어요. 반면에 육상 생물은 토탄이 되어 결국에는 석탄이 될 가능성이 더 높아요.

그림으로 그리면 이렇게 됩니다.

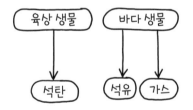

하지만 탄화수소 생성 과정은 여러 단계를 거치기 때문에 많은 것이 영향을 줄 수 있어요. 엄청난 양의 유기물이 바다로 씻겨 들어가면 대부분은 석유가 만들어지는 층으로 들어가지 않겠지만 일부는 들어갑니다. 어떤 유전에는 오스트레일리아와 같

---

* 바다 표층에서 죽은 플랑크톤이 육상의 강설처럼 해저로 가라앉는 현상. – 편집자

은 육지에서 온 물질이 많이 포함되어 있는 것으로 보입니다. 대부분은 식물이지만 어떤 것은 분명히 동물이에요.[*]

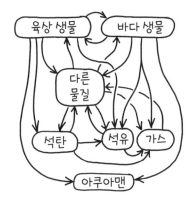

어디에서 왔든, 당신의 플라스틱 공룡에 있는 석유의 아주 적은 비율만이 진짜 공룡의 사체에서 직접 온 것입니다. 석유가 육지 물질이 많이 공급된 중생대 유전에서 왔다면 아주 조금 더 많은 공룡을 포함할 수 있어요. 덮개암 아래에 갇혀 있는 중생대 이전의 유전에서 온 것이라면 공룡을 전혀 포함하고 있지 않을 거예요. 당신의 특정한 장난감 제조 과정의 모든 단계를 어렵게 추적하지 않으면 알 수 있는 방법이 없습니다.

넓게 보면 바다의 모든 물은 어떤 시점에서는 공룡의 일부였습니다. 이 물이 광

---

[*] 대부분의 공룡은 육지에 살았지만 스피노사우루스 등 몇몇은 적어도 부분적으로는 수중 생물이라는 것을 알아둘 필요가 있습니다.

합성에 사용되면 물 분자들이 먹이사슬의 지방과 탄화수소의 일부가 됩니다. 하지만 훨씬 더 많은 물이 바로 지금 당신의 몸에 물의 형태로 있어요.

그러니까, 당신의 플라스틱 장난감보다 당신의 몸에 더 많은 공룡이 포함되어 있다는 말입니다.

일부 공룡　　더 많은 공룡　　완전 공룡

3

짧은 대답들

Q 입술이 모두 닳아 없어지려면 두 사람이 얼마나 오래 키스를 계속해야 할까요?

－**아슬리**Asli

당신 입술이 어떻게 작동하는지 생각해보세요. 입술이 다른 입술을 눌러서 닳아 없어진다면 벌써 없어졌을 거예요.

너의 윗입술과 아랫입술이 키스를 하고 있다고 생각해본 적 있어?

Q 나는 대학 친구와 이 논쟁을 수년 동안 하고 있어요. 백만 마리의 배고픈 개미와 한 사람을 유리 상자에 넣어두면 누가 살아 나올 가능성이 더 높을까요?

－**에릭 보먼**Eric Bowman

사람들은 항상 두 동물을 이렇게 함께 두면 죽을 때까지 싸울 거라고 가정합니다. 생물학에 대한 아주 포켓몬스터적인 관점이죠. 저는 사람과 개미 모두에게 서로가 아니라 유리 상자가 더 위험할 거라고 생각합니다. 만일 이들이 밖으로 나온다면 당신과 당신 친구가 더 위험해질 거예요.

> **Q** 모든 인류가 서로의 차이를 제쳐두고 지구를 깎아서 완벽한 구로 만들기 위해서 함께 일을 한다면 어떻게 될까요?
>
> **– 에릭 앤더슨**Erik Anderson

그 프로젝트가 금방 새로운 차이를 만들어내는 걸 보시게 될 겁니다.

Q 사람들은 우주로 가는 시간과 자원을 절약하기 위해서 저궤도*까지 닿는 우주 엘리베이터나 건물에 대해 많은 이야기를 합니다. 너무나 바보같이 들릴지 모르겠지만, 왜 아무도 우주로 가는 길을 만들자고 제안하지는 않을까요? 우주는 대체로 고도 100킬로미터로 여겨지니까, 미국 어딘가에 100킬로미터 높이의 길을 만드는 것이 가능하지 않을까요? 저는 콜로라도를 제안합니다. 거기는 인구밀도가 높지 않고, 이미 해수면보다 약 1.6킬로미터 위에 있으니까요.

- 브라이언 Brian

100킬로미터 높이의 산은 부피가 수백만 세제곱킬로미터가 될 거예요. 100미터 두께의 암석층이 북아메리카 크기만큼 있는 것과 비슷한 양이죠.

그렇다면 문제는, 그걸 **무엇으로** 만들면 될까요?

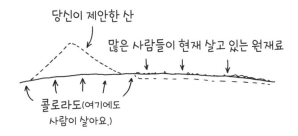

당신이 제안한 산

많은 사람들이 현재 살고 있는 원재료

콜로라도(여기에도 사람이 살아요.)

Q 로켓과 총알을 목성의 중심을 향해 쏜다면 반대편으로 나올까요?

- 제임스 윌슨 James Wilson

---

* 혜성, 인공위성 따위가 중력의 영향을 받아 다른 천체의 둘레를 낮게 돌면서 그리는 곡선의 길. – 편집자

아니요.

과학적 사실:

목성은 방탄임

> **Q** 에베레스트산이 마술처럼 용암으로 바뀌면 어떻게 될까요?
> 생명체는 어떻게 되나요, 모두 죽나요?
>
> **- 이언^{Ian}**

생명체는 괜찮을 겁니다.

거대한 용암 더미는 지구 표면에 꽤 자주 등장했습니다. '대규모 화성암 지대'라고 불리는 거대한 암석층을 만드는 이런 분출은 생명체에게는 나쁜 소식이에요. 화석 기록에는 다섯 번의 대멸종이 있고, 그 다섯 번 모두* 많은 양의 용암이 지표면으로 기어 나오는 사건이 동반되었습니다.

'기어 나오는'이 과학 용어인가요?

보통은 '열적 마그마 기어 나오기' 혹은 '대규모 기어 나오기'라고 불러요.

---

* 지금의 멕시코에 충돌한 운석 때문인 것으로 잘 알려진 공룡의 멸종 역시 용암이 넘치는 사건이 동반되었습니다. 지금의 인도에 있는 데칸(Deccan) 용암대지예요. 운석이 도착했을 때 이미 분출은 일어나고 있었습니다. 그때쯤에는 훨씬 더 상황이 좋지 않아 보였죠. 과학자들은 아직도 두 사건이 어떻게 연결되어 있고, 각각이 멸종에 얼마만큼 기여했는지에 대해서 논쟁하고 있습니다. 주요한 멸종은 충돌의 순간에 일어났어요. 그러니까 충돌이 분명히 핵심적인 역할을 했죠. 하지만 그 모든 용암이 생명체에게 도움이 되진 않았습니다.

생명체의 눈은 약 5억 년 전에 진화를 했습니다. 그리고 그 시기의 페름기 대멸종은 아마도 그 눈이 본 최악의 상황이었을 거예요. 지금의 시베리아에서 분출한 많은 용암이 엄청난 양의 이산화탄소를 대기로 쏟아부어 온도가 치솟았습니다. 바다는 산소가 줄고 산성화되었어요. 독성 기체의 구름이 육지를 휩쓸었습니다. 대륙에서 대부분의 식물이 사라져 지구는 모래로 황량한 황무지가 되었어요. 거의 모든 것이 죽었습니다.

페름기 대멸종에는 약 100만 세제곱킬로미터의 용암 분출이 있었습니다. 에베레스트산의 부피는(어떻게 정의하느냐에 달려 있지만) 수천 세제곱킬로미터예요. 이것은 큰 용암대지에 비교하면 상당히 적은 양이기 때문에 당신의 시나리오는 아마 페름기 규모의 대멸종을 일으키지는 않을 것입니다.

하지만 인류는 그렇게 오래 존재하지 않았어요. 페름기 대멸종의 1퍼센트 정도로 나쁜 사건도 우리에게 일어났던 일 중에서 가장 나쁠 수 있습니다. 개인적으로 저는 그런 위험을 감수하진 않을 거예요.

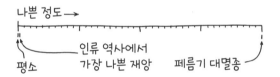

Q 당신은 마리아나해구로 들어갈 수 있나요? 아니면 그냥 그 위로 헤엄쳐서 갈 건가요?

- 로돌포 에스트렐라 Rodolfo Estrella

당신은 둘 다 할 수 있습니다.

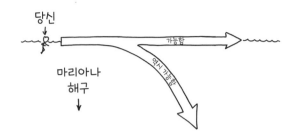

> **Q** 던전 앤 드래곤 게임을 하는데 우리 던전 마스터*는 돌풍 주문을 사용하여 돛에 바람을 불어서 배를 움직이는 것을 하지 못하게 해요. 그녀의 주장은 이 주문으로 배를 움직일 수 없다는 거예요. 선풍기를 돛단배의 돛을 향하게 해서 배를 움직이게 할 수 없기 때문이래요. 우리는 그 주문을 사용할 때 우리가 뒤로 밀리지 않기 때문에 이것을 이용하여 배를 움직일 수 있다고 주장해요. 그녀는 당신이 그렇다고 이야기해야만 허락하겠대요.
>
> **- 조지아 패터슨**Georgia Paterson**과 앨리슨 애덤스**Allison Adams

당연히 마법은 마법이에요. 그러니까 당신의 던전 마스터가 뭐라고 하든 마법은 작동합니다. 다시 말해서 저는 당신들 편이에요. 그 주문을 사용할 때 당신이 뒤로 밀리지 않는다면, 그것은 어떤 다른 것을 밀거나, 아니면 물리법칙을 전혀 따르지 않는 겁니다. 그러니까 그것이 배를 움직이지 못할 거라고 생각할 이유는 없어요.

그런데, 그 주문을 사용할 때 당신이 뒤로 밀려도 그것으로 배를 움직일 수 있어요. 어쨌든 선풍기는 배를 움직이게 할 **수** 있습니다.

---

* 롤플레잉 게임 던전 앤 드래곤에서 모험의 세세한 부분과 미션을 만드는 일에 관여하면서 플레이를 조직하고 감독하는 참여자. - 편집자

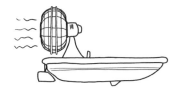

그 주문을 뒤쪽으로 향하게만 하면 됩니다.

Q 타이탄에서 성냥을 그으면 어떻게 되나요? 산소가 없는데 불이 붙을까요?

– 이선 피츠기번^{Ethan Fitzgibbon}

불꽃이 일었다가 꺼질 거예요.

불은 산화제(주로 산소)가 연료와 반응할 때 붙습니다. 반응이 일어나게 하기 위해서 성냥에는 소량의 연료와 산화제가 있습니다.* 성냥을 그으면 서로 섞여서 반응이 일어나는 거죠. 일단 불이 붙으면 공기 중에 있는 산소가 역할을 이어받습니다.

대기가 메탄과 질소인 타이탄에서 성냥은 산화제가 떨어지자마자 꺼질 거예요.

---

* 성냥에 가장 흔히 사용되는 산화제인 염소산칼륨은 열을 받으면 산소를 만들어서 때로는 응급 상황에 호흡할 수 있는 공기를 만들어내는 데 사용됩니다. 여객기에 있는 산소마스크는 보통 염소산칼륨 덩어리와 연결되어 있어요. 마스크가 떨어지면 핀이 빠져서 화학반응으로 염소산칼륨을 가열하여 산소를 만드는 거죠.

성냥을 그으면

지구에서

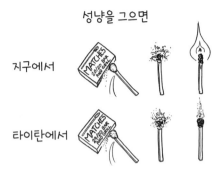

타이탄에서

Q 가장 큰 재앙을 일으킬 가장 작은 변화가 무엇일지 소셜 미디어에 질문을 올렸어요. 제가 받은 답들 중 하나는 '모든 원자가 양성자를 하나씩 얻는다면'이에요. 그러니까 저의 질문은, 모든 원자가 양성자를 하나씩 얻는다면 어떻게 되나요?

– 올리비아 카푸토 Olivia Caputo

올리비아 씨.
그건 작은 변화가 아니에요.

27. 바다에 물기둥 수족관을 만든다면

어렸을 때, 수영장에서 그릇을 물에 담갔다가
열린 쪽을 아래로 해서 물의 표면으로 들어 올리면
그릇의 물이 수영장의 수면보다 더 높이
올라가는 것을 발견했어요. 이것을 바다에서
거대한 통으로 하면 어떻게 될까요?
물 위에 동물들이 자유롭게 헤엄쳐 드나들 수 있는
거대한 수족관을 만들 수 있을까요?
특이하게 생긴 통이라면 걸어 다니면서
물고기를 더 가까이 볼 수 있을까요?

- 캐럴라인 콜렛 Caroline Collett

가능합니다.

아래쪽이 열린 그릇을 물에서 들어 올리면 물을 함께 빨아올려요.

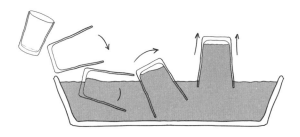

멋진 수족관 제작자들은 가끔 이와 같이 기둥을 포함시킵니다. 그들은 이것을 '뒤집어진' 수족관이라고 부르죠. 큰 통을 바다에 놓으면 같은 일을 할 수 있어요. 안을 볼 수 있는 바닷물 기둥을 세울 수 있습니다.

어서 와… 바다 공원이야!

이렇게 한다고 해보죠.

수족관 유리로 만든 거대한 유리통을 만들어서 바다에 놓은 다음 위쪽을 덮고 들어 올려 수면에서 1미터 높이의 기둥을 세웁니다.

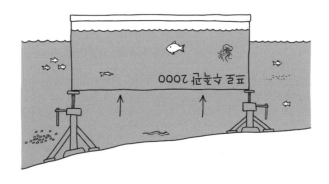

표준 수족관 2000

물은 표면 위로 빨려 올라가 있습니다. 그 위에서 물을 누르는 공기의 압력이 부족하기 때문이죠. 물리학자들은 유리통이 빨아올리는 것이 아니라 바다의 **나머지** 부분을 누르는 공기의 압력이 물을 밀어 올리는 거라고 지적할 거예요. 그게 맞습니다. 하지만 우리끼리는, 일단 이해는 그렇게 하지만 그냥 더 쉽게 빨아올리는 것으로 생각하기로 하죠. 저는 그래도 된다고 생각해요. 물리학자들만 모르게 하면 됩니다.

보통의 물은 표면에서 대기압을 받고, 물속은 더 높은 압력을 받습니다. 빨아들인다는 것은[*] 기둥에 있는 물이 대기압보다 낮은 압력에 있다는 것을 의미합니다. 해수면보다 1미터 위에 있는 수족관 안의 수면의 압력은 1기압의 90퍼센트보다 조금 낮아요. 덴버와 같은 높은 고도에 있는 도시의 기압과 비슷합니다. 당신이 그 안에서 수영을 하다가 표면으로 올라와도 그 압력 차이를 알아차리지 못할 거예요. 당신의 귀는 물속에 있을 때 압력 변화에 적응했기 때문입니다.

당신은 알아차리지 못하겠지만 물고기는 분명히 알아차릴 거예요. 바다 속 생물들은 압력 변화에 아주 민감합니다. 물속에서는 아래위로 조금만 움직여도 압력이 아주 빠르게 변하기 때문이에요. 많은 물고기는 부레로 부력을 조정합니다. 부레는 물속에서 똑바로 있게 도와주기도 하죠. 물고기가 떠오를 때나 가라앉을 때는 물고기의 부력이 바뀌기 때문에 물고기는 부레의 기체 양이 맞춰질 때까지 부력 변화에 맞추어 헤엄치는 방법을 바꿉니다.

상어와 같이 부레가 없는 생명체도 압력 변화를 알아차립니다. 2001년 태풍 사이클론이 플로리다 해안으로 다가올 때 해양생물학자들은 검정지느러미상어들이 폭풍이 오기 전에 먼바다로 나가는 것을 관찰했어요. 물이 얕은 해안의 거친 조류와 강한 파도를 피하기 위한 것으로 보입니다. 해양과학자 미셸 휴펠Michelle Heupel과 동료들의 연구는 상어들이 바람이나 파도에 반응하는 것이 아니라는 의견을 제시합니다. 상어들은 기압이 그 계절의 평균 수준 아래로 내려갈 때 대피를 시작합니다.

---

* 쉿!

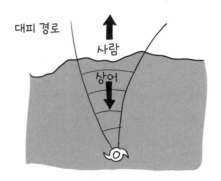

물고기는 해수면 기압의 90퍼센트에서 잘 살아남을 수 있기 때문에 당신의 통 안에서 헤엄쳐 다니는 데 아무런 문제가 없습니다. 압력 변화 때문에 혼란스러워할 수는 있겠지만요. 그들에게 해롭지는 않지만, 압력이 떨어진 것을 허리케인이 다가오고 있는 것으로 오해할 수는 있어요.

1미터 통은 일부 흥미로운 해양 생물을 보기에는 충분하지만, 정말로 멋진 해양 생물을 보기를 원한다면(악명 높은 백상아리 같은) 물을 더 높이 들어 올려야 합니다. 당신의 통은 다 자란 백상아리의 등지느러미가 겨우 들어갈 정도의 높이예요.

몬터레이만 수족관의 열린 바다라고 불리는 가장 큰 전시물은 10.7미터 깊이의 통입니다. 수족관을 10.7미터 깊이가 되도록 들어 올려 가장 큰 상어를 보기에도 충분한 공간을 만들면 멋있을 거라는 생각이 들 거예요.

그런데 그게 그렇게 잘 되지는 않습니다.

물을 들어 올리는 힘은 나머지 바다의 표면을 누르는 대기압으로 만들어집니다. 그런데 대기압은 물기둥을 약 10미터보다 높이 들어 올릴 수 있을 정도로 강하지 않아요. 물기둥 높이가 10미터 정도에 이르면 통을 아무리 높이 들어 올려도 표면은 더 올라가지 않습니다. 그 대신 꼭대기에 진공이 만들어져 표면의 물이 낮은 압력 때문에 끓기 시작할 거예요.

당신 주변의 대기압을 알고 싶다면 튜브에서 물이 올라가는 높이를 보고 측정할 수 있습니다. 이것이 많은 기압계들의 원리입니다. 기압계는 보통 물 대신 수은을 사용하긴 하지만요. 수은이 훨씬 더 무거워서 기둥이 더 짧아지기 때문이죠. (그리고 수은은 꼭대기에서 끓어서 날아가지 않아요.) 압력을 'mmHg'라고 표현한다면 수은 수족 관의 기둥 높이를 측정한 것입니다.

당신의 수족관은 기압계로는 좋지 않을 거예요. 꼭대기에서 끓은 물이 수증기가 되어 진공을 채워 물을 약간 아래로 밀어서 정확하게 읽을 수 없게 만들기 때문입니다. 그런데 이건 수족관으로도 잘 작동하지 않을 거예요.

기둥 위로 헤엄치는 물고기는 자신의 부레가 너무 많이 팽창하는 것을 발견하게 될 것입니다. 그러면 제어할 수 없이 올라가버릴 수 있어요. 강에서 공학자들은 사이펀*을 이용하여 둑을 넘어 물을 흐르게 하는 경우가 있습니다. 그러면 종종 물고기가 튜브를 통과하여 헤엄쳐 오는 경우가 있어요. 사이펀이 물고기를 보통의 수면보다 1.5~3미터 이상 위로 올리면 압력 변화가 심각해지고 가끔은 치명적인 상처를 입힐 수도 있습니다. 심해 물고기를 너무 빨리 수면으로 가져올 때 생기는 상처와 비슷해요.

빨아올린 수족관은 공기 호흡을 하는 포유류가 재수 없이 그 안으로 헤엄쳐 들어올 때에도 아주 위험합니다. 수면으로 올라오려고 하면 허파 속의 공기가 팽창하여 숨을 내쉬지 않으면 허파에 상처를 입을 수 있어요. 수면에 도달하면 위에 남아 있는 공기의 양이 숨을 쉬기에는 너무 적다는 것을 발견할 것입니다. 에베레스트산의 '죽음의 지역' 위쪽의 공기와 유사하죠.

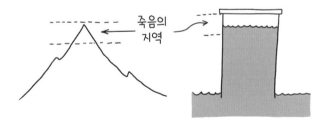

---

* 용수로가 도로, 철도 따위의 구조물을 가로지를 때 그 밑에 설치하는 도수관. 대기의 압력을 이용하여 높은 곳에 있는 액체를 낮은 곳으로 옮기는 데 쓴다. - 편집자

다행히 이 수족관은 만들기가 아주 어려워요. 그리고 만든다 하더라도 잠깐 동안만 가능합니다! 이런 통 중 하나를 만든다면 시간이 지나면서 수면이 내려가는 것을 발견하게 될 거예요. 물에는 산소가 녹아 있는데 압력이 줄어들면 산소가 물에서 빠져나갑니다. 물기둥에 녹아 있던 산소가 빠져나가 수족관 꼭대기의 공간을 조금씩 채우면 압력이 올라가 빨아올린 효과를 약하게 해요. 시간이 지나면 물은 다시 바다로 돌아갑니다.

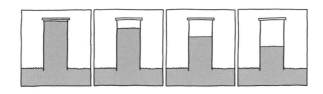

다른 곳에서 온 기체도 수족관의 물을 더 빠르게 빠져나가게 만듭니다. 공기 호흡을 하는 해양 포유류는 헤엄을 치다가 기체를 내뿜기도 하고, 가끔씩 고래가 수족관 아래로 지나갈 수도 있어요.

다시 말해서…

…당신의 수족관은 고래의 방귀로 망가질 수 있습니다.

28. 지구 크기의 눈으로 본다면

지구가 거대한 눈이라면
얼마나 멀리 볼 수 있을까요?

- 알라스데어 Alasdair

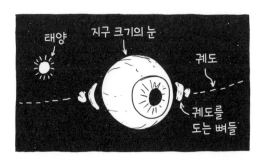

지구 크기의 눈에는 수천 킬로미터 너비의 눈동자가 있을 거예요. 수정체는 대기가 있어야 할 곳 위로 튀어나오고, 눈물 한 방울은 지구의 바다에 있는 만큼의 물을 포함할 거예요.

실제로 지구 크기의 눈은 작동하지 않을 거예요. 빛이 그렇게 많은 유리체를 통과할 수 없기 때문에 망막은 어둠만을 보게 될 겁니다. 수정체는 중력에 맞서 모양을 유지하지 못해서 눈의 초점을 맞출 수 없을 거예요. 망막의 크기를 키우는 것도 문제가 될 거예요. 개개의 세포가 더 커지면 가시광선 파장을 감지할 수가 없게 됩니다.

이런 문제들을 피하기 위해서 일반적인 눈에서 크기만 더 커진 형태로 작동하는 지구 크기의 눈을 상상해보죠. 눈동자와 망막은 비례해서 커지지만 투명도와 모양은 작은 눈과 같다고 생각합니다. 이 눈은 믿을 수 없을 정도로 잘 볼 수 있습니다. 망원경의 해상도는 빛을 모으는 곳이 얼마나 큰지에 달려 있어요. 큰 렌즈를 가진 카메라가 휴대전화 카메라보다 줌을 더 잘할 수 있는 이유죠. 눈의 거대한 눈동자와 수정체는 엄청난 빛을 모으는 능력을 제공해줍니다.

수정체에 흠과 색 수차*가 없다면 자세히 볼 수 있는 능력은 주로 빛의 회절†이 제한합니다. 회절은 빛의 파동적인 성질 때문에 흐려지는 현상이에요. 이 회절 한계는 빛이 들어오는 곳의 지름에 비례합니다.

$$각해상도 = 1.22 \times \frac{빛의\ 파장}{수정체의\ 지름}$$

$$가시거리 = \frac{대상\ 물체의\ 크기}{각해상도}$$

점들이 5센티미터 간격으로 떨어져 있는 얼룩무늬 옷을 본다면, 200미터 이상 떨어져서 옷을 보면 개개의 점들이 보이지 않고 옷이 하나의 색처럼 보일 것이라는 것을 가시거리 공식으로 계산할 수 있습니다.

---

* 렌즈에 의하여 물체의 상이 만들어질 때, 파장에 따라 굴절률이 다르기 때문에 상의 위치와 배율이 바뀌는 현상. – 편집자
† 파동의 전파가 장애물 때문에 일부 차단되었을 때 장애물의 그림자 부분에까지도 파동이 전파하는 현상. – 편집자

가까이에서
본 옷

200미터 거리에서
본 옷

지구 크기의 눈의 이론적인 해상도는 보통 눈보다 5억 배 더 좋습니다. 오직 회절로만 한계가 결정된다면 그 눈은 화성에 있는 우주비행사가 입고 있는 옷이 무늬가 있는지 단색인지 알아볼 수 있을 거예요.

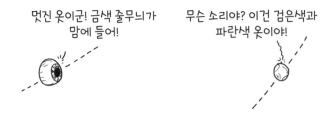

멋진 옷이군! 금색 줄무늬가
맘에 들어!

무슨 소리야? 이건 검은색과
파란색 옷이야!

이 망원경은 이론적으로 달 표면에 놓인 인쇄된 글자를 읽을 수 있고, 알파 센타우리Alpha Centauri 주위를 도는 외계 행성 표면의 대륙 모양을 볼 수 있습니다.

"그 눈으로 얼마나 **멀리** 볼 수 있나"라는 질문에는 사실 꽤 쉽게 대답할 수 있습니다. 제임스 웹 우주 망원경처럼 이것은 우주 전체를 가로질러 볼 수 있어요. 관측 가능한 우주의 가장 먼 곳에서 오는 빛은 공간의 팽창으로 늘어서서 대부분 적외선으로 이동해 있습니다. 하지만 그 눈은 가장 먼 은하 중 일부를 분명히 볼 수 있어요.

그런데 그 눈은 공간 그 자체가 만드는 흐릿함 때문에 은하들의 자세한 부분은 보지 못할 수 있습니다.

지구의 큰 망원경들은 대기의 흔들림 때문에 제한을 받아요. 멀리 있는 물체는 공기가 빛을 구부리고 왜곡시키기 때문에 깜빡이고 퍼져 보입니다. 이 흔들림은 지상에 있는 망원경들의 해상도를 이론적인 회절 한계 이하로 감소시키고, 흔들림을 보정하는 적응광학*을 필요하게 해요. 우주에서는 상이 훨씬 더 선명하기 때문에 우주 망원경은 회절 한계까지 작동할 수 있습니다.

대기에 의해 흐려짐

지구 크기의 눈으로 볼 때는 공간 **자체가** 흐릿함과 흔들림의 원인이 될 수 있어요. 2015년의 논문에서 천문학자 에릭 스타인브링Eric Steinbring은 공기가 멀리 있는 산에서 오는 빛을 왜곡시키는 것처럼 공간의 양자 요동이 멀리 있는 은하에서 오는 빛을 왜곡시킬 수 있다고 제시했습니다. 그 왜곡은 우리가 지금 사용하고 있는 우주 망원경들의 상에 영향을 주기에는 너무 작지만 큰 망원경에는 영향을 줄 수 있기 때문에 지구 크기의 눈의 시야를 흐릴 수 있어요.

흐려질 수는 있지만 지구 크기의 눈은 평범한 사람의 눈보다 훨씬 더 멀리 볼 수 있습니다. 보통 크기의 사람 눈으로 볼 수 있는 가장 먼 대상은 300만 광년보다 조금 가까이 있는 안드로메다은하 혹은 삼각형자리은하입니다. 시력이 좋고 밤하늘이 어둡다면 말이에요. 이것은 관측 가능한 우주 경계까지 거리의 0.01퍼센트도 되지 않습니다. 대부분의 우주는 너무 어둡고 멀리 있어서 볼 수가 없어요.

다음 그림에는 우리은하, 안드로메다은하, 삼각형자리은하가 세 개의 점으로 표시되어 있습니다. 당신이 이 책을 체육관의 가운데 바닥에 놓는다면 관측 가능한 우주의 경계는 체육관 벽 정도의 거리에 있을 거예요. 밤하늘을 올려다보면 당신이 볼

---

* 빠르게 변화하는 광학적인 왜곡의 영향을 줄여 광학 장치 성능을 향상시키는 기술. - 편집자

수 있는 모든 것은 가운데 있는 작은 원 안에 있습니다. 팽창하는 우주의 아주 작은 일부분일 뿐이죠.

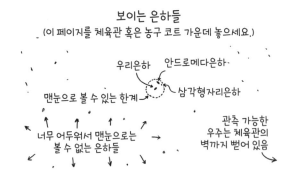

보이는 은하들
(이 페이지를 체육관 혹은 농구 코트 가운데 놓으세요.)

대부분의 시간 동안 당신의 시야는 저 원 안에 있는 물체들로 제한되어 있지만, 가끔은 훨씬 더 멀리 볼 수 있습니다.

2008년 3월 18일과 19일의 밤에는 북아메리카 대부분이 흐렸지만 멕시코와 미국 남서부의 하늘은 맑았어요. 그날 밤 딱 맞는 시간에 하늘 높은 곳을 보았다면 목동자리에서 약 30초 동안 흐릿한 점이 나타나는 것을 볼 수 있었을 거예요. 이것은 약 100억 광년* 떨어진 초거대 별이 붕괴할 때 나온 빛이에요. 안드로메다은하보다 수천 배 더 먼 거리죠. 이것은 맨눈으로 볼 수 있는 가장 먼 천체의 신기록이 되었습니다.

이렇게 붕괴하는 별은 우리가 완전히 이해하지 못하는 이유로 남극과 북극으로 에너지 제트를 방출합니다. GRB 080319b의 회전축은 우연히 정확하게 지구를 향했기 때문에 우리는 그 제트를 똑바로 볼 수 있었습니다. 그래서 수십억 광년 떨어진 거리에 있는데도 보였던 거죠. 그 폭발은 연필처럼 가는 광선을 우주를 가로질러 쏘았습니다. 마치 우주의 레이저 포인터가 정확하게 우리 눈을 향한 것처럼요.

---

* 그 폭발은 약 75억 년 전에 일어났지만 우주가 계속 팽창하고 있기 때문에 75억 광년보다 멀리 있는 거예요.

와우!!

GRB 080319b에서 온 빛은 사람의 눈에는 상당히 어둡게 보였겠지만 수천 킬로미터 크기의 눈동자에게는 눈을 멀게 할 수도 있을 정도로 밝았을 거예요. 사실 눈에 보이는 모든 별들은 이 눈으로 보기에는 너무 밝아요. 초점에 맺힌 별빛은 거대한 망막의 표면을 태울 수도 있습니다. 눈이 있는 모든 사람들은 태양을 직접 보는 것이 위험하다는 것을 알고 있죠. 그런데 너무나 많은 빛을 작은 점으로 모아 초점을 맞출 수 있는 지구 크기의 눈에게는 다른 별을 보는 것조차 위험할 수 있습니다.

여보세요, 선글라스 가게죠?
가지고 있는 가장 큰 게
어느 정도예요?

29. 하루아침에 로마를 건설한다면

하루 만에 로마를 건설하려면
얼마나 많은 사람이 필요할까요?

- 로런^{Lauren}

인원이 문제가 아닙니다. 오래된 농담처럼, 한 사람이 아이를 만드는 데 9개월이 필요하다고 해서 아홉 명이 1개월 만에 아이를 만들 수는 없죠. 로마를 건설하기 위해 점점 더 많은 사람을 보내면 어느 시점부터는 혼돈과 무질서로 엉망인 상황이 펼쳐질 겁니다.

1990년대와 2000년대의 일련의 연구에서 도시공학자 대니얼 챈^{Daniel W. M. Chan}과 동료들은 홍콩 건설 자료를 이용하여 전체 비용과 물리적인 크기에 따라 건설 프로

젝트를 완료하는 데 얼마나 걸리는지에 대한 공식을 만들었습니다.

아주 대략적인 추정을 위하여 비슷한 크기 도시의 GDP(국내총생산)와 자산 가치를 살펴보면 로마의 모든 자산의 전체 가치는 약 1,500억 달러 정도로 볼 수 있습니다. 건설 비용을 자산 가치의 약 60퍼센트로 가정하면(역시 아주 거친 추정입니다) 로마의 건설 비용은 약 900억 달러입니다.* 이것을 챈의 공식에 넣으면 로마를 건설하는 데에는 10~15년이 걸려야 해요. 이것을 하루에 끝내려면 약 5,000배 빠르게 해야합니다.

사람을 더 투입하면 훨씬 빠르게 할 수 있습니다. 하지만 어떤 시점이 되면 모든 사람을 교육시키고, 배치하고, 사람과 재료를 운반하는 트럭의 교통 혼잡을 피하는 것이 난관이 될 거예요. 모든 길은 로마로 통한다는 말이 있는데, 사실이라면 도움이 되겠지만 지도를 보면 많은 길들이 완전히 다른 대륙에 있는 것을 볼 수 있습니다.

하지만 우리는 전 세계의 모든 사람을† 데려올 수 있으며 교육, 배치, 교통 문제

---

* 미국의 몇몇 도시들을 살펴보면 어떤 지역의 자산의 전체 가치는 그 지역의 연간 GDP보다 조금 더 많은 것을 알 수 있습니다. 예를 들어, 일리노이(시카고) 쿡 카운티의 모든 자산을 합친 가치는 2018년에 약 6,000억 달러로 평가되었고, 그해 그 카운티의 GDP는 4,000억 달러였어요. 뉴욕의 자산은 약 1.6조 달러이고 GDP는 1조예요. 로마의 GDP는 1,000억 달러를 조금 넘으니까 모든 자산의 전체 가치는 1,500억 달러 정도일 거예요.

† 전 세계 사람들을 한 장소에 모으는 것은 좋은 생각이 아니에요. 《위험한 과학책》'70억 명이 다 함께 점프하면' 장에서 본 것처럼요. 로마의 면적은 1,285제곱킬로미터이므로 1제곱미터에 6~7명이 들어가야 합니다. 건설하는 일은 고사하고 편안하게 서 있기도 어려울 정도로 밀집된 상태죠.

를 모두 해결할 수 있다고 가정하고, 오직 노동력만 고려하기로 해보죠. 그러면 로마를 얼마나 빨리 건설할 수 있을까요? 답을 추정하는 몇 가지 다른 방법을 시도해보고 얼마나 잘 맞는지 보기로 합시다.

제 친구가 얼마 전 욕실에 바닥 타일을 새로 깔았는데 타일 설치비는 0.1제곱미터에 약 10달러였습니다. 도시가 타일 바닥과 같다고 가정해봅시다. (말이 안 되는 것 같지만 일단 넘어갑시다.) 로마의 면적은 1,285제곱킬로미터이므로 도시 전체에 타일을 까는 데 드는 비용은 1,400억 달러입니다. 제 친구와 같은 곳에서 계약을 했다면 말이죠.* 노동의 비용이 시간당 20달러라면 이것은 70억 시간이 됩니다. 80억 명이 일을 하면 불과 한 시간 이내에 해낼 수 있어야 한다는 말이죠.

다른 방법으로 접근해보죠. 로마를 건설하는 비용이 GDP로 추정한 900억 달러이고, 건설에서 노동력의 비용이 30퍼센트라면, 시간당 20달러로 로마를 건설하는 데 20억 시간이 조금 넘는 노동이 필요합니다. 80억 명으로는 15분이면 됩니다. 타일로 계산한 것보다 조금 더 빠르지만 전반적으로 비슷한 범위에 있네요.

---

* 로마의 지방정부가 계약을 원한다면 연락드리게 하겠습니다.

로마를 건설하는 데 걸리는 시간

모형	결과	실제 역사와 비교
욕실 타일 방법	50분	25,000,000배 더 빠름
GDP를 이용한 추정	15분	90,000,000배 더 빠름

사실 기념비적인 건축물, 역사적인 예술 작품, 가치를 매길 수 없는 보물로 가득 찬 도시를 바닥 타일 공사나 현대의 아파트 건설로 간주하는 것은 웃기는 일이죠. 그러니까 다른 방법으로 접근해봅시다.

시스티나성당의 천장은 세계적으로 유명하고 상징적인 예술 작품 중 하나입니다. 미켈란젤로는 523제곱미터를 덮는 그림들을 그리는 데 4년이 걸렸습니다.[*]

미켈란젤로가 1주에 40시간, 1년 52주 동안 그림을 그렸다고 가정하면 16시간에 1제곱미터의 속도로 그린 거예요. 그 속도라면 로마를 도시 크기의 르네상스 작품 으로 덮는 데 200억 미켈란젤로 – 시간이 걸립니다. 이것을 80억 명으로 나누면 불 과 2시간 반, 즉 150분의 노동이 됩니다.

로마를 건설하는 데 걸리는 시간

모형	결과	실제 역사와 비교
욕실 타일 방법	50분	25,000,000배 더 빠름
GDP를 이용한 추정	15분	90,000,000배 더 빠름
시스티나성당 방법	150분	9,000,000배 더 빠름

이것은 도시를 타일 바닥으로 모델링하여 계산한 것과 크게 다르지 않습니다. 이 것도 역시 로마를 하루 만에 건설하는 것이 노동력의 관점에서는 불가능하지 않다

---

[*] 어떤 화가들은 롤러를 사용하면 자기는 1주면 끝낼 수 있다고 이야기하곤 합니다.

고 말하고 있습니다.

당연히 우리는 로마를 하루 만에 건설할 수 없습니다. 우선, 로마는 이미 건설되어 있기 때문에 다시 건설하겠다고 한다면 그곳에 사는 사람들이 극렬히 반대할 거예요. 다른 곳에 건설한다 하더라도 필요한 공간에 모든 사람을 들어가게 할 수 없고, 자기 부분을 건설하는 데 필요한 재료를 나누어 줄 수도, 모든 사람을 예정대로 일을 하게 할 수도 없습니다.

단순히 누구에게 무슨 일을 시키는지를 넘어서는 조직화 문제에 마주칠 거예요. 시스티나성당은 로마 안에 있지만 기술적으로 로마의 일부는 아닌 바티칸시국에 있기 때문에 로런의 건설 프로젝트에 포함되는지 확실하지 않습니다. 포함된다면 성당 천장 그림 작업은 수천 명의 다른 사람에게 분배될 거예요.

예술적인 충돌이 생길 겁니다.

30. 해저에 세운 유리관을 타고 마리아나해구에 닿는다면

부서지지 않는 20미터 너비의 유리관을
바다의 가장 깊은 곳까지 내려서 바닥에 서면
어떻게 될까요? 태양은 머리 바로 위에 있다고
가정하고요.

- 조키 쿨로^{Zoki Culo}**, 캐나다**

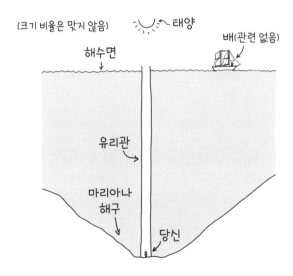

당신의 유리관은 가장 깊은 광산보다 세 배 더 깊습니다. 깊은 광산은 뜨겁고 기압이 높아요. 당신의 유리관에서는 열은 문제가 되지 않습니다. 광산의 열은 깊이

내려갈수록 뜨거워지는 암석에서 오거든요. 깊은 바다는 어는점보다 약간 높기 때문에 유리관의 벽은 차가워서 공기는 차갑게 유지됩니다.

유리관 안의 기압은 표면의 몇 배로 아주 높을 거예요. 이 압력은 당신 주위의 높은 압력의 물과는 상관이 없습니다. 유리관에 막혀 있으니까요. 압력이 높은 것은 당신이 해수면보다 너무 깊이 아래에 있기 때문이에요. 공기의 압력은 6킬로미터 내려갈 때마다 두 배가 되기 때문에 10킬로미터 깊이에서는 평소보다 약 네 배 더 높을 거예요. 다행히 사람의 몸은 그 정도의 압력 변화는 어렵지 않게 견딜 수 있어요. 특정한 의학적 상황을 다루는 고압실과 비슷한 압력입니다. 감압증이 생기지 않도록 천천히 올라오는 것만 확실히 하면 됩니다.

태양은 매년 4월 20일과 8월 23일 근처 며칠 동안만 유리관 입구 바로 위를 지나갈 것입니다. 그런 날은 1~2분 동안 잘 볼 수 있을 거예요! 태양의 아주 작은 부분밖에 볼 수 없다 해도 태양은 아주 밝기 때문에 유리관의 바닥은 불을 잘 밝힌 방처럼 밝을 것입니다. 당신 위에 있는 높은 밀도의 공기가 평소보다 조금 더 많은 빛을 흡수하고 산란시켜 태양을 약간 어둡게 만들겠지만 거의 알아차리지 못할 거예요.

당신 주위의 물은 어두울 거예요. 벽에 손전등을 비추면 텅 빈 공간밖에 볼 수 없을 가능성이 높지만 때때로 해삼과 같은 생물을 볼 수도 있을 겁니다. 만일 뭔가를 본다면 반드시 기록을 해두세요. 해구의 바닥을 방문한 사람은 몇 명 되지 않기 때문에 그곳에 어떤 종류의 생명체가 가장 흔하게 존재하는지 우리는 알지 못합니다.

태양이 머리 위를 지나고 나면 다시 6개월 동안 캄캄한 어둠 속에 있어야 합니다. 아마 당신은 엘리베이터를 타고 해수면으로 돌아가길 바랄 거예요.

엘리베이터가 없다면 언제라도 재미있는 방법으로 해수면으로 돌아갈 수 있어요. 유리관 옆에 구멍을 뚫고 기다리면 됩니다.

유리관 옆에 구멍을 뚫기로 했다면 그 앞에 서 있지는 마세요. 챌린저 해연(마리아나해구의 가장 깊은 곳 - 옮긴이)의 엄청난 수압이 구멍을 통해 초음속 제트를 발사할 거니까요.

유리관의 바닥을 완전히 열어서 바닷물이 자유롭게 들어오게 하면 물기둥이 마하 1.3으로 솟구칠 거예요. 위로 솟아오르는 이 제트에 올라타려고 하면 물의 최초 충돌에 의한 격렬한 가속으로 살아남지 못할 것입니다. 안전하게 올라오려면 더 천천히 제어된 방법으로 유리관을 채우기 시작해야 합니다.

일단 1~2킬로미터가 차고 나면 유리관의 바닥을 완전히 열어도 위험할 정도로 격렬한 가속을 겪지 않을 수 있어요. 모든 물을 당신 아래에 있게 할 수 있는 거대한 판이 있다면, 그 가속도는 1분 안에 당신을 유리관 밖으로 밀어낼 거예요. 맨 위의 입구에 도달하면 당신은 시속 800킬로미터로 움직이고 있고 얼음같이 차가운 물의 분수에 실려 해수면 위로 높이 솟구칠 거예요.

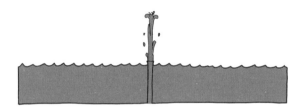

놀랍게도 분수는 당신이 나온 후에도 계속될 거예요. 1956년 해양학자 헨리 스토멜Henry Stommel은 바다 표면과 깊은 곳 사이의 온도와 염분의 차이 때문에 표면과 깊은 곳을 관으로 연결하고 물을 흐르게 하면 영원히 흐를 것이라고 이야기했습니다.

유리관이 영원한 움직임을 만들어내는 것은 아니에요. 물이 계속해서 흐르는 것은 바다의 표면과 깊은 곳이 평형을 이루지 않기 때문입니다. 온도와 염분의 미묘한 차이 때문이죠. 유리관 안의 물은 벽을 통해 주변과 온도를 같게 만들 수는 있지만 염분은 교환할 수 없기 때문에 스토멜의 계산에 따르면 유리관이 균형을 깨뜨려 바닷물이 섞이게 만들어요. PVC 관을 이용하여 마리아나해구에서 이루어진 2003년의 실험은 (바닥까지 닿지는 않았습니다!) 이 효과가 물을 천천히 섞이게 할 수 있다는 것을 확인했습니다.

어떤 사람들은 이것을 바다 표면을 식혀서 허리케인을 약하게 하고, 깊은 바다의 영양분으로 생물이 잘 자랄 수 있게 만들거나 쓰레기를 처리하는 데 이용할 수 있다고 제안했습니다. 하지만 스토멜은 오히려 회의적이었어요. 그는 자신의 1956년 논문을 이렇게 마무리했습니다. "동력원으로 이 현상의 실현 불가능한 중요성을 추측하는 것은 시기상조일 것 같다. 이것은 본질적으로 호기심으로 남을 것이다."

31. 신발 상자를 가장 비싸게 채우려면

11사이즈의 신발 상자를 채우는
가장 비싼 방법은 무엇일까요?
(예를 들면 합법적으로 구매한 음악으로 가득 찬
64기가바이트 마이크로 SD 카드라든지.)

– 릭Rick

신발 상자의 가치 한계는 약 20억 달러로 보입니다. 놀랍게도 여러 가지 방법으로 채울 수 있는 것으로 밝혀졌어요.

$\approx$ 2,000,000,000달러
(그리고 상자 값)

마이크로 SD 카드도 좋은 생각입니다. 카드를 하나에 약 1달러의 곡들로 채우고, 마이크로 SD 카드의 용량이 3.8리터에 약 1.6페타바이트라고 가정하죠. 보통 남성 11사이즈 구두 상자는 상표와 신발 종류에 따라 약 10~15리터니까 최대 15억 개의 4메가바이트 노래를 담을 수 있습니다. (혹은 한 곡을 15억 번 담을 수 있죠. 당신이 어떤 가수를 정말로 좋아한다면 말이에요.)

비싼 산업용 소프트웨어의 비용 대 용량의 비율은 약간 더 높아요. 보통 수천 달러의 가격에 수 기가바이트의 용량을 차지하기 때문입니다.

일단 소프트웨어의 가격을 고려하기 시작하면 암호 화폐를 포함하거나 유료 모바일 게임을 인앱으로 무한히 구매하여 신발 상자 안의 물건의 '비용'을 당신이 원하는 만큼 높일 수도 있습니다. 그런데 당신 휴대전화 속 RPG 캐릭터가 그만큼의 돈을 쓴 결과로 나타날 수는 있지만, 그 캐릭터가 수조 달러의 **가치**가 있다고 바로 주장하기는 쉽지 않을 거예요.

미국 국민 여러분, 우리나라의 부채가
예상 밖으로 2조 달러가 늘어났습니다.
전혀 상관없는 이야기지만, 제 캐릭터가
얼마나 많은 멋진 검을 가지고 있는지
봐주세요!

그러니까 실제 물건으로 생각해보죠.

당연히 떠올릴 수 있는 것으로 금이 있습니다. 2021년 13리터 금의 가치는 약 1,400만 달러예요. 백금은 신발 상자당 1,600만 달러로 약간 더 비쌉니다. 100달러 지폐보다 밀도 가치가 약 10배죠. 그런데 금으로 가득 찬 신발 상자의 무게는 작은 말 한 마리 정도이기 때문에 쇼핑을 하기에는 100달러 지폐만큼 실용적이지 않을 거예요.

더 비싼 금속이 있습니다. 예를 들어 1그램의 순수한 플루토늄의 가격은 약 5,000달러예요.* 덤으로 플루토늄은 금보다 밀도가 훨씬 더 높습니다. 신발 상자에

---

* 최소 가격입니다. 제가 인터넷 검색으로 찾을 수 있는 범위에서요. 저는 지금 정부의 여러 감시 목록에 올라 있습니다.

약 300킬로그램을 넣을 수 있어요.

플루토늄에 20억 달러를 쓰기 전에 주의할 일이 있습니다. 플루토늄의 임계질량*은 약 10킬로그램이에요. 당신은 신발 상자에 300킬로그램을 넣을 수는 있습니다. 하지만 아주 **잠깐**뿐이에요.

고품질의 다이아몬드는 비싸지만 정확한 가격을 책정하기가 어려워요. 보석 시장은 복잡하기 때문입니다. InfoDiamond.com에 따르면 흠 없는 600밀리그램(3캐럿)의 다이아몬드 가격은 20만 달러 이상입니다. 완벽한 품질의 보석 다이아몬드로 가득 찬 신발 상자의 가치는 이론적으로 150억 달러가 된다는 말이죠. 신발 상자를 빈틈없이 채우기 위해서 몇 개의 더 작은 다이아몬드를 함께 채워야 할 것이기 때문에 10~20억 달러가 더 합리적일 것입니다.

흠. 같은 크기로 둥글게 절단된 다이아몬드를 가장 효율적으로 넣는 방법은 뭘까?

열두 시간 안에 널 잡을 거야.

---

* 핵분열 물질이 연쇄반응을 할 수 있는 최소의 질량. - 편집자

많은 불법 약물이 무게당으로는 금보다 더 비싸요. 코카인의 가격은 자주 변하지만, 많은 지역에서 1그램당 100달러 근처입니다.* 금은 현재로는 그 절반이에요. 하지만 코카인은 금보다 **밀도**가 훨씬 낮기 때문에† 코카인을 가득 채운 신발 상자는 금을 가득 채운 것보다 더 가치가 낮을 것입니다.

코카인이 세상에서 가장 비싼 약은 아닙니다. 마이크로그램 단위로 팔리는 LSD가 무게로는 코카인보다 약 1,000배 더 비싸요. 이것은 마이크로그램 단위로 주로 거래되는 유일한 물질입니다. 순수한 LSD로 가득 친 신발 상자의 가치는 약 25억 달러예요. 백신의 재료들도 흔히 마이크로그램으로 측정되기 때문에, 1회 접종이 그렇게 비싸지는 않지만 신발 상자 하나의 mRNA 백신이나 인플루엔자 바이러스 단백질 백신의 가치도 역시 수십억 달러가 될 것입니다.

접종당 가격 스펙트럼의 다른 쪽 끝에 있는 일부 처방약의 가격도 그렇게 싸지 않아요. 이들은 엄청나게 비쌉니다. 브렌툭시맙 베도틴^Brentuximab vedotin(애드세트리스^Adcetris) 1회 접종 비용은 1만 3,500달러이므로 신발 상자 하나만큼의 가격은 LSD, 플루토늄, 마이크로 SD 카드와 같은 범위인 20억 달러입니다.

당연히, 신발 상자에는 언제나 신발을 넣을 수 있습니다.

〈오즈의 마법사〉 도로시 역의 주디 갈런드^Judy Garland의 신발은 경매에서 66만 6,000달러에 팔렸습니다. 그리고 한번은 실제로 신발 상자에 있었죠.

신발 상자를 정말로 엄청나게 큰돈으로 채우고 싶다면 미국 재무부에 1조 달러짜리 백금 동전을 주조해달라고 요청할 수 있어요. 기념 동전을 주조하는 데 대한 법적인 허점 때문에 이것은 기술적

---

* 업데이트: 저는 정부의 추가 감시 목록들에 올랐습니다.

† 그런데 잠깐, 코카인의 밀도가 얼마일까요? 저는 몇몇 사람들이 이 질문에 대한 답을 내기 위해서 노력하는 Straight Dope 게시판에서 진지하고 인용으로 가득 찬 토론들을 많이 읽었습니다. 그들은 코카인의 끓는점과 코카인이 올리브오일에 녹는 온도를 알아냈지만, 결국 밀도를 알아내는 것은 포기하고 그냥 대부분의 유기물질과 같은 1리터당 1킬로그램으로 결정했어요.

으로 법적 효력을 갖습니다.[*]

만약 당신이 우리 통화 시스템의 법적 권한을 활용하여 임의의 무생물 물체에 가치를 부여하는 데 열려 있다면…

그냥 수표를 쓰면 됩니다.

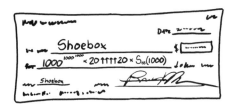

---

[*] 당신이 이 글을 읽을 때에도 이 허점이 아직 그냥 이상하고도 사소한 문제로 남아 있길 바랍니다.

32. MRI 주변 자기장의 영향이 궁금하다면

왜 나침반은 MRI 기계가 만들어내는 자기장으로 인해 가장 가까이 있는 병원을 향하지 않나요?

- 휴스 D. Hughes

그렇게 됩니다. 그리고 이건 문제가 될 수 있어요!

안 돼! 내 희귀 카세트테이프,
신용카드, 철로 묶은
기록물 들이야!

MRI 의료 스캐너 안에는 강력한 자석이 있어요. 스캐너는 차폐되어 있어서 자기장의 가장 강한 부분은 스캐너 안쪽에 있지만 약한 자기장은 주위로 뻗어나가요. 이 '주변 자기장'은 기계에서 멀리 떨어지면 빠르게 약해지지만, 그 영향력은 꽤 멀리까지도 미칠 수 있습니다.

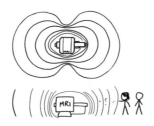

인기 있는 한 MRI 스캐너의 매뉴얼에는 주변 자기장이 일으키는 피해를 막기 위해 민감한 물체들을 기계에서 멀리 두어야 한다고 적혀 있습니다. 신용카드와 작은 모터는 3미터, 컴퓨터와 디스크 드라이브는 4미터, 인공심박조율기와 엑스선관은 5미터, 전자현미경은 8미터 떨어진 곳에 두어야 한다고 되어 있어요.

나침반을 이용하여 지구의 자북극을 향해 걸어가면 MRI에서 나온 주변 자기장이 경로를 휘어지게 할 수 있지만, MRI에 충분히 가까이 갔을 때만 그렇습니다. 지구의 자기장 세기는 장소에 따라 다르지만 대체로 20에서 70μT(T: 테슬라, 자기장 세기의 단위 – 옮긴이) 안에 있어요. MRI 스캐너에서 나오는 주변 자기장은 약 10미터 거리에서 이 수준보다 아래로 떨어지기 때문에, 대략 10미터가 나침반으로 방향을 찾는 사람에게 영향을 줄 수 있는 최대 거리가 됩니다.

영향을 받은 사람의 경로는 MRI 자석의 N극에서 멀어지고 S극으로 향하게 됩니다.

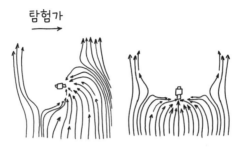

탐험가

지구의 북극을 향해 가는 사람이 MRI의 S극으로 끌리는 것이 혼란스럽게 보일 수도 있습니다.
그것은 지구의 극 이름이 반대로 붙여졌기 때문이에요. 자석의 'N'극은 지구의 북극을 향하는 쪽입니다.
지구의 자기 북극은 실제로는 자석의 S극이라는 의미죠. 그 반대도 마찬가지입니다.
이것은 아주 거슬리지만 우리가 어떻게 할 수가 없어요. 그냥 받아들여야죠 뭐.

어떤 사람이 북아메리카에서 자북극을 향해 걸어갈 때 캐나다 어딘가에 임의로
MRI 스캐너를 놓으면 그것 때문에 그의 경로가 바뀌게 될 확률은 약 50만 분의 1입
니다. 캐나다 의료 영상 목록Medical Imaging Inventory에 따르면 2020년 현재 캐나다에는
378개의 MRI 스캐너가 사용되고 있습니다. 이것을 캐나다 전역에 흩어놓으면 극으
로 향하는 탐험가 약 1,300명 중 한 명을 잡을 수 있는 자기그물*을 만들 수 있다는
말이죠. 나머지 1,299명은 실제 자북극에 도착할 거예요. 그러니까 수백 개의 MRI
가 있어도 이것은 탐험가를 잡는 아주 비효율적인 방법입니다.

MRI 스캐너 때문에 방향이 바뀌는 탐험가

자북극에 도착할 (혹은 가다가 죽을)
탐험가들

---

* 혹은 간단하게 '자석'.

하지만 이 모든 이야기가 그렇게 비현실적이지만은 않아요.

MRI 기계에서 나오는 자기장이 나침반을 이용하는 탐험가들을 유혹할 정도로 엄청나게 강하지는 않지만, 가끔씩 작은 규모에서는 비슷한 역할을 **했습니다.**

1993년 미국 교통부 보고서에는 병원 지붕의 헬리콥터 착륙장에 착륙하려던 의료 헬리콥터에서 일어난 사건에 대한 내용이 있습니다. 헬리콥터가 착륙 지점에 다가갈 때 자석 나침반과 일부 관련된 기기들이 갑자기 헬리콥터가 60도 회전했다고 표시했습니다. 다행히 조종사가 기기의 잘못된 신호를 무시하고 안전하게 착륙했어요. 범인은 헬리콥터 착륙장 근처에 놓여 있던 트레일러 안의 MRI로 밝혀졌습니다.

그러니까 숲을 지나갈 때 멀리 있는 MRI 스캐너가 나침반에 영향을 줄 걱정은 할 필요가 없어요. 하지만 병원 근처에 헬리콥터를 착륙시킬 때는 아주 조심해야 합니다.

다른 착륙장에 내리자.
여기는 느낌이 좋지 않아.

33. 조상으로 부를 수 있는 사람의 수가 궁금하다면

나는 최근에 가계도의 사람 수가 매 세대마다
지수함수로 늘어난다는 것을 알게 되었어요.
나에게는 두 분의 부모님, 네 분의 조부모님,
여덟 분의 증조부님이 있는 거죠. 그렇다면 대부분의
사람들은 지금까지 살았던 대다수의 호모 사피엔스의
자손인가요? 아니라면 나는 지금까지 살았던
모든 사람들 중 몇 퍼센트 사람들의 자손인가요?

- 시머스 Seamus

당신은 지금까지 살았던 대부분 사람들의 자손이 아닙니다. 아마도 그중 약 10퍼
센트 사람들의 자손일 거예요. 정확한 숫자를 특정하기는 어렵지만요.

사람들은 두 분의 부모님과 (전 세계적인 인류 감소 시기를 제외하면) 평균 최소 두 명의 아이가 있습니다. 우리의 조상과 자손이 **둘 다** 지수함수로 증가한다는 의미죠. 과거나 미래로 시간을 이동하면 당신과 관련 있는 사람의 수는 늘어납니다. 모든 아이는 두 가계도에 연결되고 몇 세대 이상 살아남은 모든 혈통은 모든 사람을 포함할 때까지 지수함수로 증가해요.

조상도 같은 방식으로 증가합니다. 당신의 모든 조상은 각각 두 가계도를 합치는 역할을 하기 때문에 과거로 가면 갈수록 점점 더 많은 사람들이 포함됩니다. 가계도가 과거로 가면서 수축하는 경우(예를 들어 수 세대 동안 고립되어 있었던 조상 집단이 있는 경우)가 종종 있지만 절대 사라지지는 않아요. 계속해서 과거로 가면 끝없이 두 배가 되는 과정을 통해 결국에는 모든 살아 있는 혈통이 당신의 가계도로 흡수되는 시기에 도착하게 됩니다. 그 시점에 가면 자손을 남긴 모든 사람들은 당신의 조상이 됩니다. 그리고 당신과 다른 모든 사람은 같은 조상을 가지게 되죠.

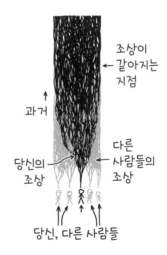

2004년, 더글러스 L. T. 로드Douglas L. T. Rohde와 동료들은 조상들이 같아지는 시점이 기원전 5000년에서 2000년 사이 어디쯤이라고 시뮬레이션으로 계산했습니다. 그 시점에는 자손을 남긴 모든 사람이, 모든 사람들의 조상이에요. 그 시점에서 내려온 모든 혈통은 사라지거나 살아 있는 모든 사람들을 포함하도록 팽창했습니다. 그러니까 모든 살아 있는 사람은 과거 그 시점에서 출발한 같은 조상들을 공유하고 있는 것이죠.

아이가 있는 대다수의 사람들은 결국에는 이 가계도에 기여하고 있습니다. 로드와 동료들은 한 명이라도 아이가 있었던 사람들 중 60퍼센트는 결국에는 영원히 이 가계도에 포함되고, 성인이 될 때까지 살아남은 사람들 중 73퍼센트는 아이가 있었다고 계산했습니다. 역사의 유아사망률 연구에 기반하여 55퍼센트가 성인이 될 때까지 살아남았다고 가정한다면, 태어났던 모든 사람들 중 약 25퍼센트는 아이를 가져 자손들의 영원한 혈통에 포함되었다고 볼 수 있습니다.

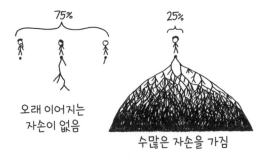

이 숫자를 역사적인 인구와 출생률 계산 결과와 결합하면 조상이 같아지는 시점 이전에 약 200억 명의 사람이 살았던 것으로 보입니다. 그러니까 약 50억 명이 당신의 조상이라는 말이죠.

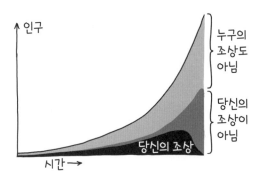

공동 조상들 시점 이후로는 당신의 조상이 다른 모든 사람들의 조상과 정확하게 겹치지는 않지만, 그래도 아주 많은 사람들을 포함합니다. 공동 조상들 시점 전의 가계도는 망상 하천*과 닮았습니다. 마지막 1,000년 정도에 와야 나무를 닮을 정도로 줄어들어요. 이 시점 이전에는 50억~100억 명을 당신의 조상에 추가할 수 있을 거예요.

종합하면, 당신의 가계도에는 지금까지 살았던 약 1,200억 명의 사람들 중 100억~150억 명이 포함됩니다. 그러니까 당신 조상들 중 3,300만 명이 현재의 달력에서 오늘 생일이라는 말이에요.

오늘이 2월 29일이 아니라면요.

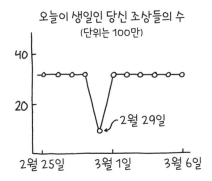

* 모래와 자갈로 이루어진 퇴적 지형에 여러 물길이 나뉘었다가 합쳐지는 것이 되풀이되면서 형성된 그물 모양의 하천. – 편집자

34. 날아가는 새를 달리는 차에 안전히 태우려면

저는 에어컨 없는 자동차뿐인 가난한 대학생입니다.
그래서 운전할 때 대개 창문을 내리고 있어요.
그러다가 생각했습니다. 새가 내 차와 완벽하게 같은
속력과 방향으로 날고 있는데,
내가 방향을 바꾸어 새를 내 차 안으로 넣으면
새가 당황하는 것 말고는 어떤 일이 있을까요?
새는 있던 자리에 그대로 있을까요?
유리창에 부딪칠까요? 의자로 떨어질까요?
저와 룸메이트는 의견이 달라요.
이 문제를 해결하는 데 어떤 도움이라도 주시면
우리 인생을 훨씬 더 쉽게 만들어주시는 거예요.

- 헌터 W. Hunter W.

이건 일어날 것 같지 않아 보이는 일이지만, 안타깝게도 사실은 일어날 수가 있습니다. 새는 당연히 혼란스러워하며 화를 내겠죠. 하지만 당신이 어떻게든 성공적으로 운전해 새를 잡는다면 새를 안전하게 잡는 결과가 될 거예요. 새로운 반려 새를 맞이하게 된 것을 축하드립니다.

당신이 차의 방향을 바꾸어 새를 잡는 순간에 어떤 일이 일어나는지 살펴봅시다.

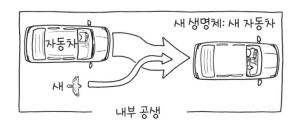

당신과 새가 둘 다 시속 70킬로미터로 움직이고 있다고 해보죠. 당신이 방향을 바꾸어 새를 잡으면 당신과 새는 여전히 시속 70킬로미터로 움직이고 있고 새는 막 차 안으로 들어왔습니다. 새의 관점에서 보면, 새는 당신이 옆에 다가왔을 때 시속 70킬로미터의 바람을 받고 있어요.

일정한 속력으로 날기 위해서 새는 날개를 펄럭입니다. 빠르게 움직이는 새는 큰 마찰력을 받게 되고, 날개를 펄럭여 얻은 추진력으로 대항합니다.

차 안의 공기는 시속 70킬로미터로 움직입니다. 새가 창문을 통과하면 새가 받고 있던 바람이 갑자기 사라져요. 그 마찰력이 사라지면 날갯짓은 추진력을 만들기 때문에 계속 날갯짓을 하면 새는 차보다 앞쪽으로 가속하기 시작합니다. 러닝머신 위를 달리고 있는데 벨트가 갑자기 멈추는 상황과 비슷하죠.

넓은 날개를 가진 매가 시속 70킬로미터로 날고 있으면 약 3분의 1 뉴턴의 마찰력을 경험합니다. 그러니까 이에 대항하기 위해서 날갯짓으로 3분의 1 뉴턴의 추진력을 만들어내야 하는 거죠.* 마찰력이 사라졌는데 같은 방식으로 날갯짓을 계속하면 그 추진력은 매를 앞쪽으로 가속시키게 됩니다.

다른 모든 힘들이 똑같이 유지되면, 이 3분의 1 뉴턴의 힘은 매를 차의 앞쪽으로 초 제곱당 1미터로 가속시킬 수 있기 때문에 매는 1~2초 내에 앞 유리에 가볍게 부딪칠 거예요. 하지만 다른 모든 힘들은 똑같이 유지되지 않습니다.

앞에서 불어오는 바람이 없으면 매의 날개는 양력을 제공해주지 못해서 매는 갑자기 아래로 떨어질 거예요. 중력은 매를 아래로 초 제곱당 9.8미터로 가속합니다. 날갯짓을 계속해서 얻는 앞쪽으로의 가속도인 초 제곱당 1미터보다 훨씬 크죠.

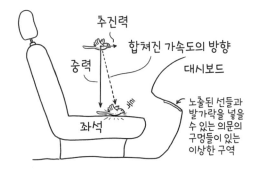

두 힘이 합쳐지면 매는 조수석으로 툭 떨어집니다.

그런데 우리는 아주아주 큰 요소를 무시하고 있습니다. 새가 어떻게 반응할까 하는 점이죠. 대부분의 새는 당신과 함께 여행하기를 **원하지** 않습니다. 놀란 새들은 종종 날아올라서 비어 있는 공간으로 보이는 곳을 향해 날아갑니다. 새들이 유리창에 자주 부딪치는 이유죠. 창이 꽤 가깝다면 새가 크게 다칠 정도의 속력을 얻을 시간이 없을 거예요. 그래서 오듀본 협회^{Audubon Society}(미국 조류보호단체 – 옮긴이)는 새 모

---

* 이것은 날아가는 매가 왜 계속 날갯짓을 하지 않고 솟구치는지 설명해줍니다. 여덟 시간 동안 날갯짓을 계속하면 하루 대사량을 모두 사용해버릴 거예요.

이동을 창문에서 10미터 이상 거리에 둘 수 없다면 1미터보다 **가까이** 두라고 권고합니다.

당신 차의 앞 유리는 너무 가까워서 새가 크게 다치지는 않겠지만, 그리로 날아가는 새에게는 분명 좋지는 않겠죠. 당신은 창문을 항상 내리고 있다고 하니까 이 가능성 낮은 상황에서 새가 다치지 않고 무사히 밖으로 나가는 길을 찾기를 희망해 봅니다.

만일 새가 차에서 떠나기를 원하지 않는다면 이건 완전히 다른 문제입니다. 당신은 아마도 야생동물 구조 단체에 도움을 요청해야 할 거예요.

새가 온 지역을 날아다니는 데 지치지 않았다면 말이에요. 어쩌면 태워주는 것을 고마워할지도 모르죠.

35. 규칙 없는 자동차 경주에서 이기려면

자동차 경주의 규칙을 모두 없애고
단순히 한 사람이 트랙 200바퀴를
최대한 빨리 도는 시합을 한다면
이기기 위한 전략이 무엇일까요?
단, 레이서는 살아남아야 합니다.

- 헌터 프레이어 Hunter Freyer

당신이 할 수 있는 최선은 약 90분입니다.

당신이 탈것을 만드는 방법은 아주 많습니다. 회전할 때 바퀴가 도로를 파고들도록 만들어진 전기차, 로켓으로 움직이는 호버크라프트, 트랙의 레일을 따라 움직이는 포드Pod. 하지만 어떤 경우든 인간의 가장 약한 부분에 초점을 맞추어 디자인을 하는 것은 그리 어렵지 않습니다.

문제는 가속도입니다. 트랙의 회전 구간에서 운전자는 강력한 중력을 느끼게 됩니다. 플로리다의 데이토나 국제 경주장에는 두 개의 주 회전 구간이 있는데, 탈것이 너무 빠르게 돌면 가속도만으로도 운전자가 죽을 수 있어요.

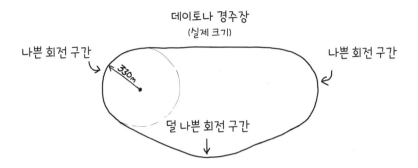

데이토나 경주장
(실제 크기)

나쁜 회전 구간

나쁜 회전 구간

330m

덜 나쁜 회전 구간

자동차 사고가 일어나는 순간과 같이 극히 짧은 시간에는 사람이 수백 G를 경험하고도 살아남을 수 있습니다. (1G는 지구의 중력을 받으며 땅에 서 있을 때 느껴지는 당기는 힘이에요.) 전투기 조종사들은 조종 중에 최대 10G를 경험할 수 있어요. 그리고 (아마도 그렇기 때문에) 10G는 사람이 견딜 수 있는 대략적인 한계로 파악됩니다. 하지만 전투기 조종사들은 아주 짧게 10G를 경험해요. 우리 운전자들은 그것을 몇 분, 어쩌면 몇 시간 동안 주기적으로 경험하게 됩니다.

로켓을 발사할 때는 지속적인 가속도가 아주 많이 생기기 때문에 NASA는 인간이 견딜 수 있는 가속도에 대해 많은 연구를 해왔습니다. 하지만 가장 재미있는 자료는 존 폴 스탭John Paul Stapp이라는 공군 장교에게서 얻었어요. 그는 로켓 썰매에 자신을 묶고 자신의 몸을 한계까지 밀어붙이면서 매번 주의 깊게 기록을 했습니다. 그는 기억할 만한 인물이에요. 《날개 및 공군력 잡지Wings & Airpower Magazine》에 닉 스파크Nick T. Spark가 쓴 그의 실험에 대한 기사에는 이런 말이 있습니다. "…스탭은 소령으로 승진했고 사람이 살아남을 수 있는 한계가 18G라는 것을 알려주었다…."

극도로 높은 가속도에 대한 스탭의 짧은 경험에도 불구하고 대부분의 자료는 한 시간 정도의 기간 동안 보통 사람은 3~6G밖에 견딜 수 없다는 것을 보여줍니다. 우리가 탈것의 한계를 4G로 하면 데이토나 회전 구간에서 최대 속력은 약 시속 386킬로미터가 됩니다. 이 속도로 완주를 하면 약 두 시간이 걸립니다. 실제 자동차로 운전한 누구보다도 확실히 더 빠르지만 **그렇게** 많이 빠르지는 않아요.

그런데 잠깐! 직선주로는 어떻게 하냐고요? 차량은 회전 구간 동안 가속이 되지만 직선주로는 그냥 달립니다. 우리는 그러지 않고 직선 구간에서 더 높은 속력으로 가속을 하고 직선주로의 끝에서 감속을 할 수도 있죠. 그러면 속력의 변화가 그림처럼 될 거예요.

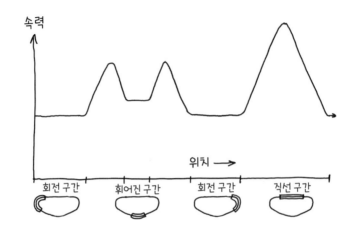

이런 속력 – 변화 경로는(트랙에서 영리하게 속도를 높였다 줄이면서 운전하면) 전체 경주 동안 가속도를 비교적 일정하게 유지할 수 있게 해주는 추가적인 이점이 있고, 힘을 좀 더 쉽게 견디게 해주는 것도 기대해볼 수 있습니다.

가속도의 방향이 계속해서 바뀔 거라는 것을 기억하세요. 사람은 앞쪽 방향으로 가속될 때 가속도를 가장 잘 견딜 수 있습니다. 운전자가 앞으로 가속할 때처럼 자신의 가슴 방향이죠. 사람의 몸은 발을 향한 아래 방향으로 가속될 때 가장 견디기 어렵습니다. 피가 머리로 몰리기 때문이에요.

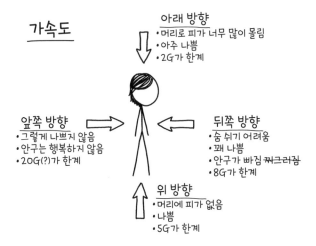

가속도

아래 방향
•머리로 피가 너무 많이 몰림
•아주 나쁨
•2G가 한계

앞쪽 방향
•그렇게 나쁘지 않음
•안구는 행복하지 않음
•20G(?)가 한계

뒤쪽 방향
•숨 쉬기 어려움
•꽤 나쁨
•안구가 빠짐 쭈그러짐
•8G가 한계

위 방향
•머리에 피가 없음
•나쁨
•5G가 한계

운전자가 살아 있게 하기 위해서는 운전자를 회전시켜 항상 등 쪽으로 눌리게 해야 할 거예요. (하지만 방향을 너무 빨리 바꾸지 않게 조심해야 합니다. 아니면 회전하는 의자의 원심력* 자체가 치명적일 수 있어요!)

모든 규칙을 없앤다고
한 것이 이런 걸 의미하는
것인지는 잘…

나는 제한판(엔진에 장착하여 출력을
제한하는 장치, 데이토나 트랙에서는
장착해야 함-옮긴이)을 제거했어.

---

* 저는 '원심력'과 '구심력'에 대한 시비에 지쳐서 둘을 구별해서 사용하기로 했습니다.

기록이 빠른 현대의 데이토나 레이서들은 200바퀴를 약 세 시간에 완주합니다. 4G로 제한하면 우리의 운전자는 1시간 45분 안에 완주할 수 있어요. 6G로 제한하면 1시간 20분으로 줄어듭니다. 인간이 긴 시간 동안 견딜 수 있는 한계가 훨씬 넘는 10G에서도 여전히 한 시간이 걸려요. (직선주로에서 소리의 벽을 넘어가는 것도 포함됩니다.)

그러니까 의심스럽고 검증되지 않은 액체 호흡(허파를 산화된 액체로 채워 높은 가속도를 견딜 수 있게 하는 것)과 같은 것을 금지하면 인간의 생물학적 요인은 데이도나를 완주하는 시간을 한 시간 이상으로 제한합니다.

'살아남는다'는 조건을 제거하면 어떻게 될까요? 우리는 차량이 얼마나 트랙을 빨리 돌게 할 수 있을까요?

'차량'을 트랙의 가운데 있는 막대에 케블라 줄로 묶고 반대쪽에 무게 추로 균형을 잡고 있는 경우를 상상해봅시다. 거대한 원심분리기라고 할 수 있죠. 이것을 제가 가장 좋아하는 이상한 방정식에 적용해보겠습니다. 회전하는 원반의 끝은 그 재료의 비강도*의 제곱근보다 더 빠를 수 없다는 방정식이에요. 케블라 같은 튼튼한 재료의 경우 이 속력은 초당 1~2킬로미터입니다. 이 속력이라면 약 10분 안에 캡슐이 완주할 수 있어요. 당연히 안에 살아 있는 운전자는 있을 수 없습니다.

좋아요, 원심분리기는 잊어버리기로 하죠. 봅슬레이 코스와 같은 단단한 활송 장치를 만들어서 볼 베어링(우리의 '차량')을 빠르게 내려 보내면 어떨까요? 안타깝게도 원반 방정식이 다시 등장합니다. 볼 베어링은 초당 몇 킬로미터보다 더 빠르게 구를 수 없어요. 더 빨리 회전하면 너무 빨라서 찢어져버릴 거예요.

구르지 않고 미끄러지면 어떨까요? 부드러운 다이아몬드 활송 장치 위를 미끄러지는 다이아몬드 큐브를 상상할 수 있습니

다이아몬드는
영원하다.
불에 탄다.

---

* 인장강도(인장력)를 밀도로 나눈 것.

다. 회전할 필요가 없기 때문에 구르는 볼 베어링보다 빠른 가속도를 견딜 능력이 있어요. 하지만 미끄러지게 되면 볼 베어링의 경우보다 훨씬 더 큰 마찰이 생기기 때문에 다이아몬드에는 불이 붙을 거예요.

마찰을 없애기 위해서 자기장으로 캡슐을 띄우고 점점 더 작고 가볍게 만들어 더 쉽게 가속하고 조종하게 할 수도 있겠죠. 이런, 입자가속기를 만들어버렸네요.

헌터의 질문 범위에 정확하게 들어맞지는 않지만 입자가속기는 좋은 비교가 됩니다. 거대강입자충돌기^{LHC} 빔의 입자들은 빛의 속력에 아주 가깝게 움직입니다. 그 속력으로는 800킬로미터(30바퀴)를 2.7밀리초 만에 돌 수 있어요.

세계에는 아마도 약 1,000개의 자동차 경주용 트랙이 있을 것입니다. 거대강입자충돌기의 빔은 데이토나 전체 트랙을 차례로 모두 약 2초 만에 돌 수 있습니다. 다른 운전자들이 첫 번째 회전 구간을 돌기도 전이죠.

제프 고든이 상대론적 양성자와
충돌한 것을 보입니다!

트랙이 중간자^{meson}, 이상 입자,
그리고 몇몇 새롭게 만들어진 운전자 들로
가득 찼습니다.

그것이 **진짜로** 가장 빨리 움직일 수 있는 것입니다.

2

이상하고 걱정되는 질문들

Q 진공청소기를 눈에 대고 작동시키면 어떻게
될까요?

- 키티 그리어^{Kitty Greer}

Q 차창 밖으로 팔을 뻗어 우편함을 때려서
쓰러뜨리는 것이 가능할까요? 손을 부러뜨리지
않고 할 수 있을까요?

- 티 궨넵^{Ty Gwennap}

나보다 네가 훨씬 더
많이 부서질 거야.

Q 사람의 이가 계속 자라다가 빠져서 삼켜진다면,
문제가 생기는 데 얼마나 걸릴까요?

- 밸런 M.^{Valen M.}

그 질문 때문에 벌써
문제가 생겼어요.

Q 방어 상황에서 공격자를 막으려면 얼마만큼의
에피네프린(몸의 에너지를 증가시키는 작용을
하는 호르몬-옮긴이)이 필요할까요?

- 헨리 M.^{Henry M.}

걱정 마.
에피네프린은
칼보다 강해.

36. 진공관으로 스마트폰을 만든다면

제 전화기가 진공관으로 만들어졌다면
어떻게 될까요? 얼마나 클까요?

- 조니^{Johnny}

진공관

트랜지스터

원칙적으로, 트랜지스터로 만든 모든 컴퓨터는 진공관으로 만들 수 있고 그 반대도 마찬가지입니다.

트랜지스터와 진공관은 같은 기본적인 작업을 다른 메커니즘을 사용하여 수행합니다. 전기신호를 받으면 한쪽으로 스위치를 올리고, 받지 않으면 다른 쪽으로 올리죠. 그 스위치는 다른 스위치를 어떻게 할지 알려주는 데 사용되는 **다른** 전기신호를 제어합니다. 우리는 이런 부품들을 함께 바꾸어 디지털회로를 만들어 입력을 받아들이고 출력을 발생시키는 복잡한 규칙들의 조합을 만들어냅니다.

수학자 클로드 섀넌^{Claude Shannon}은 1937년 자신의 석사학위 논문에서 논리적인 단계를 수행하기 위해서 진공관을 어떻게 배열하면 되는지 보임으로써 실용적인 전기 부품을 사용한 앨런 튜링^{Alan Turing}의 범용 컴퓨터에 청사진을 제공해주었습니다. 1960년대에는 트랜지스터가 진공관을 대체했습니다. 트랜지스터가 훨씬 더 작고 믿을 만하기 때문이죠. 하지만 둘 모두로 같은 디지털회로를 만들 수 있습니다.

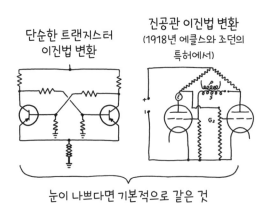

단순한 트랜지스터 이진법 변환

진공관 이진법 변환
(1918년 에클스와 조던의 특허에서)

눈이 나쁘다면 기본적으로 같은 것

초기의 컴퓨터는 현대의 기준에서 보면 엄청나게 컸어요. 최초의 프로그래밍이 가능한 컴퓨터인 에니악^ENIAC^은 사람 키보다 높고 길이는 30미터였습니다. 몇 년 뒤에 만들어진 상업용 컴퓨터인 유니박^UNIVAC^은 좀 더 작아진 육면체 모양이었지만 여전히 방 하나 크기였어요.

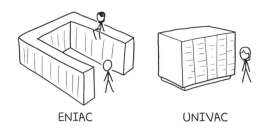

ENIAC   UNIVAC

현대의 스마트폰은 에니악이나 유니박보다 작지만 **훨씬** 더 많은 디지털 스위치를 가지고 있습니다. 유니박은 25세제곱미터 상자에 5,000개가 조금 넘는 진공관을 가지고 있었어요. 아이폰 12는 80밀리리터 상자에 118억 개의 트랜지스터가 들어 있습니다. 1리터당 약 1조 개 더 많은 컴퓨터를 가지고 있는 거죠.

진공관 수십 개

트랜지스터
수십억 개

트랜지스터 대신 유니박과 같은 밀도의 진공관으로 아이폰을 만든다면, 옆으로 눕혔을 때 도시의 약 다섯 개 블록을 차지하는 크기가 될 거예요.

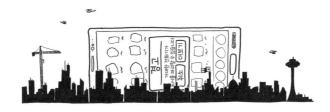

반대로, 최초의 유니박을 아이폰용 부품으로 만든다면 전체 기계의 높이는 300마이크로미터보다 작을 것입니다. 소금 한 알 안에 충분히 들어갈 수 있을 정도죠.

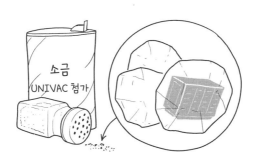

진공관 자체가 그 모든 공간을 차지하지는 않습니다. 유니박 폰의 다른 모든 부분을 현대의 부품으로 만들면 전체를 더 작게 만들 수 있어요. 컴퓨터 초기 시기에 흔히 사용된 진공관은 7AK7로, 분필 정도의 크기였습니다. 118억 개의 7AK7을 아이폰 모양으로 쌓으면 도시의 블록 하나에 들어갈 거예요.

그 폰에는 몇 가지 문제가 있을 거예요. 하나는 아주 빠르게 작동하지 않는다는 겁니다. 디지털회로는 클록*에 따라 한 단계에서 다음 단계로 하나씩 작동합니다. 클록을 빠르게 하면 컴퓨터는 1초당 더 많은 단계를 수행할 수 있어요. 진공관은 빠른 고속 스위칭을 꽤 능숙하게 하지만, 그래도 유니박은 겨우 2메가헤르츠 클록을 사용했습니다. 현대 컴퓨터의 약 1,000분의 1의 속력이죠.

이 아이폰은 너무 커서 빛의 속력을 걱정해야 할 거예요. 한쪽 끝에서 다른 쪽 끝까지 신호가 이동하는 데 시간이 너무 많이 걸려 다른 곳에 있는 부품들 사이의 동기화가 깨질 것입니다. 2메가헤르츠로 전화기를 작동시킨다면, 한쪽 끝에서 만들어진 클록의 신호가 다음 클록이 시작되기 전에 다른 쪽 끝에 도달할 시간이 없을 거예요.

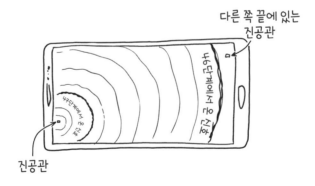

느린 빛의 속력 때문에 전화기 부품들을 최대한 병렬로 작동하도록 배열해야 합

---

* 논리회로가 움직이는 시간을 조절하는 신호. – 편집자

니다. 그렇게 하면 한쪽 끝에서의 계산은 다른 쪽 끝에서의 계산 결과를 기다릴 필요가 없어요.

이상하게 들리겠지만 현대의 컴퓨터들도 정확하게 같은 문제를 가지고 있습니다. 칩이 3기가헤르츠로 작동하면 한 번의 클록 주기 동안 빛(전기신호)이 컴퓨터의 한쪽 끝에서 다른 쪽 끝까지 가로지를 시간이 없어요. 컴퓨터의 다른 부분의 동기화가 깨지는 거죠. 두 부분이 빠르게 신호를 주고받는다면 회로판 설계자는 이들을 물리적으로 가까운 곳에 두어서 느린 빛의 속도 때문에 지연되지 않도록 해야 합니다.

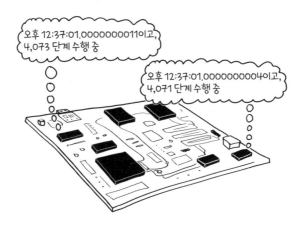

유니박 아이폰을 정말로 파멸시키는 것은 속도가 아니에요. 전력입니다. 진공관은 많은 전류를 필요로 해요. 7AK7 진공관은 작동하는 데 몇 와트를 소비합니다. 전화기가 총 10^{11}와트의 열을 방출한다는 말이죠. 그러면 얼마나 뜨거워질까요? 열 방출에 관한 슈테판 볼츠만의 법칙으로 알아낼 수 있습니다.

$$\text{전력} = \underset{\text{전화기의}\atop\text{표면적}}{A} \times \left(\underset{\text{전화기}\atop\text{온도}}{T}^4 - \underset{\text{주변}\atop\text{온도}}{T}^4 \right) \times \underset{\text{물리}\atop\text{상수}}{e\sigma}$$

$$T_{\text{전화기}} = \sqrt[4]{\frac{\text{전력}}{A_{\text{표면}} \times e\sigma} - (T_{\text{주변}})^4} = \sqrt[4]{\frac{10^{11}\text{와트}}{100,000 m^2 \times e\sigma} - (20°C)^4}$$

$$T_{\text{전화기}} = 1,780°C$$

부서지지 않는 마법 전화기라고 해도, 나머지 세상은 그렇지 않습니다. 1,780도는 화강암의 녹는점보다 높아요. 그러니까 전화기를 떨어뜨리면 지각을 뚫고 들어갈 거예요.

보호 케이스를 추천합니다.

37. 레이저로 내리는 비를 막는다면

내리는 비를 우산이나 텐트로 막는 것은 재미없어요.
빗방울이 땅에서 3미터 이내로 내려오기 전에
모든 물방울을 레이저로 맞춰 증발시키면 어떨까요?

– 자크^{Zach}

레이저로 비를 막는 것은 충분히 합리적으로 들리는 아이디어 중 하나예요. 하지만 당신이…

레이저 우산 아이디어는 그럴듯하게 들릴 수 있지만, 이건…

좋아요. 우리가 이야기하고 있는 건 레이저로 비를 막는 아이디어예요.

아주 실용적인 아이디어는 아니에요.

우선, 기본적으로 필요한 에너지를 살펴보죠. 물 1리터를 증발시키는 데에는 약 2.6메가줄이 필요하고* 큰 폭풍우는 시간당 1.5센티미터의 비를 내릴 수 있어요. 이 것은 방정식이 복잡하지 않아요. 1리터당 2.6메가줄에 비가 내리는 양을 곱하기만 하면 막아야 할 지역의 레이저 우산의 전력을 제곱미터당 필요한 와트로 얻을 수 있 습니다. 단위들을 이렇게 모두 쓰는 것은 좀 이상하긴 하지만.

$$2.6\,\frac{MJ}{L} \times 1.5\,\frac{cm}{h} = 9,200\,\frac{W}{m^2}$$

제곱미터당 9킬로와트는 태양 빛으로 지구 표면에 전달되는 것보다 열 배 더 많 은 에너지이기 때문에 주위는 꽤 빠르게 뜨거워질 거예요. 그 효과로 주위에 수증기 구름이 만들어지고, 그곳으로 점점 더 많은 레이저 에너지를 투여해야 합니다.

다시 말해서 당신은 사람 크기의 고압증기멸균기를 만들고 있는 거예요. 안에 있 는 생명체를 소각하여 멸균하는 기기죠. '안에 있는 생명체를 소각'하는 것은 우산으 로는 나쁜 특징입니다.

하지만 더 나쁜 것도 있어요! 레이저로 물방울을 증발시키는 것은 생각보다 훨씬

---

* 물이 더 차가우면 더 많은 에너지가 필요하지만 **아주 많이** 필요하지는 않아요. 물을 끓는점까지 가열하는 데에는 2.6메가줄의 일부밖에 필요하지 않습니다. 대부분은 100도의 물을 100도의 수증기가 되도록 문 턱을 넘기는 데 사용됩니다.

더 복잡합니다.* 물방울을 그냥 작은 물방울들로 쪼개지 않고 증발시키기 위해서는 빠르게 전달되는 많은 에너지가 필요합니다. 물방울을 깨끗하게 증발시키려면 우리가 생각하고 있는 이미 비합리적인 양보다 더 많은 에너지가 필요할 거예요.

그리고 겨냥의 문제가 있습니다. 이론적으로 이건 해결할 수 있어요. 대기의 요동을 보정하기 위해서 망원경의 거울을 빠르게 조정하는 적응광학 기술은 광선을 놀랍도록 빠르고 정확하게 제어할 수 있게 해줍니다. 100제곱미터(자크가 편지에서 요청한 영역)를 덮으려면 1초당 약 5만 펄스†가 필요할 거예요. 이것은 상대성이론에서 **직접적인** 문제가 되지는 않을 정도로 느립니다. 하지만 이 기기는 최소한 회전에 기반한 레이저 포인터보다는 훨씬 더 복잡해야 할 거예요.

겨냥은 완전히 잊어버리고 그저 레이저를 무작위 방향으로 발사하는 것이 더 쉬워 보일 수 있어요.‡ 레이저를 무작위 방향으로 발사하면 얼마나 이동하여 물방울에 부딪칠까요? 이것은 답하기 꽤 쉬운 문제입니다. 빗속에서 얼마나 멀리 볼 수 있는지를 묻는 것과 같아요. 최소 몇백 미터죠. 모든 이웃을 보호하려고 하지 않는다면, 강력한 레이저를 무작위 방향으로 발사하는 것은 도움이 되지 않을 거예요.

그리고 솔직히, 이웃들을 모두 보호**하려고** 한다면…

…강력한 레이저를 무작위 방향으로 발사하는 것은 **절대** 도움이 되지 않습니다.

---

* 솔직히 말하면 생각만 해도 이미 복잡합니다.
† 매우 짧은 시간 동안에 큰 진폭을 내는 전압이나 전류 또는 파동. - 편집자
‡ 사실 이 전략으로 풀지 **못할** 문제가 뭐겠어요?

38. 구름을 혼자서 먹으려면

한 사람이 구름 하나를 통째로 먹을 수 있나요?

– 탁 Tak

아니요. 먼저 공기를 모두 빼내는 것이 가능하다면 모를까요.

구름은 물로 만들어졌어요. 먹을 수 있죠. 혹은 마실 수 있겠죠. 음료냐고요? 나는 먹는 것과 마시는 것 사이의 경계가 어디인지에 대해 한 번도 확신해본 적이 없어요.

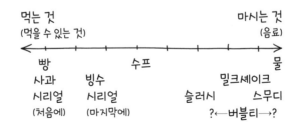

구름에는 공기도 포함되어 있어요. 우리는 보통 공기를 음식의 일부로 여기지 않습니다. 공기는 씹을 때 입에서 달아나거나 어떤 경우에는 삼킨 직후에 달아나기 때문이죠.

당신은 분명히 구름 한 조각을 입에 넣고 거기에 들어 있는 물을 삼킬 수 있습니다. 문제는 공기가 빠져나가게 해야 한다는 거죠. 하지만 당신의 몸으로 들어온 공기는 많은 수증기를 흡수했을 것입니다. 그 공기가 당신의 입을 벗어나면 많은 수증기를 가지고 있을 것이고, 이것이 차갑고 흐린 공기를 만나면 뭉칠 것입니다. 다시 말해서 당신이 구름을 먹으려고 하면 당신이 먹는 것보다 더 빠르게 더 많은 구름을 트림으로 만들게 된다는 말이죠.

하지만 물방울들을 모을 수 있다면(구름을 촘촘한 망에 걸러 짜내거나, 물방울을 이온화시켜 전선으로 모으거나) 작은 구름은 분명히 먹을 수 있습니다.

집 크기의 솜털구름에는 약 1리터, 혹은 두어 잔 분량의 물이 포함되어 있습니다. 사람의 위가 한 번에 담을 수 있을 정도의 부피죠. 당신은 거대한 구름을 먹을 수는 없지만, 머리 위를 지나갈 때 1~2초 정도 태양 빛을 막을 수 있는 집 크기의 작은 구름은 분명히 먹을 수 있어요.

구름은 당신이 앉은자리에서 먹을 수 있는 가장 큰 크기일 거예요. 더 느슨하고 밀도가 낮은 것은 많지 않습니다. 휘핑크림은 꽤 느슨해 보이지만 물의 밀도의 15퍼센트라서* 휘핑크림 4리터의 무게는 약 500그램중이에요. 공기는 모두 빠져나간다고 해도 당신은 작은 양동이 하나 이상을 먹을 수 없어요. 구름과 가장 비슷한 음식인 솜사탕은 아주 밀도가 낮아서(물의 약 5퍼센트) 이론적으로는 앉은자리에서 약 0.03세제곱미터를 먹을 수 있습니다. 건강에는 좋지 않겠지만 가능하긴 해요. 하지만 일생 동안 솜사탕만 먹어도 집 크기만큼 먹을 수는 없을 거예요. 오직 솜사탕만 먹는다면 일생의 길이에 영향을 줄 수도 있겠네요.

이주 가벼운 다른 먹을 수 있는 것으로는 눈, 머랭, 감자칩 등이 있지만, 모두 당신이 앉은자리에서 먹을 수 있는 최대 부피는 약 0.03세제곱미터입니다.

그러니까 구름을 먹으려면 작업을 좀 해야 하지만, 성공한다면 당신이 먹을 수 있는 것 중에서 가장 큰 것을 먹었다는 만족감을 얻게 될 거예요.

---

* 인용: 트레이시 V. 윌슨(Tracy V. Wilson), 팟캐스트 〈역사 수업에서 놓친 것들〉 진행자. 이 질문을 받았을 때 마침 요리용 저울과 휘핑크림을 손에 들고 있었음.

구름		
성분표		
크기: 구름 한 개		
하늘 하나에 포함된 수: 셀 수 없음		
총칼로리: 0		
		하루 권장량
총지방: 0g		0%
포화지방: 0g		0%
불포화지방: 0g		0%
콜레스테롤: 0g		0%
나트륨: 0g		0%
총탄수화물: 0g		0%
식이섬유: 0g		0%
설탕: 0g		0%
단백질	벌레 몇 마리가 포함될 수 있음	
칼슘: 0g		철: 0g
마그네슘: 0g		아연: 0g
*철 덩어리를 증발시키려는 사람과 이웃한 곳에 살고 있다면 철 함량은 더 높을 수 있음		

구름을 재활용 병에 보관하는 것만 잊지 마세요. 플라스틱을 그렇게 많이 낭비할 필요는 없으니까요!

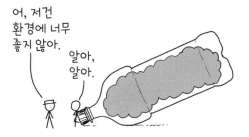

39. 일몰을 늦추는 법이 궁금하다면

키가 각각 159센티미터와 206센티미터인 사람이
나란히 서서 일몰을 보고 있다고 해봐요.
키가 큰 사람은 작은 사람보다
얼마나 더 오래 태양을 볼 수 있을까요?

- 라스무스 번드 닐슨 Rasmus Bunde Nielsen

1초 이상 더 오래 봅니다!

키가 큰 사람에게는 태양이 더 늦게 져요. 높이 올라갈수록 지평선 너머 더 멀리 볼 수 있기 때문이죠.

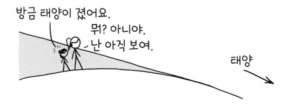

일몰이 늦을 뿐만 아니라 키가 큰 사람에게는 일출도 더 빠릅니다. 일반적으로 그들에게는 낮이 더 길다는 말이죠. 적도 근처의 해수면 높이에 있다면, 2.5센티미터 높아질 때마다 1년에 낮이 약 1분 더 길어지고, 더 높은 위도에서는 더 길어집니다. 해발 30미터에서는 효과가 더 작지만, 2.5센티미터 높아질 때마다 1년에 낮이 최소 10초는 더 길어져요.

반면 키가 큰 사람은 더 강한 바람을 맞고, 계단을 오를 때 더 자주 머리를 부딪치고, 거미줄에 더 자주 걸리고, 우연히 부비 트랩*이 있는 고대 신전을 돌아다니다가 흔들리는 칼에 목이 잘릴 가능성이 더 높죠. (이런 일이 일어날 확률이 정확하게 얼마인지는 모르지만, 높이에 따라 증가한다는 건 알고 있습니다.)

칼의 죽음 방정식

$$P_D = Ah$$

P_D = 흔들리는 칼에 죽을 확률
h = 높이
A = 미지의 상수

해수면 근처에서 지평선을 잘 볼 수 있다면 이 높이 효과를 이용하여 일몰과 일출을 두 번 연속해서 볼 수 있어요. 빠르게 올라갔다가 내려올 수 있는 계단, 사다리, 혹은 언덕만 있으면 됩니다.

---

* 건드리거나 들어 올리면 폭발하도록 임시로 만든 장치. - 편집자

이것은 일몰 때보다는 일출 때 하기가 더 쉬워요. 계단을 빠르게 올라가는 것이 내려가는 것보다 더 어렵기 때문이죠. 하지만 그건 일찍 일어나야 한다는 걸 의미합니다.

반면, 더 많은 태양 빛을 받는 것이 목표라면 일찍 일어나는 것은 그 자체로 보상이 될 수 있어요. 당신이 해수면 근처에 살고 있고 보통 늦게 잠자리에 든다면, 매일 10초 일찍 일어나는 것으로 6미터 높이를 더하는 것과 같은 양의 추가 햇빛을 받을 수 있습니다.

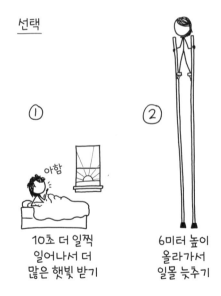

그래도 역시 잠을 자는 건 좋습니다.

40. 용암으로 램프를 만든다면

진짜 용암으로 램프를 만들면 어떻게 될까요?
투명 가로막은 무엇을 사용하면 될까요?
얼마나 가까이에서 불빛을 지켜볼 수 있을까요?

– 캐시 존스톤 Kathy Johnstone**, 6학년 선생님(학생의 질문)**

이 책의 시리즈 기준으로 놀라울 정도로 합리적인 아이디어입니다.

그러니까, **그렇게** 합리적이지 않다는 말이죠. 최소한 당신의 교사 자격증과 앞줄에 앉아 있는 몇몇 학생들을 잃을 수 있을 거라고 추정합니다. 하지만 해볼 수는 있어요.

교실의 절반을 붉고 뜨거운 방울들로 부수고 뒤덮지 않기 위해서 용암을 담을 투명한 재료를 몇 개 선택할 수 있습니다. 융합된 수정 유리가 훌륭한 선택이 될 거예요. 강력한 세기의 전구에 사용하는 것과 같은 재료죠. 강력한 세기의 전구 표면의 온도는 중간 지역의 용암 온도까지 쉽게 올라갈 수 있어요.[*] 또 다른 후보는 사파이어예요. 2,000도까지 고체로 유지되고 고온 실험실의 창으로 흔히 사용되죠.

투명 가로막으로 무엇을 사용할 것인가에 대한 질문은 더 미묘합니다. 낮은 온도에서 녹는 투명한 유리를 발견한다고 해보죠. 뜨거운 용암에서 나오는 불순물이 유리를 가리는 것을 무시한다고 해도 문제가 하나 있어요.[†]

용융된 유리는 투명합니다. 그런데 왜 투명하지 않은 것처럼 **보일**까요?[‡] 답은 간단합니다. 빛을 내기 때문이죠. 뜨거운 물체는 흑체[§] 복사를 합니다. 용융된 유리는 용융된 용암처럼 빛을 내죠. 빛을 내는 이유도 같습니다.

---

[*] 무대 조명으로 사용되는 일부 전구는 최대 1,000도까지 견딜 수 있다고 광고하고 있어요. 많은 형태의 용암보다 더 높은 온도죠.

[†] 나중에 학교 운영위원회가 이 사실을 알게 되면 문제가 하나 더 생기겠죠.

[‡] 서로 모순되게 들리죠. "이 음악은 시끄럽지만 시끄럽게 **들리지** 않아요."

[§] 모든 파장의 전자기파를 완전하게 흡수하는 물체. – 편집자

 그러니까 용암 램프의 문제는 램프의 절반이 똑같이 밝다는 것과 용암을 보기가 어렵다는 것입니다. 램프의 위쪽 절반에는 아무것도 덮지 않기로 시도해볼 수도 있습니다. 충분히 뜨겁다면 용암 거품은 그 자체로 램프가 될 수 있으니까요. 불행히도 램프 **자체도** 용암과 접촉할 거예요. 사파이어는 쉽게 녹지 않겠지만 빛을 내서 용암이 안에서 무슨 일을 하는지 보기 어렵게 만들 것입니다.

 이것을 아주 밝은 전구로 만들어내지 않는다면 용암 램프는 빠르게 식을 거예요. 실제 세계에서 땅에 떨어진 용암 덩어리처럼 램프는 굳어서 1분 이내에 빛을 내기를 멈출 것입니다. 수업 시간이 끝날 때쯤에는 데지 않고 만질 수 있게 될 거예요.

 굳은 용암 램프는 세상에서 가장 지루한 무언가입니다. 하지만 이 시나리오 때문에 궁금해졌어요. 용융된 용암으로 램프를 만드는 것이 그렇게 흥미롭지 않다면 램프로 만들어진 화산은 어떨까요?

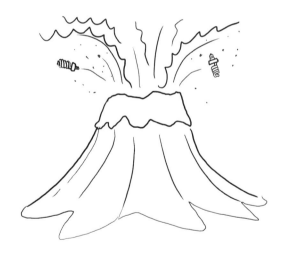

 이건 아마도 제가 한 가장 쓸모없는 계산이겠지만* 세인트헬렌스산이 오늘 다시 폭발을 하는데, 테프라† 대신 압축된 형광등을 내뱉는다면 어떨까요?

---

* 맞아요. 그럴 **리가** 없어요.
† '화산에서 나오는 모든 것'을 의미하는 기술적인 용어.

만일 그렇다면 대기로 방출되는 수은은 사람이 만들어서 방출하는 모든 수은을 합친 것보다 수십, 수백 배 더 많을 것입니다.[*]

더 많이 알수록

이 주장의 나머지 부분이 무엇인지 전혀 명확하지 않은 점이 마음에 들어요.
"더 많이 알수록…" 그래서? 더 행복한가요? 더 문화적인 사람이 되나요?
하찮은 죽느냐 사느냐 대회에서 더 잘 살아남나요?
제가 이 쇼를 한다면 저는 이것을 "당신이 방금 배웠잖아요"로 바꿀 거예요.

종합적으로, 용암으로 용암 램프를 만드는 것은 용두사미라고 생각합니다. 개인적으로는 세인트헬렌스산이 압축된 형광등을 분출하지 않는 것도 다행이라고 생각합니다. 그리고 제가 만일 존스톤 선생님 반 학생이라면 교실 뒤쪽에 앉겠습니다.

---

[*] 사람이 만들어서 방출하는 수은의 45퍼센트는 금을 얻는 과정에서 나옵니다.

41. 냉장고로 지구를 식힌다면

모든 사람이 야외에서 냉장고나 냉동고의 문을 동시에 연다고 가정해봐요. 그 정도의 냉기로 온도를 낮출 수 있을까요? 대략 3도를 낮추려면 얼마나 많은 냉장고가 필요할까요? 온도를 더 낮추려면 얼마나 필요할까요?

- 니컬러스 미티카 Nicholas Mittica

냉장고는 주위를 식히지 않고 데워요.

냉장고는 내부의 열을 밖으로 뽑아내는 방식으로 작동합니다. 안쪽이 차가워질수록 바깥쪽은 뜨거워져요. 문을 열어두면 냉장고는 끊임없이 앞에서 열을 빨아들여 코일을 통해서 공기로 방출하고, 그 공기는 다시 안으로 흘러 들어옵니다. 그러고는 이 과정을 반복합니다. 마치 언덕 위로 바위를 밀어 올리는 시시포스처럼요.

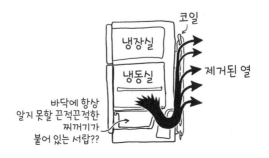

이 열을 순환시키기 위해서 냉장고는 전기를 사용하고, 이것은 추가적인 열을 만듭니다. 냉장고 문을 열어두면 냉장고는 완전한 출력으로 작동되는데, 그러면 약 150와트를 소비합니다. 내부에서 뒤쪽 코일로 무의미하게 전달되는 열 위에 150와트 상당의 열이 추가적으로 주위 환경에 버려진다는 말이죠.

추가적인 150와트의 열은 지구의 평균온도를 높이기는 하지만 아주 약간이에요. 현재 수억 가구가 냉장고를 가지고 있지만, 80억 인구 모두가 냉장고를 하나씩 가지고 있다고 가정하고 모두 야외에서 하루 24시간 주 7일 동안 쉬지 않고 냉장고를 가동한다 하더라도 지구의 온도는 0.001도보다 조금 오를 거예요. 측정할 수 없는 정도죠.

직접 버려지는 열은 무시할 정도라고 해도 이 냉장고들은 지구를 더 뜨겁게 만들 거예요. 우리가 집에서 쓰는 엄청난 양의 전기는 화석연료를 태워서 얻습니다. 야외에 있는 80억 개의 냉장고가 2022년의 미국과 비슷하게 여러 에너지원에서 전력을 얻는다면 매년 지구 대기에 약 60억 톤의 이산화탄소를 더할 거예요. 지구 전체에서 방출하는 양의 약 15퍼센트입니다.

이 냉장고들이 나머지 21세기 동안 같은 비율로 이산화탄소를 방출한다면, 기후 모형으로 볼 때 지구온난화에 0.3도를 추가로 더할 거예요. 인간이 만든 온난화의 원인 중 1등입니다.

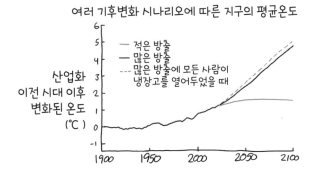

여러 기후변화 시나리오에 따른 지구의 평균온도

이것을 다른 무의미한 일들과 어떻게 비교할 수 있을까요? 그리스신화에서 시시포스는 언덕 위로 영원히 바위를 굴립니다. 《오디세이》에서 호머는 그가 아주 열심히 일을 했다고 분명하게 서술하고 있어요.

> 그리고 나는 시시포스가 엄청난 바위를 두 손으로 끝없이 밀어 올리는 것을 보았다. 그는 손과 발을 이용해서 언덕 꼭대기로 바위를 굴려 올렸다. 하지만 언제나 바위를 반대편으로 굴려 넘기기 직전에 바위의 무게가 그가 견디기에 너무 무거워져서 그 무자비한 바위는 다시 바닥으로 무섭게 굴러 내려갔다. 그러면 그는 다시 언덕 위로 바위를 밀어 올리기 시작했다. 그의 몸에서는 땀과 열기가 뿜어져 나왔다.
>
> 《오디세이》, 새뮤얼 버틀러Samuel Butler 번역, 1900년판

울트라마라톤 선수들에게서 얻은 데이터는 장시간 견디면서 인간이 할 수 있는 일의 한계는 쉬고 있을 때 대사 비율의 2.5배라는 것을 보여줍니다. 시시포스가 칼로리를 어떻게 얻는지 합리적으로 추정할 방법은 떠오르지도 않지만, 소비를 많이 하는 것은 분명합니다. 그래서 유명한 레슬러이자 배우인 드웨인 존슨Dwayne Johnson을 대역으로 활용해보죠. 존슨의 키와 몸무게를 찾아서 대사량 계산기에 넣었더니 하루 2,150칼로리, 즉 105와트가 나왔습니다.

	코린트의 시시포스	드웨인 존슨
아주 강함	예	예
계속해서 죽음을 벗어나는 이야기로 유명함	예 (시시포스의 신화)	예 (분노의 질주 시리즈)
한때 신의 지위에 있었음	예 (타르타로스의 타나토스)	예 (모아나의 마우이)
키와 몸무게를 쉽게 검색할 수 있음	아니오	예

105와트를 시시포스의 대사량으로 이용하면 그가 장기적으로 사용하는 최대 에너지는 260와트입니다. 열려 있는 냉장고보다 약간 많네요.

그러니까 당신의 앞마당에서 아무 이유 없이 에너지를 낭비하는 무의미한 일을 하고 싶다면 냉장고를 돌리는 대신 시시포스에게 바위를 언덕 위로 밀어 올리게 하세요. 그러면 전기 요금도 아끼고 기후변화 효과도 미미할 겁니다. 재활용 가능한 에너지원(지옥의 신 하데스의 무한한 악의)에서 나오는 에너지를 사용하니까요.

환경 점수

	낮음 ─────────── 높음
석탄	●
석유	●
천연가스	●
핵에너지	●
태양에너지	●
풍력	●
하데스의 악의	●

시시포스를 데려올 수 없다면 대신 드웨인 존슨에게 도움을 얻으면 됩니다.

'더 락'(드웨인 존슨의 레슬러 이름-옮긴이)

드웨인 존슨

42. 피를 마셔 혈중알코올농도를 높이려면

취한 사람의 피를 마셔서 취할 수 있을까요?

– 핀 번 Fin Byrne

많은 피를 마셔야 할 거예요.

사람은 약 5리터, 혹은 열네 잔의 피를 가지고 있습니다.

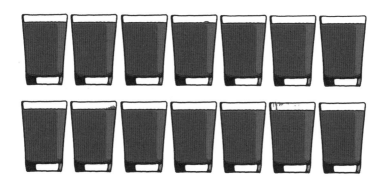

기억하세요. 당신은 하루에 여덟 잔의 피를 마십니다.

피의 0.5퍼센트 이상이 알코올이면 죽을 가능성이 아주 높아요. 1퍼센트 이상의 혈중알코올농도로도 살아남은 경우가 드물게 있긴 하지만, LD50(50퍼센트의 사람이 죽는 수준)은 0.40(0.4퍼센트)입니다.

어떤 사람의 혈중알코올농도가 0.40이고, 당신이 그의 피 열네 잔을 짧은 시간 동안에* 모두 마신다면 당신은 구토할 거예요.

5리터의 피를 토하는 모습을
그리고 싶진 않아요.

그래서 대신 다람쥐를 그렸습니다.

알코올 때문에 토하는 것은 아니에요. 피를 마셨기 때문에 토하는 거죠. 토하는 것을 피했다면 당신은 총 20그램의 알코올을 먹은 것입니다. 맥주 약 500밀리리터에서 얻을 수 있는 양이에요.

체중에 따라 다르지만, 그만큼의 피를 마시면 당신의 혈중알코올농도는 0.05로 올라갈 수 있습니다. 이것은 많은 주에서 합법적으로 운전을 할 수 있을 정도로 낮지만, 동시에 운전을 한다면 사고 위험이 두 배가 될 정도로 높아요.

혈중알코올농도가 0.05가 되었다면 다른 사람 피에 있는 알코올의 8분의 1만이 흡수되었다는 말입니다. 당신이 이 피를 모두 마신 후에 누군가가 당신을 죽이고 **당신**의 피를 마신다면† 그의 혈중알코올농도는 0.006이 될 거예요. 이 과정을 약 25회

---

* 당신이 누군가의 피를 모두 마신다면 그가 죽을 확률은 100퍼센트입니다.

† 그러면 공평하죠.

반복하면 마지막 사람의 피에는 여덟 개 이하의 에탄올 분자가 남을 것입니다. 몇 번 더 반복하면 완전히 없어집니다.* 그냥 평범한 피를 마시는 거죠.†

알코올이 들어 있든 그렇지 않든 열네 잔의 피를 마시는 것이 즐겁지는 않을 거예요. 이 주제에 대한 의학 문헌이 많지는 않지만, 일부 특별한 경고성 인터넷 포럼에서의 일화성 증거에 따르면 평범한 사람은 500밀리리터 이상의 피를 마시려고 하면 구토를 합니다. 이 그림처럼요.

피를 규칙적으로 마시면 오랜 시간 동안 쌓인 철 때문에 철분 과다 장애가 나타날 수 있습니다. 반복적으로 수혈을 받는 사람에게 나타나는 이 증세는 피 뽑기 치료를 해야 하는 드문 경우 중 하나가 될 수 있습니다.

아마 한 사람의 피를 마신다고 해서 철분 과다 장애가 나타나지는 않을 겁니다. 생길 **수 있는** 병은 혈행성 감염 질환입니다. 이런 병은 대부분 위에서 살아남지 못하는 바이러스에 의해 생기지만, 마실 때 입이나 목구멍에 있는 상처를 통해 피로 쉽게 침입할 수 있습니다.

감염된 사람의 피를 마셔서 걸릴 수 있는 병은 B형과 C형 간염, HIV, 그리고 한타바이러스와 에볼라와 같은 바이러스성 출혈열입니다. 저는 의사가 아니기 때문에 이 책에서 의학적인 충고를 하지는 않을 거예요. 하지만 바이러스성 출혈열에 걸린 사람의 피를 마셔서는 안 된다고는 확신을 가지고 말할 수 있습니다.

---

* 동종 요법 기준으로는 아직 꽤 높은 농도예요.

† 루저처럼요.

하지 말아야 할 일들
(업데이트 목록)

#156,818 지구의 지각 벗겨내기
#156,819 사하라사막을 손으로 페인트칠하기
#156,820 다른 사람의 뼈를 허락 없이 제거하기
#156,821 정부 예산 100퍼센트를 모바일 게임 인앱 구매에 사용하기
#156,822 용암 램프를 진짜 용암으로 채우기
#156,823 (신규!) 바이러스성 출혈열에 걸린 사람의 피 마시기

피를 마시거나 먹는 것은 들어본 적이 없다고들 말합니다. 이것은 많은 문화에서 금기로 되어 있지만, 대부분 피로 이루어진 '블랙푸딩'은 영국의 전통 음식이고 전 세계에 비슷한 음식이 있어요. 동아프리카의 마사이 목축인들은 한때 주로 우유를 먹고 살았지만, 가끔씩 피를 마시기도 했습니다. 젖소에서 뽑은 피를 우유에 섞어 극단적인 단백질 셰이크로 만들어서요.

결론은 누군가의 피를 취할 정도로 마시는 것은 아주 어렵고, 아마도 아주 불쾌하고, 심각한 병에 걸릴 수도 있다는 것입니다. 그 사람이 얼마나 취했는지는 중요하지 않아요. 피 자체가 술보다 훨씬 전에 당신 몸에 이상을 일으킬 거니까요.

43. 지구의 회전을 빠르게 만들려면

농구공을 손가락 위에 올려놓고 균형을 잡으면서
옆면을 때려 더 빠르게 회전시키는 기술 아시죠?
유성이 지구에 충분히 가까이 지나가면
손으로 농구공을 때리는 것처럼
지구를 더 빠르게 회전시킬 수 있나요?

- 제인 프레슐리 Zayne Freshley

그렇습니다!

이건 안 될 것처럼 보이지만 실제로는 **정확히** 그렇게 되는 것 중 하나입니다.

기본적으로 같은 것

유성이 지구를 때리거나 대기를 통과하여 지나가면 지구의 회전에 영향을 줍니다.

유성은 지구 대기로 들어올 때 보통은 정확하게 직선으로 들어오지 않아요. 이쩌다 정확하게 똑바로 들어오는 것이 아니라면 비스듬히 때려서 지구에게 어떤 방향으로 회전을 줍니다. 동쪽으로 들어오면 지구의 회전을 빠르게 만들고, 서쪽으로 들어오면 느리게 만들어요.

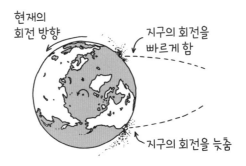

우주에서 지구를 스치고 날아가는 유성은 지구의 회전에 측정될 만한 영향을 주지 않아요. 지구와 물리적인 접촉을 해야 합니다. 하지만 꼭 땅에 닿을 필요는 없어요. 유성이 대기에서 타면 그 잔해는 공기를 세게 밀고, 움직이는 공기의 일부는 마찰력으로 땅을 당깁니다.

유성이 대기를 통과하여 우주로 돌아간다 해도 대기에서 잃어버리는 운동량의 상당량은 결국에는 지구의 회전에 전해집니다. 지구를 스치는 이런 파이어볼^{fireball}은 드물지만 1972년 미국 서부와 캐나다 상공의 대기를 스쳐 지나간 것이 별 관찰자, 자동 망원경, 레이더에 의해 관측되었습니다.

지구는 크기 때문에 치명적인 유성 충돌로도 하루의 길이가 그렇게 크게 바뀌지는 않아요. 지름 100킬로미터의 충돌구를 남긴, 공룡을 멸종시킨 칙술루브 충돌도 하루의 길이를 겨우 몇 밀리초밖에 바꾸지 못했습니다. 대부분의 경우 몇 밀리초의 변화는 알아차리기에 충분하지 않습니다. 그것을 보정하기 위해서 매년 약간의 시간을 추가해야 하는 것을 의미하긴 하지만요.

달이나 행성과 비교할 만한 크기의 무언가가 우리를 때리면 훨씬 더 엄청난 파괴가 일어나면서 하루의 길이가 크게 변할 수 있어요. 우리는 지구가 만들어질 때 화성 크기의 물체가 지구를 때려 그 잔해에서 달이 만들어졌다고 생각합니다. 그 충돌은 아마도 하루의 길이를 크게 바꾸었을 거예요. 어떤 면에서는 이것은 한 달의 길이에 **더 큰** 변화를 만들었습니다.

달! 이제 현실이 되었습니다!

최초의 달력

…처음으로 한 달이라는 것을 만들었으니까요.

44. 거미 대 태양의 승부가 궁금하다면

태양과 거미들 중 어느 것이 나에게
더 큰 중력을 미치나요? 당연히 태양이
훨씬 더 크지만 훨씬 더 멀리 있기도 하잖아요.
고등학교 물리 시간에 배운 바에 따르면
중력은 거리의 제곱에 비례하여 약해지잖아요.

- 마리나 플레밍 Marina Fleming

문자 그대로의 의미로, 이 질문은 전적으로 합리적입니다. 완전히 말이 안 되는 질문으로 쉽게 바꿀 수 있긴 하지만요.

한 마리의 거미가 당기는 중력은 거미가 아무리 크다 해도 절대 태양을 이길 수

없어요. 새를 먹는 골리앗버드이터Goliath birdeater*는 큰 사과 정도의 무게입니다.[†] 당신이 최대한 가까이 다가가도 태양이 당기는 중력이 여전히 5,000만 배 더 강해요.

나는 확실히 저쪽 방향으로 끌려.

세상에 있는 모든 거미들이라면 어떨까요?

우리가 언제나 거미에게서 몇 미터 이내에 있다는 주장을 담은 잘 알려진 기사가 있어요. 이것은 정확하게 사실은 아닙니다. 거미는 물에 살지 않기 때문에[‡] 수영을 하면 거미에게서 멀어질 수 있어요. 그리고 건물에는 들판이나 숲만큼 거미들이 많지 않습니다. 하지만 당신이 야외 어딘가에 있다면, 심지어 툰드라 지역에 있어도 아마 몇 미터 이내에 거미가 있을 거예요.

그 기사가 정확하게 사실이든 아니든 거미는 놀라울 정도로 많습니다. 정확하게 얼마나 많은지 말하기는 어렵지만 대략적인 추정은 해볼 수 있어요. 2009년 브라질에서 이루어진 거미 밀도 연구는 숲의 바닥 1제곱미터당 한 자릿수 밀리그램의 거미가 있다는 것을 알아냈습니다.[§] 전 세계 육지 면적의 약 10퍼센트에 이 정도 밀도의 거미가 있고 다른 곳에는 전혀 없다고 가정하면, 전 세계에는 2억 킬로그램의 거미가 있습니다.[¶]

우리가 얻은 숫자는 아주 대략적이지만 마리나의 질문에 답을 하기에는 충분해요. 거미들이 지구 표면에 고르게 분포하고 있다고 가정하면, 뉴턴의 껍질 정리를 이용하여 거미 전체가 지구 바깥에 있는 물체에 미치는 중력을 계산할 수 있습니다. 계산을 해보면 태양의 중력이 10^{13}배 더 강하다는 것을 알 수 있어요.

이 계산에는 사실이 아닌 몇 가지 가정이 있어요. 거미들은 연속적으로 분포하는

---

* 위키피디아에 따르면 이름과는 달리 '아주 가끔씩만 새를 먹는다'고 되어 있습니다.

† 과일을 의미하건 아이폰을 의미하건 맞습니다. 그 거미는 그 정도 무게가 나가요.

‡ 물거미는 예외입니다.

§ 이건 말린 거미 질량이에요. 살아 있는 무게를 구하려면 3이나 4를 곱해야 합니다.

¶ 뉴질랜드와 영국의 들판과 목초지에서 이루어진 조사에는 1제곱미터당 두 자릿수의 거미가 발견되었어요. 각각의 거미 무게가 1밀리그램이고 역시 지구 육지의 약 10퍼센트에 이 정도 밀도의 거미가 있다고 가정하면 거미의 전체 생물 질량은 1억~10억 킬로그램입니다. 우리가 처음 한 계산과 대략 일치하네요.

것이 아니라 불연속적으로 분포합니다.* 그리고 어떤 지역에는 다른 곳보다 거미가 더 많아요. 우연히 당신 근처에 아주 많은 거미가 있다면 어떨까요?

> 네가 어디를 가든 인간에게서 1미터 이상 떨어질 수 없대.
> 심각하군.

2009년 메릴랜드주 볼티모어에 있는 한 정수장에서는 자신들이 '극한 거미 상황'에 처했다는 사실을 발견했어요. 미국곤충학회에서 발표된 매력적이면서도 무시무시한 논문에† 따르면 8,000만 마리로 추정되는 왕거밋과 거미가 농장을 장악하여 모든 표면을 두터운 거미줄로 덮었습니다.‡

이 거미들 전체의 중력은 얼마나 될까요? 먼저 이들의 질량이 필요합니다. 〈왕거밋과 거미의 매혹적인 카니발리즘: 경제 모형〉§ 이라는 제목의 논문에 따르면 수컷은 약 20그램이고 암컷은 그보다 몇 배 큽니다. 그러니까 당신이 2009년에 볼티모어 정수장 옆에 서 있었다 해도 그 안에 있는 거미들이 당긴 힘은 여전히 태양의 50,000,000분의 1밖에 되지 않아요.

어느 방향을 보든, 우리는 거대한 별이 완전히 지배하고 있는 세상에서 작은 거미들에게 둘러싸여 살고 있습니다.

이봐요, 그 반대가 아니에요.

---

* 거미들은 양자화되어 있습니다.

† 이 논문의 결론은 이런 도저히 믿기 어려운 문장을 포함하고 있습니다.
  개선을 위해 우리가 제안하는 것에는 다음과 같은 일반적인 지점들이 포함되어 있다.
  1) 현장에 있는 사람들은 거미들이 무해하다는 사실을 재차 확인받아야 하고, 거대한 거미줄로 덮인 시설은 기록적인 자연의 놀라운 역사적 자료로 긍정적인 조명을 받아야 한다.

‡ 그리고 다음에는 거미들이 표면을 덮었습니다.

§ 다른 논문인 〈늑대거미의 교미 전후 매혹적인 카니발리즘의 균형〉과 혼동하지 마세요. 이것도 역시 실제로 있는 논문입니다.

45. 죽은 피부를 통해 사람을 들이마신다면

집 안 먼지의 최대 80퍼센트가 죽은 피부로
이루어져 있다면 한 사람이 평생 동안
얼마나 많은 사람들의 피부를 들이마시게 될까요?

– 그렉^{Greg}, 남아프리카공화국 케이프타운

좋은 소식: 당신은 사람을 들이마실 수 없고, 대부분의 먼지도 죽은 피부가 아니에요.

> 대부분의 먼지가 죽은 피부가 아니라는 것을
> 알게 되어 다행이야. 그건 너무 징그러워.

> 네가 알게 될 다른 사실에
> 대한 나쁜 소식이 있어!

집 안 먼지의 대부분이 죽은 피부라는 주장은 널리 퍼져 있어요. 검색을 해보면 이 주장을 지지하거나 반박하는 기사를 많이 찾을 수 있습니다.* 이 문제의 답을 확

---

* 유튜브 채널 Veritasium의 운영자 데릭 멀러(Derek Muller)는 1967년 네덜란드의 표준 청소법에 대한 1981년 의 책을 인용하며 이 질문에 대한 긴 영상을 만들었습니다. 그는 결국에는 "와우, 피부가 정말 많군요" 편 에 섰어요.

정하기 어려운 이유 중 하나는 집 안의 먼지가 특정한 한 가지로 이루어진 게 아니기 때문입니다. 집 안의 먼지는 집 주변에 놓여 있는 모든 것에서 오는 지저분한 샐러드나 마찬가지예요. 여기에는 흙, 꽃가루, 섬유 조각, 과자 부스러기, 설탕 가루, 반려동물의 털과 비듬, 플라스틱, 그을음, 사람이나 동물의 털, 가루, 유리, 매연, 진드기, 그리고 정체를 알 수 없는 수많은 오물이 함께 뭉쳐 있는 덩어리가 포함되어 있습니다.

거기에는 분명 피부가 일부 포함되어 있지만 보통은 주재료는 아니에요. 사무실과 학교 바닥에서 나온 먼지를 조사해보니 대부분은 유기물질이 아니었습니다. 그리고 1973년 《네이처》에 발표된 연구에서는 다양한 환경에서 피부 세포는 떠다니는 먼지의 0.4~10퍼센트를 차지하고 있다는 것을 알아냈어요.

우리는 실제로 엄청난 양의 죽은 세포를 쏟아내고 있습니다. 우리는 한 시간당 약 50밀리그램의 세포를 내놓지만 피부의 대부분은 공기 중으로 날아가지 않아요. 우리가 매시간 50밀리그램의 피부 먼지를 공기 중으로 방출한다면 집은 석탄 광산이나 목재소처럼 먼지가 많을 거예요. 그런데 공기가 항상 먼지로 가득 차 있지는 않으니까 이건 어딘가 다른 곳으로 가야 합니다. 일부는 빠르게 바닥으로 가라앉지만 많은 양은 씻을 때 씻겨나가고, 옷에 묻어 있다가 세제에 의해 씻겨나가거나 베개와 침대에 남아 있습니다.

떠다니는 피부 먼지의 양을 최대화하는 방법을 찾아냈다 하더라도 한 사람을 들이마실 수는 없을 거예요. 피부 먼지를 방으로 뿜어내는 기계를 만들어 피부 먼지의 밀도를 세제곱미터당 10밀리그램으로 높인다 해도(석탄 광산 노동자의 먼지 노출 한계를 넘어설 정도로 먼지 많은 공기가 됩니다) 평균적인 수명 동안 약 3킬로그램의 피부 세포밖에 들이마실 수 없을 거예요.

그러니까 아니에요. 당신은 사람 한 명을 들이마실 수 없어요. 하지만 편안히 마음 놓을 정도보다 더 많은 양을 들이마실 **수는** 있습니다.

그리고 피부에 대한 질문에 더 대답하고 싶지도 않아요.

46. 사탕을 부숴 번개를 만들려면

얼마나 많은 윈트오그린 라이프 세이버^{Wint-O-Green Life Savers} 사탕을 부숴야 실제 크기의 번개를 만들 수 있을까요?

- 바이얼릿 M.^{Violet M.}

수십억 개요.

어둠 속에서 설탕을 부수면 빛을 방출해요. 이 현상을 마찰발광이라고 합니다. 그 빛은 아주 약하지만, 라이프 세이버의 옛날 윈트오그린 맛 사탕은 맛을 내는 데 사용한 첨가물 덕분에 특히 밝은 빛을 만드는 것으로 유명합니다. 마찰발광에 의해 설탕에서 방출되는 대부분의 빛은 자외선이지만 어떤 라이프 세이버 제품에는 형광 물질인 살리신살메틸을 포함하고 있어요. 이것은 보이지 않는 자외선을 흡수하여 보이는 푸른빛을 방출합니다.

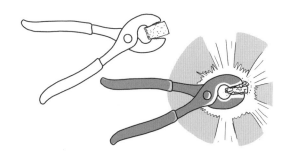

우리는 마찰발광을 정확하게 이해하지 못하고 있어요.

물질을 긁거나 조각으로 쪼갤 때 간혹 전하가 부딪쳐서 에너지를 방출하는 방식으로 떨어집니다. 하지만 원자들이 서로 부딪치는 방법은 아주 많고, 과학자들은 어떤 특정한 실험에서 정확하게 어떤 효과들이 결합하여 빛을 만들어내는지 알아내는 데 어려움을 겪고 있어요.

450그램중의 힘으로 라이프 세이버를 깨물어 부순다면, 설탕 결정에 약 20줄의 역학적 에너지를 전달하는 것입니다.* 번개가 약 50억에서 100억 줄의 에너지를 가지고 있으니까 그 정도의 에너지를 얻으려면 50억에서 100억 개의 라이프 세이버를 부숴야 합니다.

---

* 일부 마찰발광에는 저장된 화학에너지가 방출되는 것이 포함되어 있을 수 있습니다. 그러면 정해진 빛을 내는 데 필요한 라이프 세이버의 수를 줄일 수 있어요.

라이프 세이버를 부수는 일은 실제로 불꽃을 만들지 않습니다. 문손잡이를 만질 때 생기는 불꽃이 진짜 불꽃이죠. 이것을 자세히 보면 작은 번개처럼 보입니다. 하지만 라이프 세이버가 깨지는 느린 영상 사진을 자세히 보면 번개가 보이지 않아요. 설탕은 깨질 때 섬광전구처럼 잠깐 빛날 뿐이에요. 하지만 모양은 달라도 라이프 세이버 불빛과 번개는 많은 공통점을 가지고 있습니다. 둘 다 물질을 물리적으로 서로 문지를 때 전하들이 떨어지는 과정이 포함되어 있어요. 그리고 둘 다 이 전하들이 중화될 때 방출되는 에너지로 빛이 납니다.

그리고 더 근본적으로 들어가면, 우리는 번개도 이해하지 못하고 있어요. 우리는 폭풍의 상승기류가 폭풍의 꼭대기와 바닥 사이에 전하를 쌓는다는 것을 알고 있고, 비나 얼음에 부는 바람이 관련되어 있다고 생각하고 있지만, 전하들이 어떻게 분리되는지에 대한 자세한 내용은 여전히 미스터리입니다.

4

짧은 대답들

아니요. 광견병에 걸린 동물을 먹는 것은 안전하지 않고 광견병이 옮을 수도 있어요. 감염된 동물을 먹어서 바이러스가 침입한 것으로 파악되는 광견병 환자에 대한 의학 기록이 몇 개 있습니다.

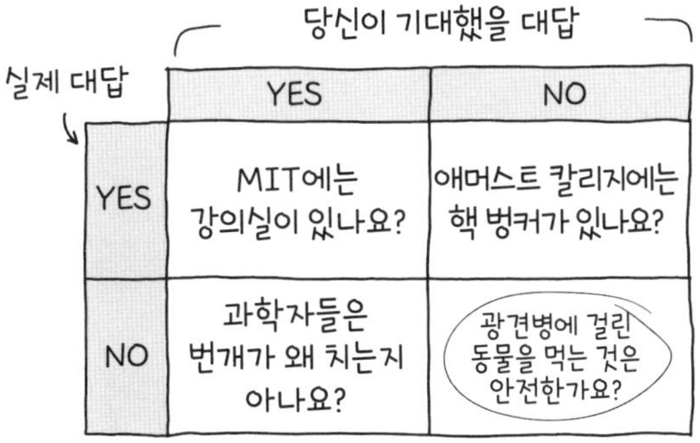

	당신이 기대했을 대답	
실제 대답	YES	NO
YES	MIT에는 강의실이 있나요?	애머스트 칼리지에는 핵 벙커가 있나요?
NO	과학자들은 번개가 왜 치는지 아나요?	광견병에 걸린 동물을 먹는 것은 안전한가요?

Q 지구의 핵이 갑자기 열 만들기를 멈추면 어떻게 되나요?
― 로라Laura

솔직히, 우리는 괜찮을 거예요.

지구의 갑작스러운 물리적 변화는 이론적으로는 지각의 압력을 변화시켜 지진과 화산을 일으킬 수 있습니다. 하지만 지구의 핵이 열을 만들어내는 것을 멈추게 한 무언가가 그런 짧은 시간 동안의 입력을 부드럽게 퍼지게 한다고 가정하면 열 흐름이 변하는 것은 크게 문제가 되지 않아요.

지구의 열은 대부분 태양에서 옵니다. 지각을 통해 흐르는 열은 지구 표면 전체 열 균형에서 너무나 작은 부분이기 때문에 대기에 큰 영향을 미치지 않아요. 외핵이 고체가 되어버리면 우리는 자기장을 잃게 되겠지만(2003년의 영화 〈코어〉에서와는 달리) 우주에서 오는 초단파 광선이 금문교를 반으로 잘라버리지는 않을 거예요. 이것은 지구의 상층대기를 우주로 잃어버리는 비율을 살짝 증가시키기만 할 거예요.

오랜 시간이 지나면 지구 내부의 열에서 에너지를 얻는 판의 움직임이 서서히 멈출 거예요. 판의 움직임은 지구의 온도를 유지하는 장기 탄소 순환의 핵심 부분이기 때문에 결국에는 열평형이 깨지고 바닷물이 끓어서 없어질 겁니다. 하지만 어쨌든 그런 일이 일어난다 해도 저는 걱정하지 않을 거예요.

Q 인류가 현재의 기술로 달을 파괴할 수 있나요?
— **타일러**Tyler

Q 지구온난화가 지구의 자기장을 약하게 할 수 있나요?
— **파바키**Pavaki

Q 레이저를 이용해서 뭔가를 구울 수 있나요?
— **앤드루 리우**Andrew Liu

순서대로 '아니요', '아니요', '네'입니다.

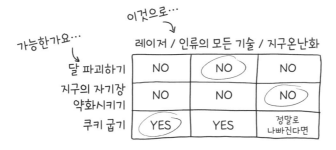

> **Q** 지구를 사과처럼 반으로 자르면 어떻게 되나요? 어디에 있으면 살아남을 가능성이 가장 높을까요?
>
> – 익명

여기

> **Q** 해파리로 가득 찬 수영장에 사람이 빠지면 어떻게 될까요?
>
> – 로렌초 벨로티Lorenzo Belotti

종에 따라 다릅니다. 제가 본 가장 큰 해파리 무리는 너무 약해서 쏘아도 알아차리지도 못할 때가 많은 물해파리입니다. 만지면 마치 끈적한 사탕처럼 놀라울 정도로 단단해요. 그러니까 그 사람은 미끈거리는 새 친구들을 만들게 될 수도 있습니다!

넌 나의 새로운 절친이야.
젤리 도넛이라고 부를게!

너희 도시로 바다가 넘치면 우리 종이
너희 거리를 떠다니며 너희가 남긴
폐허에서 먹고살 거야.

와, 너무 귀여워!

> **Q** 집의 바닥을 거대한 에어 하키 테이블로 만들어 무거운 가구를 옮기는 것이 가능할까요?
>
> **- 제이컵 우드**[Jacob Wood]

네, 저희 집 개조를 위한 다음 프로젝트가 정해졌네요.

> **Q** 저희 일곱 살 아들이 저녁을 먹으면서 감자가 몇 도에서 녹는지(진공이라고 가정합니다) 물었어요. 도와주세요.
>
> **- 슈테펜**[Steffen]

사실 감자는 어떤 온도에서도 녹지 않아요. 녹말이 부서져서 젤라틴이 됩니다. 평범한 요리 과정의 일부죠. 온도가 올라가면 다른 부분이 다른 온도에서 승화가 됩니다.

제가 알고 싶은 것은, 당신은 평소에 아이의 모든 질문에 '진공' 조건을 추가하고 아이가 정말로 그걸 의미했다고 생각하세요?

Q 중력이 없으면 비둘기가 우주로 날아갈 수 있을까요?
- 닉 에번스Nick Evans

아뇨. 새는 무중력에서 날아서 돌아다닐 수 있지만, 상층대기는 너무 춥고 비둘기는 숨을 쉬어야 해요.

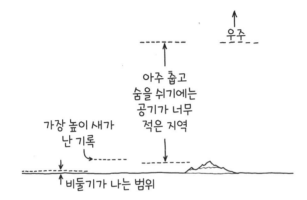

Q 은하수 속으로 앞을 보지 않고 날아다니면 별이나 행성과 부딪칠 확률이 얼마나 될까요?
- 데이비드David

은하 평면을 따라 날면서 밀집한 은하 평면에서 가능한 최대한의 시간을 보내도 별에 부딪힐 확률은 약 100억 분의 1밖에 되지 않습니다. (행성에 충돌할 확률은 1,000분의 1 더 낮아요.)

이것은 당신이 버락 오바마에게 전화를 걸기로 마음먹고, 전화기에 열 개의 숫자를 무작위로 눌러 한 번에 버락 오바마의 번호를 누르게 될 확률과 비슷해요.

하지만 은하를 가로지르는 데에는 아주 긴 시간이 걸립니다. 30초마다 전화를 걸면 모든 번호를 누르는 데에는 1만 년밖에 걸리지 않아요. 은하를 가로지르는 여행은 훨씬 더 오래 걸려요(빛의 1퍼센트 속력으로 1,000만 년). 그러니까 오바마의 번호를 누르기만 하면 이야기를 나눌 시간은 충분합니다.

삐 삐 삐 삐 삐 삐

여보세요, 버락 오바마이신가요?

삐 삐 삐 삐 삐 삐

여보세요, 버락 오바마예요…? 제길.

> **Q** 다양한 태양계 천체들에서(같은 종류는 마음대로 묶으셔도 됩니다) 무한한 공기와 따뜻한 겨울 옷만 가지고 표면에서(거대기체행성의 경우에는 표면이라고 합리적으로 생각할 수 있는 어딘가에 마법의 단상이 있다고 가정하죠) 대략 얼마 동안이나 살아남을 수 있을까요? 그러니까 헬멧과 우주복은 없고, 마법의 공기 제조기에 연결된 코와 입, 산소마스크와 시카고의 겨울 정도에 적합한 옷만 있어요. (마법의 공기 제조기를 열이나 다른 것을 만드는 데 사용하는 것 같은 잔재주는 부리지 않고요.)
>
> **- 멜리사 트리블**Melissa Trible

- 지구: 대략 100년
- 금성: 몇 주에서 몇 개월
- 다른 모든 곳: 몇 분에서 몇 시간

금성의 대기에 온도와 압력이 평소의 지구 표면 상태와 비교적 비슷한 층이 있어요. 지구와 우주선 내부를 제외하고는 태양계에서 유일한 곳입니다. 하지만 피부에 닿는 황산 안개가 금방 당신을 조금 늙게 만들 거예요.

Q 누군가가 우주에서 당신에게 모루*를 떨어뜨리면 어떻게 될까요?

– 일리노이 에번스턴에서 열 살 샘 스틸 Sam Stiehl

좋은 소식은 모루가 작기 때문에 당신에게 도착할 때쯤에는 대기가 종단속도[†]까지 속도를 늦춘다는 것이고, 나쁜 소식은 모루의 종단속도가 약 시속 800킬로미터라는 것입니다.

모루가 당신에게 떨어진다면 얼마나 높은 곳에서 떨어졌는지는 그렇게 중요하지 않을 거예요.

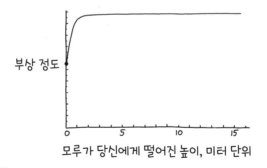

모루가 당신에게 떨어진 높이, 미터 단위

---

* 대장간에서 불린 쇠를 올려놓고 두드릴 때 받침으로 쓰는 쇳덩이. – 편집자

† 물체의 속도가 빨라지면서 증대하여 물체가 차츰 일정한 속도로 안정될 때의 속도. – 편집자

47. 토스터로 집을 데운다면

토스터로 우리 집을 난방하려면
얼마나 많이 있어야 할까요?

- 페테르 알스트룀 Peter Ahlström**, 스웨덴**

그렇게 많이 필요하지 않습니다. 토스터를 계속해서 돌리면 집에 불이 날 테니까요. 일단 불이 붙으면 당신 집은 다 탈 때까지 자체 난방을 하게 됩니다.

15분에서 20분 만에 집을
자체 난방으로 만드는
방법을 알아냈어!

하지만 집에 불이 나기 전 짧은 시간 동안에는 토스터가 아주 적당히 난방을 할 거예요.

전열기로 집을 난방하는 것은 항상 좋은 방법은 아니에요. 전기로 직접 열을 만드는 것은 일반적으로 열펌프로 밖의 공기를 데우는 것보다 효율이 떨어집니다. 그리고 어떤 곳에서는 전기가 천연가스나 석유보다 더 비싸기도 하죠. 하지만 전열기의 장점은 모두 효율이 같다는 거예요. 모든 전열기는 1와트의 전기를 공급하면 1와트의 열을 만들어냅니다.

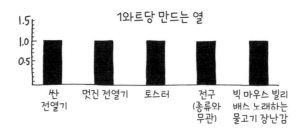

실제로, 열역학법칙들 덕분에 전기를 사용하는 거의 **모든** 기기는 결국에는 같은 비율로 그 전기를 열로 바꿉니다. 60와트의 전구는 빛을 만들지만 그 빛은 표면을 때려 열을 만들어요. 결국에는 60와트 전열기와 같이 60와트의 열을 만듭니다. 토스터, 믹서, 전자레인지, 전구 모두 전열기와 똑같이 1와트당 1와트의 비율로 열을 만들어요.

보통의 토스터는 약 1와트의 전력을 사용하고, 미국 북부의 평범한 집의 난방 시스템은 시간당 8만 4,400킬로줄을 공급해야 합니다. 2만 5,000와트에 해당되죠. 이런 집 하나를 난방하려면 약 20개의 토스터가 필요합니다.

빈 토스터를 돌리고 싶지 않다면 토스트를 많이 만들면 됩니다. 하지만 금세 당신이 먹을 수 있는 양을 능가할 거예요. 토스터 하나에 두 조각을 넣을 수 있고 토스트를 만드는 데 약 2분이 걸린다면, 시간당 약 30덩어리의 빵을 토스트로 만들 수 있습니다. 최대일 때는 중간 크기의 미국 도시의 비율로 빵을 소비하고 있을 거예요.

빵과 함께 난방을 하는 것은
정말 나쁜 아이디어야.

48. 양성자 지구와 전자 달 시나리오가 궁금하다면

지구는 전부 양성자로 이루어져 있고 달은 전부 전자로 이루어져 있다면 어떻게 될까요?

- 노아 윌리엄스^{Noah Williams}

이것은 제가 이 시리즈에 쓴 시나리오 중에서 가장 파괴적인 이야기일 거예요.

당신은 아마도 전자 달이 양성자 지구 주위를 도는 걸 상상한 것 같네요. 마치 거대한 수소 원자처럼요. 어떤 면에서는 그럴듯합니다. 어쨌든 전자도 양성자 주위를 돌고 달도 지구 주위를 도니까요. 실제로 원자의 행성 모형이 잠시 인기가 있었습니다. (원자를 이해하는 데에는 그렇게 유용하지 않다는 것이 밝혀지긴 했지만요.[*])

수소 원자의 핵은 '지구'라고 하는 하나의 양성자예요. 이것은 일곱 개의 퀴크, 그러니까 '대륙'으로 이루어져 있고…

---

[*] 이 모형은 1920년대 이전에 이미 구식이 되었지만 세일럼 교회 중학교에서 6학년 과학 수업. 제가 만든 디오라마에서 되살아났습니다.

두 전자를 함께 두면 서로 멀어지려 합니다. 전자는 음의 전기를 띠고 이 전하가 밀어내는 힘은 중력이 서로 당기는 힘보다 약 10^{36}배 더 강해요.

10^{52}개의 전자를 모아두면 (달을 만들기 위해서) 서로 너무 강하게 밀어서 각 전자들은 **믿을 수 없는** 에너지를 가지고 밀려날 거예요.

노아의 양성자 지구와 전자 달 시나리오에서는 행성 모형이 훨씬 더 잘못된 것으로 밝혀집니다. 달은 지구 주위를 돌지 않을 거예요. 전자가 서로를 밀어내는 힘이 지구와 달 사이의 당기는 힘보다 훨씬 더 강력하기 때문입니다.

일반상대성이론을 잠시 무시한다면 (다시 돌아올 거예요) 이 전자들이 모두 서로를 밀어내는 에너지가 모든 전자를 거의 빛의 속력으로 가속하기에 충분하다는 계산이 나옵니다.* 입자들을 그 정도 속력으로 가속하는 일이 드물지는 않아요. 책상 위 입자가속기(예를 들면 CRT 모니터)는 전자를 빛의 속력에 꽤 가깝게 가속할 수 있습니다. 하지만 노아의 달에 있는 전자들은 평범한 가속기의 전자보다 훨씬 더 많은 에너지를 가질 거예요. 이들의 에너지는 플랑크 에너지보다 10의 몇 제곱 배 더 클 거예요. 플랑크 에너지도 우리의 가장 큰 입자가속기가 도달할 수 있는 에너지보다 10의 몇 제곱 배 더 큽니다. 그러니까 노아의 질문은 우리를 평범한 물리학에서 아주 먼 곳, 양자 중력이나 끈 이론 같은 극히 이론적인 왕국으로 데려간다는 말이죠.

그래서 저는 닐스 보어 연구소의 끈 이론 연구자인 신디 킬러Cindy Keeler 박사에게 연락하여 노아의 시나리오에 대해 물어봤습니다.

---

* 하지만 빛의 속력을 넘지는 않습니다. 우리는 일반상대성이론은 무시하고 있지만 특수상대성이론을 무시하고 있지는 않거든요.

킬러 박사는 각 전자가 그렇게 많은 에너지를 가지는 계산을 너무 믿어서는 안 된다는 데에 동의했어요. 우리 입자가속기에서 실험할 수 있는 것보다 에너지가 너무 높기 때문입니다. 그는 이렇게 말했어요. "나는 각 입자의 에너지가 플랑크 규모를 넘는 것은 무엇도 신뢰하지 않아요. 우리가 실제로 관측한 가장 큰 에너지는 우주선 cosmic rays에 있어요. 입자가속기보다 약 10^6배 더 크죠. 하지만 그래도 플랑크 에너지에는 한참 모자랍니다. 끈 이론 연구자로서 나는 끈과 관련된 뭔가가 있다고 말하고 싶지만 실제로는, 모릅니다."

다행히 이야기가 여기서 끝나지는 않아요. 우리가 얼마나 일찍 일반상대성이론을 무시하기로 했는지 기억하나요? 이것은 일반상대성이론을 도입하는 것이 문제를 더 풀기 **쉽게** 만드는 드문 상황 중 하나입니다.

이 시나리오에는 엄청난 양의 위치에너지가 있습니다. 모든 전자들을 서로 멀리 떨어뜨리려고 하는 에너지죠. 이 에너지는 질량과 똑같이 시공간을 휘어지게 합니다. 우리의 전자 달에 있는 에너지의 양은 관측 가능한 우주 전체에 있는 질량과 에너지를 모두 합친 것과 거의 같습니다. (상대적으로 작은) 우리의 달 크기에 모여 있는 우주 전체의 질량–에너지는 시공간을 너무나 강하게 휘어지게 만들어 10^{52}개의 전자들이 서로 밀어내는 힘을 초과할 거예요.

킬러 박사는 이렇게 진단합니다. "맞아요. 블랙홀이죠." 하지만 평범한 블랙홀이 아니에요. 엄청나게 큰 전하를 가진 블랙홀이죠.[*] 그러면 다른 종류의 방정식이 필요합니다. 표준 슈바르츠실트^{Schwarzschild} 방정식이 아니라 라이스너–노르드스트룀 ^{Reissner-Nordström} 방정식이 필요해요.

라이스너–노르드스트룀 방정식은 전하가 밖으로 밀어내는 힘과 중력이 안으로 당기는 힘의 균형을 비교합니다. 전하가 밀어내는 힘이 충분히 크면 블랙홀을 둘러싸고 있는 사건의 지평선이 완전히 사라지는 것이 가능합니다. 그러면 빛이 탈출할 수 있는 무한한 밀도의 물체가 남아요. 벌거벗은 특이점이라고 부르는 것입니다.

일단 벌거벗은 특이점이 생기면 물리학은 완전히 무너지기 시작합니다. 양자역학과 일반상대성이론이 터무니없는 답을 내놓고, 그 터무니없는 답이 서로 같지도 않아요. 어떤 사람들은 물리학 법칙이 그런 종류의 상황이 일어나도록 허용하지 않는다고 주장합니다. 킬러 박사는 이것을 "누구도 벌거벗은 특이점을 좋아하지 않는다"라고 표현했습니다.

전자 달의 경우에는 그 모든 전자들이 서로를 밀어내는 것에서 오는 에너지가 너무 커서 중력으로 당기는 힘이 이겨(일반상대성이론을 적용한 것 – 옮긴이) 우리의 특이점이 평범한 블랙홀을 만들 거예요(벌거벗은 특이점이 아니라는 의미에서 평범하다고 표현한

---

[*] 역시 이 블랙홀의 일부인 양성자 지구가 전하를 감소시키지만, 지구 질량의 양성자는 달 질량의 전자보다 전하가 훨씬 더 작기 때문에 결과에는 별로 영향을 끼치지 않습니다. (양성자가 전자보다 질량이 훨씬 크기 때문에 지구 질량의 양성자는 달 질량의 전자보다 훨씬 적은 수의 양성자가 있고, 그래서 전하가 훨씬 더 작음 – 옮긴이)

것 - 옮긴이). 적어도 어떤 면에서는 '평범한' 것입니다. 관측 가능한 우주만큼 무거운 블랙홀일 거니까요.[*]

이 블랙홀이 우주를 수축하게 할까요? 말하기 어려워요. 답은 암흑에너지가 무엇이냐에 달려 있는데, 암흑에너지가 무엇인지는 아무도 모릅니다.

하지만 지금으로서는 적어도 근처의 은하들은 안전할 거예요. 블랙홀 중력의 영향은 빛의 속력으로만 밖으로 퍼지기 때문에 다행히도 우리를 둘러싼 우주의 대부분은 우리의 바보 같은 전자 실험에 대해서 알지 못할 거예요.

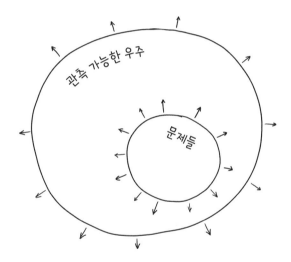

---

* 관측 가능한 우주의 질량을 가진 블랙홀의 반지름은 138억 광년이고 우주의 나이는 138억 년입니다. 그래서 어떤 사람은 "우주는 블랙홀이다!"라고 하기도 하죠. 이것은 깊은 통찰을 주는 것처럼 들리지만 사실이 아닙니다. 우주는 블랙홀이 아니에요. 일단 우주 안에 있는 모든 것은 서로 멀어지고 있습니다. 블랙홀이 이런 일을 하지 않는다는 것은 잘 알려져 있죠.

49. 눈을 뽑아 다른 눈을 본다면

한쪽 눈을 뽑아 다른 쪽 눈을 들여다보게 하면
나는 무엇을 보게 될까요?
(신경과 혈관은 상하지 않는다고 가정합니다.)

– 렌카[Lenka], 체코공화국

눈을 보게 될 거예요. 눈은 흐릿한 이중상*에 둘러싸일 것입니다. 방을 배경으로 겹쳐진 얼굴과 손을 볼 거예요.

눈 하나로 다른 눈을 보면 카메라를 자신의 비디오 선에 연결하는 것과 같은 이상한 종류의 루프를 만들어내지 않습니다. 두 눈을 잘 정렬하여 겹치게 하면 당신의 뇌는

---

* 한 물체가 둘로 나타나 보이는 망막의 영상. – 편집자

평소에 두 눈으로 하나의 장면을 볼 때와 같이 비슷한 두 상을 결합하려고 할 거예요.

시야의 가운데에 있는 동공과 홍채 밖에서는 두 눈이 전혀 다른 모습을 볼 거예요. 한쪽 눈은 눈꺼풀, 머리, 그리고 당신이 있는 방의 한쪽 벽을 봅니다. 다른 쪽 눈은 눈, 손, 시신경, 그리고 방의 다른 쪽 벽을 봅니다. 당신의 뇌는 겹쳐지는 이 두 상을 전혀 결합할 수 없어요. 그래서 당신은 중심의 작은 영역 바깥쪽에서는 전부 이중상을 보게 될 것입니다.

전에도 말했지만 저는 의학 전문가가 아니기 때문에 이 충고를 무시해도 상관없지만, 당신이 눈을 직접 뽑아서는 안 된다고 생각합니다.

맨손으로 안과 수술하기를 원치 않는다면* 거울을 이용하여 이 시나리오에서 무엇을 보게 될지 아이디어를 얻을 수 있습니다. 평범한 거울을 얼굴 앞에 두고 각각의 눈으로 그 눈을 들여다보면 눈 제거 시나리오와 비슷하게 됩니다. 더 비슷하게 흉내를 내려면 직각으로 된 두 거울을 이용할 수 있어요. 그러면 눈을 바로 앞에 들고 있는 것처럼 각 눈이 서로 반대쪽 눈을 보게 되죠.

---

* 이유가 있겠죠.

이것을 시도하면 당신의 눈이 몇 센티미터보다 더 가깝게 초점을 맞출 수 없다는 것을 알게 될 것입니다. 수정체의 한계죠. 최소 초점거리는 나이에 따라 멀어집니다. 아이들은 5~8센티미터인데 30~40세에는 15센티미터로, 60~70세에는 수십 센티미터가 됩니다. 하지만 나이에 상관없이 당신의 눈을 자세히 볼 수 있을 정도로 거울에 가까이 가려면 돋보기나 강력한 독서용 안경이 필요합니다. 추가 조명도 도움이 될 거예요. 거울이 빙의 조명을 막을 거니까요.

당신의 눈은 대칭이 아니기 때문에 당신이 보는 두 상은 일치하지 않을 거예요. 직각 거울로 당신의 오른쪽 눈은 상의 왼쪽에 있는 반월추벽plica semilunaris이(코 바로 옆의 눈 구석에 있는 작은 막*)이 있는 눈을 볼 것입니다. 왼쪽 눈은 반대쪽을 보겠죠. 당신의 홍채가 대칭이고 색깔 얼룩이 없다 해도 가장자리 근처에서는 여전히 이중상이 보일 거예요.

이것은 약간 멋있어 보이지만(그렇게 보이려고 노력했습니다) 눈을 뽑을 정도로 가치 있는 경험으로는 전혀 보이지 않습니다. 눈은 영혼을 들여다보는 창일 수 있지만, 영혼을 들여다보고 싶다면, 저라면 거울을 보겠습니다.

---

* 새는 눈을 보호하고 수분을 유지하면서 깜빡일 수 있는 투명한 '세 번째 눈꺼풀'인 순막(nictitating membrane)을 가지고 있어요. 새뿐 아니라 많은 동물들이 가지고 있습니다. 사람과 사람의 진화적인 친척들은 그것을 잃었지만요. 눈꺼풀 구석의 그 부분은 순막의 남은 흔적입니다.

50. 일본이 사라진다면

일본의 섬이 모두 사라진다면
지구의 자연현상(판의 이동, 바다, 태풍, 기후 등)에
영향을 줄까요?

- 미유 우치다, 일본

일본의 섬들은 한쪽에는 동해, 다른 쪽에는 태평양을 둔 화산호로 되어 있어요.

미유가 어떤 종류의 사라짐을 계획하고 있는지는 모르겠지만, 섬 전부가 잠시 심
부름을 하기 위해서 어딘가로 가버렸다고 상상하죠.

일본의 무게는(해수면 윗부분) 440조 톤입니다. 그 부분만 사라진다면…

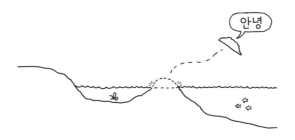

…지구의 질량 중심과 자전축을 약 0.5미터 우루과이(지구 반대편) 쪽으로 이동시
킬 거예요.

중력의 변화로 바다가 약간 출렁이고 새로운 '해수면'이 만들어지며, 그것은 새로
운 지오이드*로 이어집니다. 일본의 중력이 사라지면 바닷물은 지구의 반대편으로
약간 이동하여 동아시아 주변의 해수면이 아마도 30~60센티미터 정도 낮아지고 남

---

* 평균 해수면을 육지까지 확장했다고 가정했을 때의 지구 형태. – 편집자

아메리카 주변에서 같은 양만큼 높아질 거예요.[*]

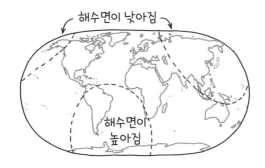

이 0.5미터의 해수면 증가는 우루과이에 극적인 효과를 미칠 거예요. 많은 해안선이 잠기는 거죠. 여기에 대해서는 가상의 시나리오가 필요 없습니다. 그건 이미 인류의 온실 기체[†] 방출로 인해 앞으로 대략 반세기 후에 올라갈 해수면의 높이거든요.

지금까지 우리는 해수면 **위의** 일본만 없애는 것을 고려했습니다. 나머지 부분까지 제거하면 어떨까요? 물속에 있는 부분까지 모두 제거한다면요?

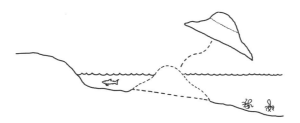

---

[*] 이 효과는 육지 위에 있는 빙상이 녹을 때도 나타납니다. 그 물이 전체 해수면을 높이지만 빙상의 중력이 바닷물을 그쪽으로 당기지 않기 때문에 빙상 주위의 해수면은 실제로 낮아질 수 있어요. 지구의 반대편에서는 해수면이 생각보다 많이 높아질 거예요. 그린란드가 녹으면 오스트레일리아와 뉴질랜드의 홍수가 최악이 될 것입니다. 자세한 내용은 《더 위험한 과학책》 2장 '지구 반대편의 빙하를 녹여서 수영장 물을 채운다면?'을 참고하세요.

[†] 태양열이 지표면에서 반사되어 지구 밖으로 빠져나가는 것을 막는 역할을 하는 기체. 막을 형성하여 지구의 온도를 적절하게 유지해 생명체가 살아갈 수 있게 해준다. - 편집자

물속의 일본은 물 위쪽 부분보다 열 배 더 무거워요.

일본의 10퍼센트만 보인다는 걸
알고 있었어? 90퍼센트는 해수면
아래에 숨겨져 있어!

해수면 아래 부분의 일본을 제거하면 지구 자전축의 이동은 훨씬 더 커지고(3~6미터) 해수면도 재조정될 거예요.

일본을 제거하면 해류에도 큰 영향을 줄 거예요. 일본의 서쪽 바다는 몇 개의 좁은 해협만으로 대양에 연결되어 있기 때문에 물이 상대적으로 고립되어 있습니다. 이곳은 자체 순환으로 물의 층들이 잘 섞입니다. 북대서양같이 더 큰 대양의 축소 모형과 비슷하죠. 이곳을 보호해주는 일본 섬들이 없으면 이 바다는 태평양과 자유롭게 섞이게 됩니다.

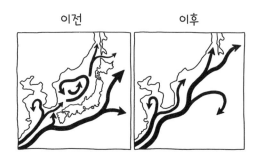

이전　　　　　　이후

기후에 미치는 영향은 예측하기 어려워요. 일본은 태평양의 서쪽을 따라 올라가 섬들의 동쪽을 둘러싸는 난류인 쿠로시오 해류로 따뜻해집니다. 그 벽이 없어지면 해류는 아시아 해안을 감싸서 블라디보스토크 근처의 물을 더 따뜻하게 하고 한반

도와 러시아 해안의 태풍 위험을 약간 증가시킬 수 있어요. 하지만 폭풍 해일에 대해서는 걱정할 필요가 없을 거예요. 해수면이 낮아져 블라디보스토크의 유리 해변*을 높고 건조하게 만들 것이기 때문입니다.

최소한, **장기적인** 폭풍 해일에 대해서 걱정할 필요가 없을 거예요. 바다 아래쪽까지 일본이 사라진다면 바다에 거대한 구멍을 남길 거예요. 그 구멍을 메우기 위해 바닷물이 몰려들 것이고 이것은 마지막 거대한 우주 충돌† 이후 지구에서 본 어떤 것보다도 큰 파도를 만들어낼 것입니다. 그 큰 파도는 아시아의 서해안을 초토화시킨 후 태평양을 가로지르고도 에너지가 남아돌아서 아메리카의 서쪽 해변을 침수시키고 안데스와 시에라 네바다에 충돌할 거예요.

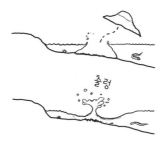

물이 바다의 바닥으로 돌아가면 태평양 서쪽의 일본 모양의 구멍 때문에 바다가 더 낮아질 거예요. 일본이 심부름을 마치고 돌아와 이전에 있던 곳으로 다시 자리를 잡으려고 한다면 똑같은 파국이 다시 일어날 겁니다.

하지만 미유는 일본이 어디로 가는지 말하지 않았어요.

---

* 잘 모르겠다면 '블라디보스토크의 유리 해변'으로 이미지 검색을 해보기를 추천합니다. 후회하지 않을 거예요!

† 그 정도 규모의 충돌 쓰나미가 일어난 것은 3,500만 년 전 우주에서 온 암석이 북아메리카의 동쪽 해변에 충돌했을 때입니다.

어쩌면 영원히 이동한 것일 수도 있어요.

51. 달빛으로 불을 붙인다면

돋보기를 이용해서 달빛으로
불을 붙일 수 있을까요?

– 로히어르^{Rogier}

처음에는 아주 쉬운 질문처럼 보입니다.

돋보기는 빛을 작은 점으로 모으죠. 많은 개구쟁이들이 알고 있듯이, 6제곱센티미터 정도의 작은 돋보기로도 불을 붙일 수 있을 정도의 빛을 충분히 모을 수 있습니다. 잠깐 검색을 해보면 태양이 달보다 40만 배 더 밝다고 나올 거예요. 그러니까 우리가 필요한 것은 240만 제곱센티미터의 돋보기뿐입니다. 맞죠?

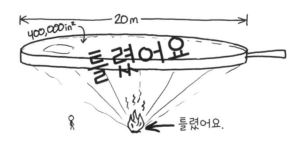

진짜 답은 이겁니다. 돋보기가 **아무리** 커도 "달빛으로 불을 붙일 수는 없어요."*
이유는 약간 미묘합니다. 이것은 틀린 것처럼 보이지만 사실은 맞는 내용을 많이 포
함하고 있고, 당신을 광학의 토끼 굴로 끌고 들어갑니다.

우선, 으뜸가는 일반적인 규칙은 이것입니다. **렌즈나 거울로 어떤 것을 광원 그
자체의 표면보다 더 뜨겁게 만들 수는 없어요.** 그러니까 태양 빛으로 어떤 것을 태
양 표면보다 더 뜨겁게 만들 수 없다는 말입니다.

광학을 이용하여 이것이 왜 진실인지 보여줄 수 있는 방법이 아주 많이 있지만,
더 간단한(덜 만족스러울 수는 있지만) 설명은 열역학으로 할 수 있어요.

렌즈와 거울은 공짜로 작동합니다. 작동하는 데 에너지가 필요하지 않죠.† 렌즈
와 거울을 이용해서 태양에서 오는 열의 흐름을 지상의 한 점에 모아 태양보다 더
뜨겁게 만든다면, 에너지를 더하지 않고 더 차가운 곳에서 온 열의 흐름으로 더 뜨
거운 곳을 만들고 있는 것입니다. 열역학 제2법칙에 따르면 그렇게 할 수가 없어요.
그렇게 할 수 있다면 영구기관‡을 만들 수 있습니다.

---

* 이건 브루스 스프링스틴의 노래가 분명합니다. (브루스 스프링스틴의 노래 'Dancing in the dark'에 "You can't start
a fire without a spark"라는 부분이 있음 – 옮긴이)
† 더 구체적으로 말하면 렌즈와 거울이 하는 것은 완전히 가역적입니다. 계의 엔트로피를 증가시키지 않는
다는 말이죠.
‡ 밖으로부터 에너지를 공급받지 않고 외부에 대하여 영원히 일을 계속하는 가상의 기관. – 편집자

열역학 제2법칙에 따르면 로봇은
엔트로피를 증가시켜서는 안 돼.
열역학 제1법칙을 위배하지 않는다면 말이야.

아주 비슷해.

태양은 약 5,000도이기 때문에 우리의 규칙에 따르면 태양 빛을 렌즈와 거울로 모아서 5,000도보다 뜨거운 것을 만들 수 없어요. 태양 빛을 받는 달의 표면은 100도가 약간 넘기 때문에 달빛을 모아서 100도보다 더 뜨거운 것을 만들 수 없습니다. 뭔가에 불을 붙이기에는 너무 낮은 온도죠.

"하지만 잠깐만"이라고 말할 수 있을 거예요. "달빛은 태양 빛과 달라요! 태양은 흑체이기 때문에 나오는 빛은 높은 온도와 관련이 있어요. 달은 수천 도의 '온도'를 가진 태양의 빛을 반사해서 빛나기 때문에 그 주장은 맞지 않아요!"

그 주장은 **맞는** 것으로 밝혀집니다. 이유는 나중에 이야기하죠. 우선은, 잠깐만요. 일단 그 규칙이 태양의 경우에는 맞긴 한가요? 확실히 열역학에서의 주장은 아주 단순해 보입니다. 하지만 에너지 흐름을 생각하는 데 익숙한, 물리학을 공부한 사람에게는 약간 혼란스럽게 들릴 수 있어요. 왜 엄청난 태양 빛을 한 점으로 모아 뜨겁게 만들 수 **없는** 걸까요? 렌즈는 빛을 작은 한 점에 모을 수 있습니다. 그렇죠? 왜 그냥 점점 더 많은 태양의 에너지를 같은 점에 모을 수 없을까요? 10^{26}와트 이상을 사용할 수 있다면 한 점을 원하는 만큼 뜨겁게 만들 수 있어야 합니다!

문제는 렌즈가 빛을 한 점에 모으지 **않는다**는 것입니다. 광원 역시 점이 아니라면 말이에요. 렌즈는 빛을 한 **영역**에 모아서 태양의 작은 상을 만들어요.* 이 차이가

---

* 혹은 큰 상을 만들죠. 나무틀로 만들어진 태양흑점관측기와 같은 망원경은 렌즈를 이용하여 고해상도의 바늘구멍 카메라처럼 종이에 태양의 자세한 상을 투영합니다. 약간 비싸긴 하지만 태양의 흑점이나 일식을 안전하게 관측할 수 있는 훌륭한 도구죠.

아주 중요해집니다. 왜 그런지 예를 하나 들어보죠.

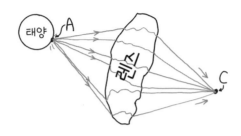

　이 렌즈는 점 A에서 오는 모든 빛을 점 C로 보냅니다. 여기까지는 좋아요. 하지만 이 렌즈가 태양에서 오는 모든 빛을 한 점으로 보낸다고 하면 점 B에서 오는 빛도 역시 점 C로 보내야 한다는 말이 됩니다.

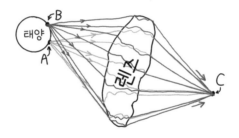

　이제 문제가 생기죠. 점 C에서 나온 빛을 렌즈로 되돌려 보내면 어떻게 될까요? 광학계는 가역적이기 때문에 빛은 자신이 온 곳으로 되돌아갈 수 있어야 합니다. 그런데 렌즈가 그 빛이 A와 B 중 어디에서 왔는지 어떻게 알까요?

　일반적으로 광선을 서로 '겹치게' 하는 방법은 없습니다. 계의 가역성을 깨뜨리기 때문이죠. 이 규칙은 한 방향에서 한 목표물을 향해 하나의 광선만 보낼 수 있다는 뜻입니다. 광원에서 목표물로 얼마나 많은 빛을 보낼 수 있는지에 있어 한계를 설정하는 거죠.

　광선들을 겹치게 할 수는 없지만, 그러니까 더 가까이 욱여넣어서 더 많은 광선을 바짝 붙이면 어떨까요? 그러면 뭉개진 빛을 모아서 목표물에 약간 다른 각도로 겨냥할 수 있으니까요.

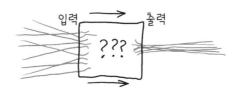

아니요, 그렇게도 할 수 없습니다.[*]

모든 수동 광학계는 '방사[†]도 보존'이라는 법칙을 따라야 합니다. 이 법칙은 큰 '들어오는' 영역에서 여러 다른 각도로 빛이 들어오면 들어오는 영역 곱하기 들어오는 각[‡]은 나오는 영역 곱하기 나오는 각과 같아야 한다는 것입니다. 빛이 모여 있는 영역이 작으면 나오는 각은 크게 '퍼져야' 합니다.

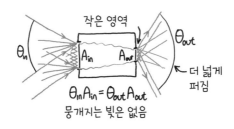

다시 말해서, 광선을 덜 평행하게 만들지 않으면서 뭉개서 모을 수 없다는 거죠. 광선을 멀리 떨어진 점에 겨냥할 수 없다는 말입니다.

렌즈의 이 성질에 대해서 다른 방향으로 생각해볼 수도 있습니다. 렌즈는 광원이 하늘을 더 많이 차지하게 만들 뿐이고, 어떤 한 점에서 오는 빛도 더 밝게 만들 수 없어요. 벽을 향해 렌즈를 들고 들여다보면 알 수 있습니다. 어떤 종류의 렌즈를 사용해도 벽의 어떤 부분도 더 밝게 보이지 않을 거예요. 그 방향으로 벽의 어떤 부분

---

[*] 당연히 우리는 이미 답을 알고 있었죠. 앞에서 이것은 열역학 제2법칙을 위배한다고 말했으니까요.

[†] 물체로부터 열이나 전자기파가 사방으로 방출됨. 또는 그 열이나 전자기파. – 편집자

[‡] 3차원에서는 **입체각**

이 보이는지만 바꿀 뿐입니다. 광원을 더 밝게 만드는 것은 '방사도 보존' 법칙을 위배한다는 것을 보일 수 있습니다.[*] 그러니까 렌즈 시스템이 할 수 없는 일이에요. 렌즈가 할 수 있는 것은 모든 광선이 광원의 표면에서 끝나게 만드는 것뿐입니다. 광원이 목표물을 둘러싸게 만드는 것과 같은 것이죠.

태양 표면 물질에 '둘러싸인'다면 태양 속에 떠 있는 것과 마찬가지고, 금방 주변과 같은 온도가 될 거예요.[†]

달의 밝은 표면에 둘러싸인다면 얼마나 뜨겁게 될까요? 달 표면에 있는 암석들은 거의 달 표면에 둘러싸여 있고, 달 표면의 온도와 같아집니다. (달 표면에 있으니까요.) 그러니까 달빛을 모으는 렌즈 시스템은 달 표면의 작은 움푹 들어간 곳에 있는 암석보다 어떤 것을 더 뜨겁게 만들 수 없어요.

이것은 달빛으로 불을 붙일 수 없다는 것을 증명하는 마지막 방법을 제공해줍니다.

아폴로 우주인들이 살아남았거든요.

그러니까 마지막 아폴로 우주인이 죽으면…

물리학은 붕괴하고 달은 불타기 시작하는 거지.

---

[*] 물리학 용어로 '그렇게 어려울 것 같진 않지만 내가 하고 싶진 않다'는 의미입니다.

[†] 태양을 방문해서 할 수 있는 흥미로운 경험에 대해서 더 알고 싶다면 60, 61, 62장과 짧은 대답들 ④를 참고하세요.

3

이상하고 걱정되는 질문들

Q 액체 헬륨 통에 뛰어든다면 (혹은 어떤 몸을 그리로 던진다면) 바닥에서 얼음 조각으로 부서지기 위해서는 얼마나 깊어야 할까요?

- 스텔라 보니히 Stella Wohnig

금요일까지는 알아내야 해.

Q 혈관 속에 개미 무리가 갑자기 나타난다면 어떻게 될까요?

- 여덟 살 아들 데시언 Decian**을 대신해서 맷**Matt

당신의 혈액 검사는 "물렸어요".

Q 해리포터가 9 ¾ 플랫폼으로 가는 보이지 않는 입구를 잊어버렸다면 무작위로 벽에 얼마나 오래 부딪쳐야 찾을 수 있을까요?

- 막스 플랑카 Max Plankar

쿵

52. 침으로 수영장을 채운다면

한 사람이 수영장 전체를
자신의 침으로 채우려면 얼마나 걸릴까요?

- 메리 그리핀Mary Griffin, 9학년

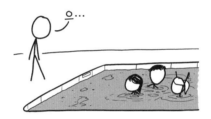

보통의 아이들은 하루에 약 500밀리리터의 침을 만들어요. 《구강 생물학 아카이브》에 약간 끈적하고 축축한 봉투에 담겨 배달된 것으로 제가 상상하기 좋아하는 〈다섯 살 아이가 하루에 만들어내는 전체 침의 양 측정〉이라는 논문에 따르면요.

다섯 살 아이는 아마도 더 큰 어른보다 크기 비율만큼 적은 침을 만들 거예요. 하지만 **누구도** 어린아이보다 침을 더 많이 흘린다고 장담할 수는 없으니까 보수적으로 논문에 있는 사람을 이용하기로 하죠.

만일 당신이 침을 모으고 있다면* 모은 침을 먹는 데 사용할 수는 없어요.† 껌이나 뭔가를 씹어서 몸이 추가적인 침을 만들게 하거나 액상 음식을 먹거나 정맥주사를 맞을 수는 있습니다.

논문에서처럼 하루에 500밀리리터의 속도로는 보통의 욕실 욕조를 채우는 데 약 1년이 걸릴 거예요.

욕조를 침으로 채우는 부작용: 건조한 입

침으로 가득 찬 욕조도 역겹지만 당신의 질문은 그게 아니죠. 이유는 모르겠지만 (정말로 알고 싶지 않지만) 당신의 질문은 수영장을 채우는 거였습니다.

올림픽 규격인 가로 25미터, 세로 50미터의 수영장을 생각해봅시다. 깊이는 변하지만 이 수영장은 균일하게 1.2미터 깊이라고 가정하죠.‡ 그러니까 아마도 그 안에 설 수 있을 거예요.

하루에 500밀리리터로는 이 수영장을 채우는 데 8,345년이 걸립니다. 우리가 기

---

* 어쨌든 이 질문은 역겹네요.

† 그러길 바랍니다.

‡ 국제수영연맹 웹사이트에는 출발 지점이 있는 수영장은 양쪽 끝이 약간 깊어야 하지만 중간은 더 얕아도 된다고 되어 있어요. 규칙에 최대 깊이에 대한 것은 없는 것 같아요. 그러니까 지구 반대편까지 이어지는 수영장을 만들 수도 있습니다. 하지만 FR 2.14 조항을 따르려고 할 때 문제가 생길 거예요. 바닥에 레인 표시를 하는 것에 대한 조항입니다.

다리기에는 너무 긴 시간이니까 당신이 과거로 가서 이 프로젝트를 더 일찍 시작한 다고 상상해봅시다.

8,000년 전 지구의 북쪽 많은 부분을 덮고 있던 빙하가 대부분 물러나고 인류는 막 농사를 짓기 시작했습니다. 그때 당신이 프로젝트를 시작했다고 가정하죠.

비옥한 초승달 지역의 문명이 현대의 이라크 건설을 시작한 기원전 4000년이 되면 침은 0.3미터 깊이가 되어 당신의 발과 발목을 덮을 거예요.

문자가 처음 나온 기원전 3200년에는 무릎까지 찰 거예요.

기원전 2000년대 중반에는 대피라미드가 건설되고 중미 초기 문명이 등장했습니다. 이때쯤에는 팔을 들어 올리지 않는다면 침이 손가락 가까이 닿을 거예요.

기원전 1600년경에는 지금은 산토리니 화산이라고 알려진 그리스에 있는 섬의 거대한 화산 폭발이 엄청난 쓰나미를 일으켜 미노아문명을 초토화시켰고, 아마도 이로 인해 멸망한 것으로 보입니다. 이 일이 일어날 때 침은 아마도 허리 깊이에 도달하고 있을 거예요.

침은 이후 3,000년의 역사를 거치며 계속 올라가 유럽에서 산업혁명이 일어날 때는 가슴 깊이에 이르러 수영을 하기에도 충분할 거예요. 마지막 200년 동안에는 마지막 3센티미터가 더해져 수영장을 결국 가득 채우게 될 것입니다.

분명 오래 걸리는 일입니다. 하지만 충분히 가치 있는 일이에요. 이 일이 모두 끝나면 당신은 침으로 가득 찬 올림픽 규격의 수영장을 갖게 될 테니까요. 누구나 마음속 깊은 곳에서는 정말로 해보고 싶은 일 아닌가요?*

---

* 아니, 아니에요.

53. 눈덩이의 성장 한계선을 묻는다면

에베레스트산 꼭대기에서 눈을 굴리면 어떻게 될까요? 눈덩이가 바닥에 도착할 때까지 얼마나 커지며 시간은 얼마나 걸릴까요?

- 마이클린 예이츠 Michaeline Yates

축축하고 끈적한 눈 위를 구르면 눈덩이는 커집니다. 에베레스트산에서 볼 수 있는 것과 같은 건조한 눈에서는 눈덩이가 굴러도 커지지 않습니다. 눈덩이는 다른 모든 물체와 마찬가지로 그냥 산을 굴러 내려올 거예요.

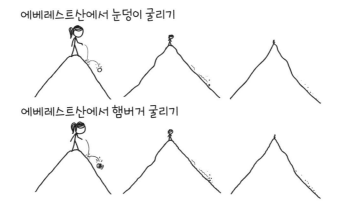

하지만 에베레스트산이 눈덩이를 만들기 좋은 촉촉한 눈으로 덮여 있다 하더라도

눈덩이는 그렇게 커지지 않을 거예요.

구르는 눈덩이는 눈을 묻혀서 커지고, 더 큰 눈덩이는 더 많은 눈을 묻힙니다. 이것은 일종의 지수함수로 불어나는 방법처럼 들리지만, 최적화된 눈덩이가 불어나는 속도는 사실 시간이 지나면 느려집니다. 분명 계속해서 커지고 넓어지지만, 1미터를 구를 때마다 지름은 더 적게 커집니다. 눈덩이가 지나가는 경로의 넓이는(그러니까 눈덩이가 묻히는 눈의 양) 반지름에 비례하지만 새로운 눈이 덮어야 할 표면적은 반지름의 제곱에 비례하기 때문에 눈덩이가 자라는 속도는 느려집니다. 새로 묻은 눈이 눈덩이의 더 넓은 영역으로 퍼져야 하기 때문이죠. 사람들은 '눈덩이처럼'이라는 말을 '점점 빠르게 커지는'이라는 의미로 사용하지만, 진실은 그 반대입니다.

'눈덩이처럼'이라는 말의 새로운 의미는 처음에는 빠르게 커지지만 시간이 지나면서 커지는 속도가 느려진다는 것입니다.

에베레스트산은 아주 높기 때문에 커지는 속도가 느려져도 여전히 눈덩이가 눈을 묻힐 공간이 아주 많습니다. 에베레스트산의 세 개의 주요 사면은 빙하 계곡에 도착하여 평평해질 때까지 약 5킬로미터를 내려갑니다. 이론적으로는 최적화된 눈덩이가 5킬로미터의 경사를 굴러 내려가면 바닥에 도달할 때에는 10~20미터로 커질 수 있을 정도로 충분한 눈 사이를 지나갑니다.

그런데 실제로는, 적절히 습한 눈이라 하더라도 몇백 미터 이상 가지는 못해요. 눈덩이가 자신의 중력에 의해 붕괴하지 않고 커질 수 있는 데에는 한계가 있습니다.

중력은 눈덩이의 양쪽 끝을 아래로 당기기 때문에 안쪽은 당기는 힘을 받아요. 눈덩이가 너무 크면 붕괴합니다.

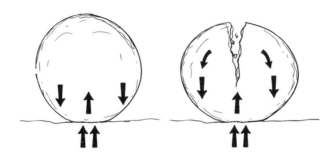

눈은 인장력, 그러니까 당기는 힘에 저항하는 힘을 가지고 있습니다. 눈덩이의 인장력은 그렇게 크지 않지만(눈으로 만든 밧줄을 볼 수 없는 이유죠) 0은 아니에요. 잘 눌러진 눈의 전형적인 인장력은 몇 킬로파스칼입니다. 젖은 모래보다는 강하고 대부분의 치즈 종류보다는 약하며, 대부분 금속의 1만 분의 1 정도죠.

어떤 재료가 매달린 조각이 자체 중력으로 끊어지기 전에 얼마나 길어질 수 있는지를 측정하는 공학에서 사용하는 수가 있습니다. '자유 매달림 길이'라고 하는 이것은 인장력, 밀도, 중력 사이의 비율입니다.

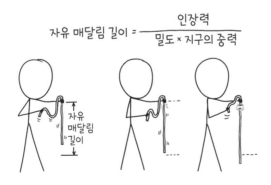

어떤 재료의 자유 매달림 길이로는 그 재료의 공이 얼마나 커질 수 있는지에 대해

꽤 그럴듯하게(적어도 열 배 이내로) 가정할 수 있습니다. 눈의 경우 이 범위는 솜털 같은 눈은 1미터 이하이고, 무겁고 밀도 있는 눈은 1~2미터입니다.

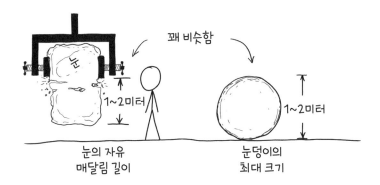

이 공식으로 다양한 재료를 비교해볼 수 있어요. 가장 큰 눈덩이가 가장 큰 모래 덩이보다(눈보다 훨씬 약하고 훨씬 밀도가 높은) 크다는 것을 알려줍니다. 하지만 가장 크고 단단한 치즈 덩이보다는 작고, 가장 큰 철 덩어리에는 근처에도 가지 못하죠.

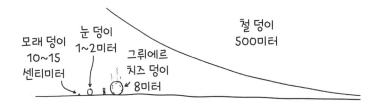

큰 눈덩이를 언덕 아래로 굴리는 사람들의 영상들을 찾아보면 공식이 정확하게 말해주듯 몇 미터가 되기 전에 부서지는 것을 볼 수 있을 거예요.

하지만 스스로 불어나는 눈덩이를 지지할 수 있는 경사는 드물어요. 드문 이유는 스스로 불어나는 눈덩이를 지지할 수 **있기 때문이에요.** 눈덩이가 언덕을 굴러 내려오면서 커지면 부서집니다. 부서진 눈덩이는 여러 개의 작은 눈덩이가 되고, 이것은 처음 것처럼 다시 커지기 시작하죠.

축하드립니다. 당신은 눈사태를 만들었어요.

54. 빨대에 나이아가라폭포를 흐르게 한다면

누군가가 나이아가라폭포를 빨대 하나에
통과시키려고 시도하면 어떻게 될까요?

- 데이비드 귀즈달라David Gwizdala

그 사람은 국제나이아가라위원회, 국제나아아가라이사회, 국제공동위원회, 국제 나이아가라이사회실무위원회, 그리고 아마도 오대호 – 세인트로런스강 조정관리위 원회*와 문제가 생길 겁니다. 그리고 지구가 파괴될 거예요.

음, 이건 정확하다고 할 수 없겠네요. 당연한 말을 할 위험을 무릅쓴다면, 진짜 답은 '나이아가라폭포는 빨대 하나를 통과해 지나갈 수 없다'입니다.

---

* 이 조직도가 맞다면 이것 자체가 독립적인 물에 대한 세 개의 위원회로 이루어진 큰 집단이에요.

유체를 어떤 곳으로 얼마나 빠르게 밀어서 통과시킬 수 있는지에는 한계가 있어요. 유체를 좁은 곳으로 통과시키면 속력이 빨라집니다. 유체가 기체라면[*] 초킹[†]이 일어납니다. 구멍을 통과하는 기체 흐름의 속력이 소리의 속력에 도달할 때 생기죠. 그 시점에서는 구멍을 통과하는 기체의 흐름이 더 빨라질 수 없습니다. 압력을 증가시켜 기체를 더 압축하면 시간당 흐르는 질량은 더 증가시킬 수 있지만요.

물의 경우에는 다른 효과가 초킹을 일으킵니다. 유체가 구멍을 충분히 빠르게 흐르면 베르누이의 원리에 의해 유체 내부의 압력이 낮아집니다. 물은 항상 '끓기'를 원하지만, 공기의 압력 때문에 서로 묶여 있어요. 압력이 갑자기 낮아지면 물속에서 수증기 거품이 만들어집니다. 이것을 '공동현상'이라고 해요.

구멍을 통해 물을 빠르게 흐르게 하면 공동현상에 의한 거품이 전체적인 밀도를 떨어뜨립니다. 압력을 증가시키는 것(물을 더 강하게 미는 것)은 물을 더 빠르게 끓게 만들 뿐이에요.[‡] 그래서 물－수증기 혼합이 더 빠르게 흐른다 하더라도 구멍을 통과하는 물의 전체 양이 증가하지 않습니다.

물이 흐르는 속력의 또 다른 한계는 소리의 속력 때문에 생깁니다. 압력을 이용하여 구멍을 통과하는 물을 (물속에서의) 소리의 속력보다 더 빠르게 가속시킬 수 없어요.[§] 하지만 물이 이 지점에 도달하는 경우는 아주 드물어요. '(물속에서의) 소리의 속력'은 아주 빠르기 때문입니다. 물은 무거워서 그 정도로 빠르게 만들려고 하면 파이프의 꺾이는 지점들을 무시하기 시작하는 경향이 있어요.

---

[*] 물리학에서는 기체를 유체의 한 형태로 간주합니다.

[†] 압력차가 있으면 흐름이 생기는데, 압력비를 증가시키면 흐름의 최소 단면에서의 속도는 증가하되, 그 속도가 음속에 달하면 그 이상 증가하지 않는 현상을 일컫는다. – 편집자

[‡] 밸브 설계자들은 이 수증기 거품이 만들어지는 것을 피하려고 노력합니다. 거품이 만들어지면 밸브 반대쪽에서 압력이 다시 상승하면서 빠르게 붕괴합니다. 그리고 붕괴에서 오는 힘은 점차 배관을 갉아먹을 수 있어요.

[§] 이것은 교통 체증과 비슷해요. 교통 체증 뒤에 더 많은 차를 밀어 넣는다고 해서 앞에 있는 차들이 더 빠르게 나오지는 않습니다. 초킹이 일어난 흐름을 교통 체증에 비유하는 것은 정확하지 않지만 저는 이것을 좋아합니다. 불도저로 더 많은 차를 교통 체증에 밀어 넣어서 해결하려고 시도하는 모습을 상상하는 것이 재미있거든요.

그러면 나이아가라폭포가 빨대 하나를 통과해서 지나가려면 얼마나 빨리 가야 하며, 이것은 소리의 속력보다 더 빠를까요? 쉽게 계산할 수 있어요. 우리가 알아야 할 것은 폭포 위를 흐르는 양과 통과해야 할 면적이 전부예요. 그런 다음 흐르는 양을 면적으로 나누면 속력을 구할 수 있습니다.

나이아가라폭포 위를 흐르는 양은 최소 1초에 2,830세제곱미터예요. 이것은 사실 법으로 정해져 있습니다. 나이아가라강은 평균 1초에 약 8,270세제곱미터를 폭포에 공급하지만, 이 중 상당량은 터널로 흘러가서 전기를 만들어요. 하지만 세계에서 가장 유명한 폭포가 멈추면 사람들이 아주 싫어할 것이기 때문에 발전소는 최소한 1초에 2,830세제곱미터를 폭포 위로 흐르게 하여 모든 사람이 볼 수 있게 해야 합니다. (밤이나 비수기에는 그 절반이에요.) 유지 관리를 위해서, 그리고 어떤 멋진 것을 찾을 가능성이 있을지 보기 위해서 폭포를 멈추자는 논의가 주기적으로 이루어지고 있습니다.

중요 사항: 물을 빨대로 빼돌리면 당신은 '1초에 2,830세제곱미터'를 확보하는 1950년의 조약을 어기게 됩니다. 이것은 미국인 한 명과 캐나다인 한 명으로 이루어진 국제나이아가라이사회에서 감시하고 있어요.* 그들은 아마 당신에게 화를 낼 거고, 앞에서 제가 언급한 다른 기관들도 마찬가지일 거예요. 그러니까 위험은 스스로 감당하세요.

보통의 빨대는 지름이 약 7밀리미터예요. 물이 얼마나 빨리 흐르는지 알기 위해서는 흐르는 속력을 면적으로 나누기만 하면 됩니다. 그 결과가 소리의 속력보다 더 크다면 아마 초킹이 일어나 문제가 될 거예요.

$$\frac{2{,}830\ \frac{\text{m}^3}{\text{s}}}{\pi\left(\frac{7\text{mm}}{2}\right)^2} = 73{,}600{,}000\ \frac{\text{m}}{\text{s}} = 0.25c$$

보아하니, 우리의 물은 **빛**의 속력의 4분의 1이 되겠네요.

물의 속력, 단위:

c(빛의 속력)의 4분의 1	문제?
0	아마도
1	예
2	예
3	예
4	정말로 예
5	제발 멈춰

긍정적은 측면은, 공동현상에 대해서는 걱정할 필요가 없다는 겁니다. 이 물 분자들은 빨대의 벽에 부딪치면 온갖 종류의 신기한 **핵**반응을 일으키기에 충분할 정

---

* 2021년의 폭포 감시자는 캐나다의 에런 톰슨(Aaron Thompson)과 미국의 스티븐 듀렛(Stephen Durrett)입니다. 그들의 시행 프로토콜은 그저 몇 종류의 '보고서 정리'일 것으로 추정하지만, 저는 그들이 도둑맞은 물을 물리적으로 폭포로 되돌려 보낼 권한을 가지고 있다고 상상하는 것이 재미있어요.

도로 빠르게 움직이기 때문이죠. 이런 높은 에너지에서는 모든 것이 플라스마일 테니, 끓는 것이나 공동현상은 아예 개념 자체가 성립되지 않아요.

그보다 더 나쁘죠! 상대론적 물 분사기의 반동은 꽤 강할 거예요. 북아메리카 판을 남쪽으로 밀 정도는 아니지만, 분사를 만들어내기 위해 사용하는 모든 기기를 부수기에는 충분합니다.

어떤 기계도 그렇게 많은 물을 상대론적 속력으로 가속시킬 수 없습니다. 입자가속기는 물체를 그 정도로 빠르게 만들 수 있지만, 보통은 아주 적은 양의 기체죠. 나이아가라폭포를 그냥 가속기에 넣을 수는 없어요. 만일 그렇게 한다면, 과학자들이 정말로 화를 낼 거예요.

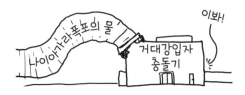

이 시나리오에서 만들어지는 입자 제트의 에너지는 지구에 닿는 모든 태양 빛의 에너지보다 더 큽니다. 당신의 '폭포'는 작은 별과 같은 정도의 에너지를 방출하여 그 열과 빛은 지구의 온도를 빠르게 올리고, 바닷물을 끓여서 날리고, 지구를 생명체가 살 수 없는 곳으로 만들 거예요.

하지만 그래도 누군가는 어딘가에서 **여전히** 이걸 검토해볼 거라고 확신합니다.

55. 걷는 순간부터 시간이 과거로 간다면

텍사스 오스틴에서 뉴욕까지 걷기로 했는데,
한 걸음을 걸을 때마다 30일씩 과거로 간다면
어떻게 될까요?

– 조조 요슨 Jojo Yawson

《위험한 과학책》에서 뉴욕에 서서 점점 과거로 간다면 무엇을 보게 될지 상상해 본 적이 있죠. 이 질문은 뉴욕까지 가는 다른 형태의 시간 여행을 보여줍니다.

당신이 첫걸음을 딛는 순간부터 시간은 과거로 흐르기 시작하고, 태양은 지평선에서 지평선까지를 가로지르는 밝은 호가 됩니다. 사람의 행동은 흐려져서 보이지 않게 되기 때문에 주변의 차와 행인 들은 사라집니다.

태양은 하늘에서 섬광이 됩니다. 당신이 평소 속력으로 걸으면 1초에 50일이 지나갈 거예요. 낮과 밤이 50헤르츠의 주파수로 바뀐다는 말이죠. 이 주파수는 눈의 '점멸융합주파수'의 바로 경계에 있습니다. 눈으로 구별하기에 빛의 깜빡임이 너무 빨라서 일정하게 빛나는 것처럼 합쳐져 보이는 주파수를 말해요. 그래서 빛은 조금 부자연스럽긴 하지만 대체로 일정하게 보일 거예요. 날씨의 변화가 추가적인 불규칙한 점멸을 만들 겁니다. 하늘이 흐렸다 맑았다 하는 거죠. 당신의 눈이 곧 익숙해지길 바랍니다.

태양은 형광 튜브처럼 하늘을 가로지르는 띠처럼 보일 거예요. 띠는 여름과 겨울 주기에 따라 7~8초마다 한 번씩 위아래로 천천히 움직일 거예요. 걷는 동안 주위의 나무들은 천천히 땅을 향해 작아질 거예요. 1년을 주기로 과일나무의 가지들은 땅에서 튀어 올라온 익은 과일의 갑작스러운 무게 때문에 아래로 휠 거예요. 그러고는 과일이 설익으면서 다시 위로 올라가고, 과일은 가지 속으로 다시 들어갈 거예요.

당신은 도시 중심에 있는 텍사스주 의회 의사당에서 출발한다고 가정하죠. 오스틴에서 뉴욕은 북동쪽이니까 당신은 아마 주 의회 건물 단지의 북쪽 출구로 나가고 싶을 거예요. 당신이 잔디의 가장자리인 서쪽 15번가에 도착하면 서기 2000년이 되어 있을 겁니다.

거리의 오른쪽 건너편에서는 로버트 존슨 입법부 청사가 갑자기 스스로 해체될 거예요. 거리를 가로질러 콩그레스 애비뉴로 걸어 내려가면 5~10초마다 마치 굴속으로 숨는 프레리도그처럼 마천루가 눈에서 사라질 거예요.

10분을 걸으면 1940년대 중반 정도쯤의 텍사스 오스틴대학 캠퍼스에 도착할 겁니다. 건물들 사이를 걸어가면 건물들이 쪼개지고 땅으로 사라질 거예요. 캠퍼스의 중간 정도에 도착하면(1883년에 설립된) 대학은 없어졌을 겁니다.

대학이 사라지면서 도시 밖의 철로와 수만 제곱킬로미터의 경작지도 사라질 거예요. 1~2분 이내에 넓은 목장이 개방된 목초지로 바뀔 거예요. 이 목초지는 주로 버뮤다 잔디나 바히아 잔디로 이루어진 현대의 목초지가 아닐 거예요. 완전히 다른 생태계, 다양한 종류의 풀과 나무로 이루어진, 잃어버린 아메리카의 목초지죠.

유럽인들이 저지른 끔찍한 토착민 학살이 흐릿하여 잘 보이지 않게 주위에서 거꾸로 재생될 것입니다. 30분 정도 걸으면 유럽인들은 사라지고 당신은 리판 아파치*사이에 있을 거예요.

걸어가는 동안 불길이 주기적으로 쓸고 지나갈 거예요. 상당수는 들소 떼를 먹이는 목초지를 관리하기 위해 사람들이 불을 지른 것입니다. 카도국(토착민들의 나라 – 옮긴이)의 농장과 도시 들이 북동쪽 멀리에 보이지만 거기에 도착하면 사라지고 없을 거예요.

오스틴에서 30킬로미터에 도착하면 당신은 4,000년 전에 있을 거예요. 옥수수와 호박 농장들은 농업이 개발되던 시기 이전으로 가면서 점점 드물어질 것입니다.

열두 시간을 걷고 나면 불길한 일이 벌어질 거예요. 대륙의 반대쪽인 퀘벡 북쪽에서 팬케이크 모양의 얼음판이 자라기 시작하여 넓게 퍼질 것입니다. 남쪽의 텍사스 해안에서는 (당신이 걸어가는 동안 조금씩 몇 미터 낮아진) 바다가 갑자기 해안에서 물러나 수백 킬로미터의 초원과 숲이 드러날 거예요.

하루 종일 걸어서 지금의 텍사스 손데일**Thorndale**에 도착하면 당신 주위에 큰 동물들이 여기저기 나타날 거예요. 잠시 걷는 것을 멈추면 낙타, 마스토돈(코끼리와 비슷한 멸종된 동물 – 옮긴이), 다이어울프(멸종된 늑대의 한 종 – 옮긴이), 혹은 검치호랑이를 볼 수 있을 것입니다. 손데일을 조금 지나가면 인류는 시야에서 완전히 사라질 거예요. 이 모든 크고 멋진 동물들이 왜 인류가 등장하는 시점에 사라졌는지 확실히는 모르지만, 많은 사람들이 이것이 우연만은 아닐 거라 의심하고 있습니다.

---

* 미국 남서부 원주민. – 편집자

북쪽에서는 팽창하는 얼음판이 대륙의 상당 부분을 삼킬 거예요. 하지만 당신이 있는 곳까지 남쪽으로는 내려오지 않을 것이기 때문에 당신은 주위의 기후변화를 간접적인 효과로만 느낄 것입니다.

일주일을 걸으면 당신은 아칸소에 가 있을 거예요. 앞서 대륙으로 갑자기 침입해 온 얼음은 다시 천천히 캐나다로 쉬엄쉬엄 물러나고, 해수면이 올라가 지금은 황량한 해변의 땅을 덮을 거예요. 같은 시기에 인도네시아 수마트라에서 초거대 화산이 폭발하여 지금의 토바 호수를 만들었습니다. 일부 과학자들은 이 폭발이 수십 년 동안 전 세계적인 겨울을 만들어서 인류의 인구를 급감시켰다고 주장했지만, 이 가설은 반박되었습니다. 만일 잠시 멈춰서 당신이 본 것을 기록으로 남겨둔다면 많은 연구자들이 정말로 고마워할 거예요.

미래의 고고학자들께.
토바 화산 폭발은 조금 더 추운 겨울을
만들긴 했지만 인구가 급감하지는
않았어요.
어쨌든 과거를 알아내는 일에 행운이
있길 바랍니다. 이걸 알려드릴게요.
∘ ∘ ∘ ∘
추신. 이 간빙기의 날다람쥐는
초음속이에요. 왜 그런지는 모르겠어요.

열흘을 걸으면 아마도 예상보다 조금 더 빨리 미시시피강에 도착할 거예요. 이 강은 오래되었지만(이런저런 형태로 수백만 년 동안 있었어요) 주위로 꽤 많이 움직였습니다. 당신은 이 강이 현대의 위치보다 약간 서쪽에 있다는 것을 발견할 거예요. 강으로 다가가면 강이 범람원을 가로질러 걷는 속력으로 앞뒤로 왔다갔다하는 것을 볼 수 있을 것입니다. 그리고 당신은 주변의 모든 평원을 잠기게 하는 주기적인 홍수에 뿌옇게 둘러싸여 있을 거예요. 당신의 느린 속력의 허파를 공기로 가득 채우는 과정이 무엇이건 간에 그것이 당신의 관점에서는 빛의 속력의 1~2퍼센트로 흐르는 강을 건너는 동안 당신이 익사하지 않도록 지켜주기를 희망합니다.

어떻게든 허우적거려 강을 건넜다고 가정하면, 멀리서 훨씬 더 극지방의 모습을 보게 될 거예요.

이건 일리노이 빙하기예요. 북아메리카에서 가장 극심한 빙하기 중 하나죠. 당신

의 경로는 빙하가 직접 닿기에는 너무 남쪽이지만, 빙하가 팽창하기 전에 당신 주위에서는 빙하 홍수가 거꾸로 일어날 거예요. 녹은 물의 급류가 주기적으로 바다에서 나타나 당신을 지나 북쪽으로 달려가 얼음벽에 부딪쳐 얼어붙을 것입니다.

그 주 안에 당신은 테네시와 켄터키의 가문비나무와 뱅크스소나무 숲을 가로질러 갈 것이고 온도는 계속해서 올라갈 거예요. 3주 정도 후에는 오하이오강과 애팔래치아산맥에 도착하고 기후는 아주 따뜻할 거예요. 당신은 24만 년 전 간빙기의 정점에 있고 온도는 거의 지금처럼 따뜻할 거예요.*

애팔래치아산맥을 가로지르는 동안 빙하들이 당신을 향해 마지막으로 달려들 거예요. 25만 년에서 30만 년 사이에 있었던 MIS – 8 빙하기의 일부죠. 당신의 경로는 충분히 남쪽이라 아마도 그들을 피하겠지만, 만일 좀 더 북쪽 경로를 택한다면 계절에 따라 팽창했다 물러나는 맥동하는 벽을 만날 거예요. 너무 가까이 다가가면 빙하가 화물 열차의 속력과 훨씬 더 큰 운동량으로 당신에게 달려들 거예요. 너무 가까이 가지 마세요.

뉴저지 북쪽의 언덕을 넘어 뉴욕시로 접근하면 처음에는 남동쪽으로 흐르는 강들이 있는 초원이 보일 거예요. 하지만 가까이 다가가면 멀리 바다가 보일 거예요. 바다는 가끔씩은 걷는 속력 정도로 빠르게 땅을 드문드문 가로지르는 길고 느린 밀물과 썰물처럼 보일 거예요. 뉴욕시에 도착하면 약 30만 년 전일 거고, 현재의 해안선과 상당히 비슷한 해변이 당신을 맞아줄 거예요.

---

* 저는 21세기 초반에 이 글을 쓰고 있습니다.

바다는 거의 같은 장소에 있겠지만 풍경은 알아보기 힘들 거예요. 현재의 익숙한 풍경은 30만 년 동안 빙하에 씻겨 나가고 강물로 새로 만들어졌습니다.

《위험한 과학책》에서 한 독자는 뉴욕시에 서서 10만 년 전에서 100만 년 전의 과거로 시간 여행을 했습니다. 만일 당신이 마침 딱 맞는 장소에서 딱 맞는 시간에 소리를 질러 부른다면…

…만나서 간식을 함께 먹을 수도 있어요.

56. 위를 암모니아로 채운다면

암모니아를 튜브로 위에 주입하면 어떻게 될까요?
발생되는 열로 위를 태우려면
얼마나 빠르게 흘러야 할까요?
새롭게 만들어지는 염소 기체는 위에
어떤 작용을 할까요?

– 베카 Becca

당신의 화학 수업 시간이 걱정되는군요.

좋아요 여러분, 멋진 노란색
과학 버스를 타세요! 우리의 내부 장기들을
녹일 시간이에요.

예전 학교에서는 절대 이런 거 하지 않았어.
(《신기한 스쿨버스》라는 인기 과학 만화책을 패러디한 것-옮긴이)

SCIENCE!

이건 확실히 제가 받은 가장 무서운 질문이에요. 하지만 답이 너무나 궁금하기도
하다는 걸 인정해야겠네요.

화학자이자 블로그 '파이프라인 안에서In the Pipeline'의 운영자인 데릭 로Derek Lowe는 많은 불쾌한 화학물질을 직접 경험했습니다. 그래서 암모니아가 위에서 어떻게 되는지에 대한 그의 생각을 물었어요. 좋은 소식은 그 반응으로 염소 기체가 생기지는 않는다는 거예요. 암모니아는 염기이기 때문에 위에 있는 산과 중화되어 염을 만들어요. 염화암모니아인 염은 소화 시스템을 약간 괴롭히겠지만 그 자체로는 그렇게 해롭지 않습니다. 하지만 위의 과정은 많은 열도 만들기 때문에 당신은 산과 암모니아가 중화될 때 위가 타는 고통을 겪을 거예요.

암모니아가 모두 중화되지는 않을 거예요. "산이 제한 요인이 될 거예요."로가 말했습니다. 당신의 위에는 **그렇게** 많은 산이 있지 않기 때문에 암모니아가 모두 중화시키는 데 그렇게 오랜 시간이 걸리지 않을 거예요. "그러면, 직접적인 세포 손상이 일어날 거예요." 그가 말했습니다.

의학 자료 사이트 'StatPearls'에 있는 암모니아 독성 리뷰에는 다음과 같은 문구들

이 있어요.

- 염증 반응
- 돌이킬 수 없는 흉
- 심각한 열 손상
- 액상 괴사
- 소화관 주변 손상
- 단백질 변성
- 유강장기(속이 비어 있는 장기 - 옮긴이) 천공
- 비누화

궁금하다면, 비누화는 지질이, 이 경우에는 당신의 세포들을 붙잡고 있는 막이 비누로 바뀌는 것을 말합니다. 당신의 세포 안쪽이 떨어져 나간다는 말이에요. 제가 **정말로** 설명하고 싶지 않은 이유로 나쁜 일이죠.

결론:

1. 당신의 위를 암모니아로 채우지 마세요.

2. 누가 베카의 화학 수업 시간을 확인해봐야 할 것 같아요.

57. 지구와 달을 소방 출동 기둥으로 연결한다면

다섯 살인 아들이 오늘 나에게 물었어요.
달에서 지구까지 소방 출동 기둥이 연결되어 있다면
달에서 지구까지 미끄러져 오는 데 얼마나 걸릴까요?

- 라몬 쇤보른 Ramon Schönborn**, 독일**

우선 몇 가지 장애물을 치우죠.

실제 상황에서는 지구와 달 사이에 금속 막대(=기둥)를 연결할 수 없습니다.[*] 달 쪽의 기둥 끝은 달의 중력으로 달을 향해 끌리고, 나머지는 지구의 중력으로 지구를 향해 끌릴 거예요. 막대는 반으로 부러질 겁니다.

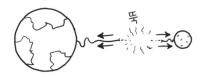

이 계획의 또 다른 문제: 지구의 표면은 달이 지구 주위를 도는 것보다 더 빠르게 회전하기 때문에 지구 쪽 끝을 땅에 연결하려고 하면 부러지고 말 거예요.

---

[*] 일단 NASA에서 누군가가 화를 낼 거예요.

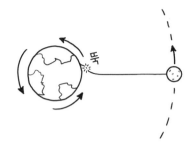

한 가지 문제가 더 있습니다.* 달은 항상 지구에서 일정한 거리에 있지 않아요. 달의 궤도는 가까이 왔다가 멀어집니다. 큰 차이는 아니지만, 수천 킬로미터의 소방 출동 기둥이 한 달에 한 번씩 지구를 짓누르기에는 충분해요.

하지만 이런 문제들은 무시합시다! 달에서 지구의 표면 바로 위까지 뻗은 마법의 기둥이 팽창하고 수축하여 땅에는 절대 닿지 않는다면 어떨까요? 달에서 지구로 미끄러져 오는 데 얼마나 걸릴까요?

당신이 달 쪽의 기둥 끝에 서 있다면 한 가지 문제가 금방 명확해질 거예요. 당신은 기둥을 미끄러져 **올라가야** 합니다. 그건 미끄러지는 게 아니죠.

미끄러지는 것이 아니라 위로 올라가야 합니다.

---

* 네, 거짓말이에요. 문제는 수백 개가 더 있어요.

사람들은 기둥 오르기를 아주 잘합니다. 기둥 오르기 세계 기록 보유자는* 세계 대회에서† 1초에 1미터 이상 오를 수 있습니다. 달은 중력이 훨씬 더 약하기 때문에 오르기가 더 쉬울 거예요. 그런데 우주복을 입어야 하기 때문에 속력을 약간 늦출 거예요.

기둥에 충분히 높이 올라가면 지구의 중력이 인계를 받아 당신을 당기기 시작할 거예요. 기둥에 매달려 있으면 세 가지 힘이 당신을 당깁니다. 지구의 중력은 지구를 향해서 당기고, 달의 중력은 지구에서 멀어지는 방향으로, 그리고 회전하는 기둥의 원심력도 지구에서 멀어지는 방향으로 당겨요.‡ 처음에는 달의 중력과 원심력을 합친 힘이 더 강해서 당신을 달을 향해 당기지만, 지구에 가까이 갈수록 지구의 중력이 인계를 받습니다. 지구가 달보다 더 무겁기 때문에 (L1 라그랑주 지점이라고 알려진) 이 지점에 도착해도 당신은 아직 달에 꽤 가까워요.

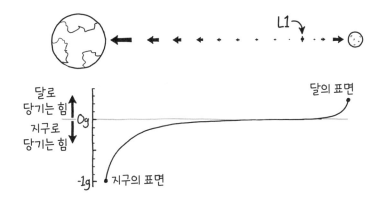

당신에게는 안됐지만 우주는 넓어서 '꽤 가까운' 것도 아주 먼 거리예요. 세계 기

---

* **당연히** 기둥 오르기 세계 기록이 있습니다.
† **당연히** 세계 대회가 있습니다.
‡ 달 궤도의 거리와 달이 움직이는 속력에선 밀어내는 원심력이 정확하게 지구의 중력과 같습니다. 그래서 달의 궤도가 거기인 거죠.

록보다 더 빠른 속력으로 올라가도 L1에 도달하는 데에는 몇 년이 걸릴 거예요.

L1 지점에 도달하면 당신이 할 일은 오르기에서 밀면서 미끄러지기로 바뀌기 시작할 거예요. 한 번 밀면 긴 거리를 올라갈 수 있습니다. 멈출 때까지 기다릴 필요는 없어요. 기둥을 다시 잡아서 밀면 더 빠르게 움직일 수 있습니다. 스케이트보드를 타는 사람이 여러 번 발로 밀어서 속력을 높이는 것처럼요.

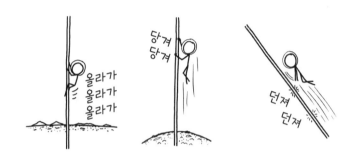

L1 지점 근처에 도달하면 더 이상 중력과 싸울 필요가 없고, 이제 속력을 제한하는 요인은 당신이 얼마나 빠르게 막대를 잡아서 뒤로 '던질' 수 있는지뿐입니다. 최고의 야구 투수는 공을 던질 때 최대 약 시속 160킬로미터로 손을 움직일 수 있으니까 아마도 당신이 그보다 더 빨리 움직이기를 기대하기는 어려울 거예요.

주의: 당신이 스스로를 던질 때 막대를 놓치지 않도록 조심하세요. 그럴 경우에 회복할 수 있도록 안전선을 연결해두었기를 바랍니다.

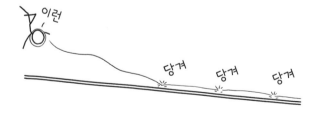

막대를 타고 몇 주 더 미끄러지면 중력이 인계를 받아 당신이 스스로를 밀어서 가

는 것 보다 더 빨라지는 것을 느끼기 시작할 거예요. 이렇게 되면 조심하세요. 금방 **너무** 빨라지는 걸 걱정해야 할 겁니다.

　지구에 다가가면서 지구의 중력이 증가하면 꽤 많이 빨라지기 시작할 거예요. 스스로를 멈추지 않으면 상층대기에 도달할 때는 거의 탈출속도(초당 11킬로미터)가 되어 공기와의 충돌 때문에 너무 많은 열이 생겨 당신이 타버릴 위험이 있습니다. 우주선은 열차폐로 이 문제를 해결합니다. 열을 흡수하고 약화시켜 뒤에 있는 우주선이 타버리지 않도록 하는 거죠. 당신은 손으로 금속 막대를 잡고 있기 때문에 막대를 꽉 잡아서 마찰로 내려가는 속력을 조절할 수 있습니다.

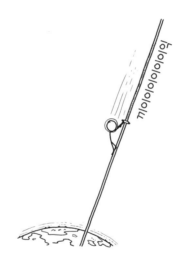

　마지막에 속력을 줄이려고 기다리지 말고 내려오는 동안 내내 느린 속력을 유지해야, 그리고 필요하다면 잠시 멈춰서 당신의 손 혹은 브레이크 패드를 식혀야 합니다. 탈출속도에 도달했다면 마지막 순간에 속력을 줄여야 한다는 걸 기억하세요. 가장 좋은 경우라면 멀리 날아가거나 곤두박질쳐서 죽을 거예요. 가장 나쁜 경우라면 당신의 손과 막대가 모두 새로운 형태의 물질로 바뀐 **다음** 멀리 날아가거나 곤두박질쳐서 죽을 거예요.

천천히 내려와서 제어된 상태로 대기에 진입했다면 곧 다음 문제에 부딪칠 것입니다. 당신의 막대는 지구와 같은 속력으로 움직이지 않아요. 비슷하지도 않죠. 당신 아래의 땅과 공기는 아주 빠르게 움직이고 있을 거예요. 당신은 극도로 강한 바람 속으로 들어가게 될 겁니다.

잠깐만.
내가 정확하게 얼마나
빠른 바람 속으로
미끄러져 들어가는 거지?

달은 지구 주위를 약 초속 1킬로미터의 속력으로 약 29일에 한 바퀴를 돌아요. 이것이 이론적인 소방 출동 막대의 끝이 움직이는 속력입니다. 막대의 아래쪽 끝은 같은 시간 동안 훨씬 더 작은 원을 그리기 때문에 달 궤도의 중심에 대해서 겨우 시속 56킬로미터의 속력으로 움직여요.

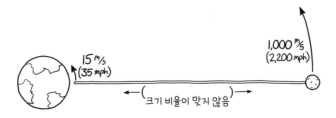

시속 56킬로미터는 이제 그렇게 나쁘게 보이지 않네요. 그런데 당신에게는 불행히도 지구 **역시** 회전하고* 지구의 표면은 시속 56킬로미터보다 **훨씬** 더 빠르게 움직입니다. 적도에서는 시속 1,600킬로미터가 넘어요.†

막대의 끝은 지구 전체에 대해서는 천천히 움직인다고 해도 지구의 **표면**에 대해서는 아주 빠르게 움직이고 있습니다.

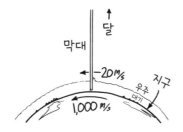

---

* 이 특별한 경우에만 '불행'하다는 말이에요. 일반적으로 지구가 회전한다는 사실은 당신에게, 그리고 지구의 생명체에게 다행입니다.

† 해수면에서 측정했을 때 에베레스트산이 지구에서 가장 높은 산이라는 것이 상식입니다. 약간 더 어려운 상식은 지구의 중심에서 가장 먼 지구의 표면은 에콰도르에 있는 침보라소(Chimborazo)산의 정상이라는 거예요. 지구는 적도가 불룩하기 때문입니다. 좀 더 어려운 질문은 지구의 표면에서 지구의 자전 때문에 가장 빠르게 움직이는 지점이 어디냐는 것입니다. 지구의 자전축에서 가장 먼 지점이 어디냐는 질문과 같죠. 답은 침보라소도 에베레스트도 아니에요. 가장 빠르게 움직이는 지점은 침브라소의 북쪽에 있는 화산인 카얌베(Cayambe)산의 정상입니다. 카얌베산의 남쪽 경사면은 적도 바로 위에서 가장 높은 지구의 표면이기도 해요. 저는 산에 대한 사실들을 아주 많이 알고 있어요. 당신도 이제 알게 됐어요.

막대가 지구 표면에 대해서 얼마나 빠르게 움직이는지 묻는 것은 땅에서 본 달의 속력을 묻는 것과 같습니다. 이것은 계산하기가 쉽지 않아요. 땅에서 본 달의 속력은 복잡한 방식으로 시간에 따라 변하기 때문이죠. 우리에게는 다행이게도 **그렇게** 많이 변하지는 않습니다. 보통은 초속 390~450미터 정도, 그러니까 마하 1이 조금 넘어요. 그러니까 정확한 값을 알아낼 필요는 없어요.

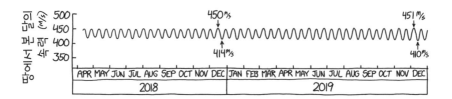

그래도 막대의 정확한 속력을
계산해야 할지도 몰라.
이게 중요할 수도 있어.
초음속 바람 속으로 떨어지는 걸
피해보려고 망설이는 게 절대 아니야.

어쨌든 이걸 계산하면서 시간을 벌어보죠.

땅에서 본 달의 속력은 사인 곡선을 그리며 꽤 규칙적으로 변합니다. 한 달에 두 번씩 빠르게 움직이는 적도 위를 지나갈 때 최대가 되고, 느리게 움직이는 회귀선 위를 지나갈 때 최소가 됩니다. 달의 궤도 속력도 가까운 곳에 있는지 먼 곳에 있는지에 따라 달라져요. 그래서 땅에서 본 달의 속력은 대략 사인 곡선 모양이 됩니다.

자, 뛰어내릴 준비가 됐나요?

계산할 수 있는 것이
더 없는 게 확실해?

좋아요. 땅에서 본 달의 속력을 **정말로** 확실하게 결정하기 위해서 고려해야 할 또 하나의 주기가 있습니다. 달의 궤도는 지구 - 태양 평면에 대하여 약 5도 기울어져 있고, 지구의 자전축은 23.5도 기울어져 있어요. 달의 위도가 태양과 같은 방식으로 1년에 두 번씩 북회귀선에서 남회귀선으로 움직인다는 말이죠.

그런데 달의 궤도도 기울어져 있기 때문에 이 기울기는 18.9년을 주기로 회전합니다. 달이 기울어진 방향이 지구가 기울어진 방향과 같으면 달이 태양보다 적도에 5도 더 가까이 있고, 방향이 반대면 최대로 먼 위도까지 갑니다. 달이 적도에서 더 먼 지점을 지나가면 땅에서 본 속력은 더 느려지고 사인파의 낮은 부분도 더 아래로 내려갑니다. 앞으로 몇십 년 동안의 땅에서 본 달의 속력 곡선은 다음과 같아요.

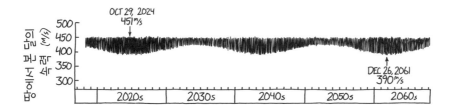

달의 최대 속력은 꽤 일정하지만 최소 속력은 18.9년을 주기로 높아졌다 낮아집니다. 다음 주기의 가장 느린 속력은 2025년 5월 1일이니까, 2025년까지 기다렸다 내려오면 막대가 지구의 표면에 대해 불과 초속 390미터일 때 대기와 충돌하게 될 거예요.

당신이 결국 대기로 진입하면 회귀선 근처로 내려갈 거예요. 지구의 자전과 같은

방향으로 부는 상층대기의 흐름인 열대 제트기류를 피하도록 노력하세요. 당신의 막대가 여기를 지나가게 된다면 바람의 속력이 초속 50~100미터 더해질 수 있습니다.

어디로 내려오든 당신은 초음속 바람을 마주하게 될 테니까 많은 보호 장비를 갖추어야 합니다. 막대에 단단하게 붙어 있어야 합니다. 바람과 여러 종류의 충격파들이 당신을 강하게 때리고 이리저리 흔들어댈 테니까요. 사람들은 흔히 이렇게 말하죠. "떨어지기 때문이 아니라 끝에서 갑자기 멈추기 때문에 죽는 거다." 불행히도 이 경우에는 둘 다일 겁니다.

땅에 닿으려면 어떤 지점에서 막대를 놓아야 합니다. 마하 1의 속력으로 움직이면서 땅으로 바로 뛰어내리기를 원하지 않는 분명한 이유가 있겠죠. 그 대신 비행기가 다니는 고도 어딘가에 도달할 때까지 기다렸다가 막대를 놓을 수도 있습니다. 아직 공기가 얇기 때문에 당신을 너무 강하게 당기지는 않거든요. 그래서 공기가 당신을 멀리 보내어 지구로 떨어지게 하면 낙하산을 펼치는 겁니다.

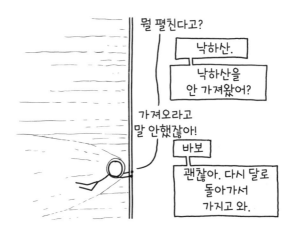

드디어 땅으로 안전하게 내려왔습니다. 달에서 지구까지 완전히 당신의 근육 힘으로만 이동한 거죠. 막대의 아래쪽 끝에서 뛰어내릴 때까지 **너무** 오래 기다리지 않았다면 전체 여행은 몇 년 정도 걸렸을 거예요. 대부분의 시간은 달의 표면에서 막대를 오르는 데 보냈을 겁니다.

끝나면 소방 출동 막대를 제거하는 걸 잊지 마세요. 그건 **분명히** 안전에 큰 재앙이 될 겁니다.

5

짧은 대답들

> **Q** 계속해서 돌아가는 전자레인지 안에서 생명체가 진화할 수
> 있을까요?
>
> **- 애비 도스** Abby Doth

	당신이 기대했을 대답	
실제 대답	**YES**	**NO**
YES	MIT에는 강의실이 있나요?	애머스트 칼리지에는 핵 벙커가 있나요?
NO	과학자들은 번개가 왜 치는지 아나요?	광견병에 걸린 동물을 먹는 것은 안전한가요? 계속해서 돌아가는 전자레인지 안에서 생명체가 진화할 수 있을까요?

당연히, 뭐든지 충분히 강하게 던지면 벽을 뚫고 지나갈 수 있습니다. 그리고 이
질문은 의료정보보호법 위반일 수도 있다는 생각이 드네요.

Q 막대 빵을 끝없이 먹으려면 얼마나 천천히 씹어야 할까요?
- **밀러 브로턴**Miller Broughton

올리브 가든의 마늘 토핑 막대 빵은 140칼로리예요. 그러니까 당신의 평소 신진
대사를 유지하려면 한 시간에 막대 빵 하나보다 약간 적게 먹어야 합니다.

막대 빵을 20번 나누어 먹으면…

…1초에 한 번씩 씹어서 한 입을 200번씩 씹으면 됩니다. 20세기 초에 100번씩
씹는 데 집착했던, 의사는 아니었던 괴짜 호러스 플레처Horace Fletcher보다 두 배 더 씹
는 겁니다.

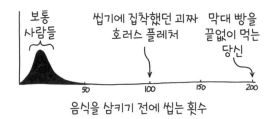

음식을 삼키기 전에 씹는 횟수

그러면 당신은 막대 빵을 끝없이 먹을 수 있습니다.

Q 만일 달걀 껍데기 안에 있는 흰자와 노른자를 제거하고 거기에 헬륨을 채우면 달걀은 공중에 뜰까요?*

– 엘리자베스 Elizabeth

아니요! 달걀의 내용물은 약 50그램이에요. 그런데 달걀에 의해 밀려나는 공기는 약 50밀리그램밖에 되지 않기 때문에 달걀이 진공으로 채워져 있어도 50밀리그램 이상은 들어 올릴 수 없습니다.

달걀 껍데기는 몇 그램이기 때문에 땅에 그대로 있을 거예요.

---

* 이 질문은 영국의 경연 프로그램인 〈태스크 마스터〉의 에피소드에서 영감을 받은 거예요. 거기서 참가자인 마완 리즈완(Mawaan Rizwan)이 바로 그걸 시도해서 실패했거든요.

"이게 뜰까요?"라는 질문에 너무 많은 복잡한 계산 없이 깔끔하게 답하는 방법이 있어요. 물은 공기보다 대략 1,000배 정도 무거우니까* 뭔가에 헬륨을 채웠을 때 뜨는지 알고 싶다면 여기에 물을 채우면 얼마나 무거울지 계산한 다음 소수점을 세 자리 위로 옮기기만 하면 됩니다. 그게 바로 이것이 만들어내는 부력이니까, 뜨기 위해서는 단단한 부분이 이 무게를 가져야 합니다.

예를 들어 물로 가득 찬 수조의 무게가 150킬로그램이라고 합시다. 이것은 0.150킬로그램, 그러니까 150그램의 공기를 대체했다는 것을 의미합니다. 큰 스마트폰 정도의 무게죠. 빈 수조는 분명히 스마트폰보다 더 무거우니까, 헬륨을 채운 수조는 뜨지 않을 겁니다.

 별의 냄새를 맡을 수 있다면 무슨 냄새가 날까요?
-핀 엘리스Finn Ellis

표백제나 타는 고무 같은 매캐하고 톡 쏘는 냄새입니다.

---

* 실제로는 830배 정도지만 1,000으로 올림을 하면 계산하기도 쉽고, 우리가 무시하고 있던 헬륨의 무게를 거의 완벽하게 보완해서 정확한 답을 얻게 해줘요. 때로는 계산할 때 두 번 틀리면 맞는 경우가 있어요!

으...

별은 이온화된 플라스마로 이루어져 있어요. 수많은 입자들이 빠른 속도로 돌아다닙니다. 타지 않고 냄새를 맡을 방법은 없어요. 하지만 플라스마의 샘플을 얻어서 화학 성분을 바꾸지 않고 냄새를 맡을 수 있을 정도로 입자들의 속력을 늦춘다고 해보죠.

플라스마는 순식간의 당신의 코 안쪽 표면과 결합할 거예요. 이온화된 입자는 화학 반응성이 극도로 좋기 때문에 이온들은 비강 내벽과 전자를 교환하기 시작하여 후각 수용체를 덮고 있는 점액에서 화학 반응성이 좋은 분자(자유라디칼*)들을 만들 거예요. 이 수용체들은 평범하게 반등하지만, 이런 종류의 느슨한 불균형 분자들은 어떤 것과도 결합하기 때문에 많은 수용체들이 동시에 자극될 거예요.

우리는 1991년 암 치료 동안 비강에 방사선 조사를 받은 사람들에게 질문한 연구에서 별이 어떤 냄새일지에 대한 아이디어를 얻을 수 있습니다. 이들은 기계가 켜졌을 때 불쾌한 냄새를 맡았다고 말했어요. '염소', '타는 암모니아', '타는 브레이크', '셀러리 혹은 표백제'와 비슷하다는 다양한 묘사를 내놓았습니다. 방사선 치료를 할 때 나는 불쾌한 냄새는 비강 내벽의 점액을 이온화시켜 오존과 자유라디칼을 만들어내어 별의 플라스마와 같은 방법으로 후각 수용체를 자극하는 감마선 때문일 것으로 보입니다.

그러니까, 별의 냄새는 별로 좋지 않을 거예요.

냄새 나는 작은 별!

---

* 홀전자 오비탈을 가진 화학종의 하나. 대개 불안정하여 오래 존재할 수 없고 화학반응 중에 일시적으로 생성된다. - 편집자

전기 스파크가 일어날 때 타는 냄새를 만들어내는 오존의 냄새를 맡으면 이 냄새를 경험할 수 있습니다. 고전압 기기나 전기 모터에서, 그리고 번개가 칠 때 만들어지죠. 하지만 너무 많이 들이마시지 않도록 주의하세요. 그런 부식성이 있는 것을 마시면 코, 목구멍, 혹은 폐에 좋지 않습니다.

별의 맛이 어떨지를 추정하는 것은 훨씬 더 쉬워요. 신맛입니다. 우리 혀의 신맛 수용체가 자유 수소 이온에 의해 활성화됩니다. 산성 액체 형태의 음식에서 흔히 볼 수 있죠. 별의 대기는 수소 이온으로 이루어져 있기 때문에 이 수용체들을 아주 직접적으로 활성화시켜 별은 극도로 신맛이 납니다.

Q 지구에 있는 모든 인공물의 평균 크기는 어떻게 될까요?
- **막스 카버**Max Carver

너무 크지도, 작지도 않아요. 대략 평균이죠.

평균 크기의 물체
(실제 크기가 아님)

Q ○○○○○○

– 네이트 유^{Nate Yu}

이해해요, 네이트.

58. 전 세계를 눈으로 덮으려면

저의 일곱 살 아들 오웬의 질문이에요.
전 세계를 1.8미터 높이의 눈으로 덮으려면 얼마나
많은 눈송이가 있어야 할까요?
(왜 1.8미터인지는 모르겠지만⋯ 그렇게 물었어요.)

- 제드 스콧 Jed Scott

눈은 그 안에 많은 공기가 포함되어 있기 때문에 푹신합니다. 2.5센티미터의 비를 만들 수 있는 양의 물로 2.5센티미터보다 훨씬 높은 눈을 만들 수 있죠.

2.5센티미터의 비는 대체로 약 30센티미터의 눈과 같지만, 어떤 종류의 눈인지에 달려 있어요. 가볍고 푹신한 눈이라면 2.5센티미터 양의 비로 50센티미터 이상의 눈을 만들 수 있습니다!

비   눈

전 세계에 있는 모든 구름을 합치면 약 13조 톤의 물을 가지고 있습니다. 그 물이 모두 고르게 퍼져서 동시에 내리면 지구를 2.5센티미터의 비, 혹은 30센티미터의 눈으로 덮을 거예요.

지구의 대부분은 바다입니다. 물을 모두 육지에만 내리게 한다면 7~10센티미터가 될 거예요. 이것은 아주 큰 폭풍우에서 내리는 양입니다.

그렇다면 7~10센티미터의 물은 1~1.2미터의 눈이 되겠네요, 그렇죠?

거의 그렇지만 문제가 하나 있어요. 눈이 쌓이면 눈의 아래쪽이 눌립니다. 30센티미터의 눈이 내리고 다시 30센티미터가 내리면, 아래쪽의 눈이 눌립니다. 전체 높이는 60센티미터보다 낮아진다는 말이죠.

눈을 그대로 두면 자리를 잡고 단단해지면서 천천히 점점 낮아질 거예요. 모든 곳에 1.8미터의 눈이 내려도 처음에만 1.8미터일 거라는 말입니다. 오래지 않아 1.5미터가 될 거예요. (이것은 사람에게도 일어납니다. 몸이 약간 압축되면서 키가 더 작아져요.)

곧 멋진 연못이 될 거야.

이것은 얼마나 많은 눈이 왔는지 정확하게 기록하는 것을 어렵게 만들 수 있습니다. 때로는 기상 전문가들도 어려움을 겪어요! 눈의 양을 측정하기 위해서 눈보라가 끝날 때까지 기다리면 모두 눌려서 낮아지거나 일부는 녹을 수도 있기 때문에 측정하는 양은 너무 적을 거예요.

폭풍이 끝날 때까지 기다리는 대신 부분으로 나누어서 측정할 수 있습니다. 눈이 좀 내리면 측정을 한 다음 치우고, 눈이 더 내리면 다시 측정하는 거죠.

그러면 눈이 얼마나 왔을 때 치워야 하는지 결정해야 합니다. 너무 오래 기다리면 눈이 너무 눌릴 수 있고 너무 자주 측정하면 가볍고 푹신해서 숫자가 너무 크게 나올 수 있어요.

믿기 어렵겠지만 미국 기상청에는 눈을 얼마나 자주 치워야 하는지에 대한 특별한 가이드라인이 있어서 모든 사람이 같은 방법으로 측정을 할 수 있습니다. 그들은 눈의 높이를 측정하는 특별한 판을 가지고 있습니다. 아마도 그저 평범한 나뭇조각일 테지만 저는 그들이 이것을 정교한 기기로 다루고 필요할 때까지 잠긴 특별한 보관함에 보관하고 있다고 상상하기를 좋아합니다.

공식적인 가이드라인에 따르면 여섯 시간마다 눈 측정 판에서 눈을 치워야 합니다. 몇 년 전 큰 눈 폭풍이 있었을 때 볼티모어 공항은 72.6센티미터의 눈을 측정했습니다. 이건 새로운 기록이 되는 거였어요. 그런데 미국 기상청은 그 눈을 측정한 사람이 여섯 시간이 아니라 한 시간마다 그 판에서 눈을 치웠다는 것을 알아냈습니다. 그래서 이것을 기록으로 인정해야 할지 말아야 할지 몰랐어요.

저는 그것이 어떻게 결정되었는지 모릅니다. 4일 후에 **또 다른** 눈 폭풍이 볼티모어에 몰아쳐 모든 사람들이 더 중요한 것을 걱정해야 했기 때문이죠. (그 뒤로도 문제가 있었어요. 눈 내리는 겨울이죠.)

아직 사람들은 전 세계에 1.8미터의 눈이 쌓인 겨울을 아무도 보지 못했어요.* 그 정도의 눈이라면(원래의 질문에 답하자면) 약 10^{23}개에서 0을 몇 개 더하거나 뺀 수의 눈덩이가 됩니다. 그 정도의 눈이면 미국에 있는 7,000만 명의 아이들 모두가 눈덩이를 세 번 이상 다른 아이들에게 던지기에 충분한 양이 될 수 있어요.

아니면, 전 세계적인 눈이 내릴 때 당신이 사는 곳은 뜨거운 여름이라면, 눈덩이를 잘 보관해두세요.

---

* 55장 '걷는 순간부터 시간이 과거로 간다면'에 등장한 토바 폭발 이론이 맞다는 것이 밝혀지지 않는다면요.

59. 모든 개가 매년 다섯 마리 강아지를 낳는다면

네 명 중 한 명이 다섯 살인 개를 데리고 있고,
그 개는 매년 다섯 마리의 강아지를 낳고,
그 강아지는 다섯 살부터 열다섯 살까지 강아지를
낳고 스무 살에 죽는다고 한다면
지구가 강아지로 넘치는 데에 걸리는 시간은
얼마나 될까요?
음식, 물, 산소는 충분하다고 가정합니다.

- 그리핀 Griffin

지구 인구 80억 중 4분의 1이 개를 기른다면 20억 마리가 됩니다. 벌써 너무 많네요. 현재 전 세계에 얼마나 많은 개가 있는지는 아무도 모릅니다. 하지만 대부분은 20억 마리보다는 적다고 보고 있어요.

다음 해에 그 20억 마리의 개는 100억 마리의 강아지를 낳아서* 모두 120억 마리가 됩니다. 인구의 나머지 4분의 3이 모두 개와 함께할 만한 수죠.

이후 첫 5년 동안 이 20억 마리의 개는 매년 100억 마리의 강아지를 계속 낳습니다. 5년 후가 되면 지구에 있는 모든 사람은 평균 6~7마리의 개를 가지게 됩니다.

6년째에는 첫해에 태어난 강아지들이 새끼를 낳기 시작하여 기하급수적인 증가가 시작됩니다. 그해에는 개의 수가 520억에서 1,120억으로 두 배가 됩니다. 다음 해에는 다시 거의 두 배가 됩니다. 11년째가 되면 101 달마시안 지점에 도달합니다. 모든 사람이 101마리의 개를 가지게 되는 거죠. 그중 약 85퍼센트가 다섯 살보다 어려요.

---

* 한 쌍이 아니라 모든 개가 다섯 마리의 강아지를 낳는다고 가정합니다. 짝을 지어서 열 마리의 강아지를 낳거나, (한 부모당 다섯 마리) 아니면 모두 암컷이고 복제로 단위생식을 하여 번식을 하는 거죠.

달마시안 지점이 되면 개의 모든 생물량은 지구의 다른 모든 동물을 합친 것과 비슷해집니다. 몇 년이 더 지나면 1인당 1,001마리의 개를 가지게 되고 육지는 붐비기 시작합니다. 개들이 지구 육지의 표면에 균일하게 퍼지면 5미터 간격이 될 거예요.

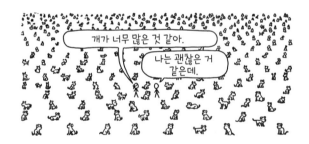

15년이 지나면 처음의 개들은 스무 살이 되어(개의 나이로는 140살) 노화로 쓰러집니다. 하지만 이들의 수는 전체 개의 수 10조에 비하면 너무 적어서 이들이 사라지는 것은 반올림 오차에 포함될 거예요.

20년이 지나면 개들이 지구의 모든 육지에 1미터 정도 간격으로 있게 되어서 사람들은 그 사이에 있어야 하게 됩니다. 하지만 당신이 어디에 있든 손을 뻗어서 개를 쓰다듬을 수 있기 때문에 그건 좋은 점이죠.

25~30년이 지나면 개들은 어깨를 맞대고 포개지기 시작할 거예요. 다행히 이 시나리오는 물과 음식, 그리고 긴 수명*을 보장합니다. 그러니까 우리는 이 개들이 포개지는 것을 즐기고 행복해한다고 가정하죠. 40년이 지나면 우리의 마천루들은 짖는 소리와 털의 행복한 바다 아래로 사라질 거예요.

10년이 더 지나면 개가 산을 덮고 바다로 넘치기 시작할 거예요. 이 지점이 되면 증가율이 일정해질 거예요. 개의 수는 매년 1.6578배로 늘어납니다. 어떤 해의 전체 개의 수는 단순한 지수함수로 측정할 수 있어요.

$$f(t) \approx 6 \times 10^9 \times 1.6578^t$$
달마시안이라면

---

* 《위험한 과학책》을 읽은 사람이라면 누구도 또 다른 '두더지 1몰을 한자리에 모으면' 상황을 원하지 않을 거예요.

55년이 지나면 개들이 대기를 차지하고 달보다 무거워질 거예요. 65년이 지나면 개의 수가 1몰(6.022×10^{23})에 도달하여 지구보다 더 무거워질 거예요. 지구는 더 이상 개를 가진 행성이 아니라 개의 무리가 가지고 놀 행성이 될 거예요.

멍멍

이렇게 영원히 갈 수는 없습니다. 120년이 지나면 팽창하는 개 무리의 바깥쪽 껍질은 태양을 삼킬 거예요. 이것을 피하기 위해서 개가 일종의 다이슨 구를 만든다고 가정하더라도…

개가 태양으로 떨어지는 것을 피하려면 태양을 둘러싸는 속이 빈 공을 만들면…

그 말은 하지 마!

공!!!

110년이 지나 개의 수가 10^{30}을 넘으면 상대론적 수축을 하기에 충분할 정도로 중력이 강해질 거예요.

개를 행복하게 살아 있도록 만드는 어떤 힘이 그 수축을 막는다면, 우리는 물리학의 왕국에서 너무나 멀리 떨어져버려서 무슨 일이 일어날지 말을 할 수도 없을 정도입니다. 하지만 기록을 위해서 이정표들을 정리했어요.

- 150년: 개는 카이퍼 벨트를 포함한 태양계를 점령합니다.
- 197년: 개가 만든 공의 바깥쪽 끝은 빛의 속력보다 빠르게 팽창합니다.
- 200년: 개는 시리우스에 닿습니다.
- 250년: 개는 우리은하를 둘러쌉니다.
- 330년: 개가 만든 공이 관측 가능한 우주를 둘러쌉니다.
- 417년: 디즈니가 이 시리즈의 마지막 영화를 발표합니다.

60. 1나노초 동안 태양에 머무른다면

제가 여덟 살쯤에 콜로라도의 추운 겨울날
눈을 치우다가, 태양 표면으로 1나노초 정도만
순간 이동을 했다가 곧바로 돌아왔으면 했어요.
그건 나를 따뜻하게 하기에는 충분하지만
나를 다치게 할 정도로 길지는 않을 거라고
생각했거든요. 실제로는 어떻게 될까요?

– AJ, 캔자스

믿기 힘들겠지만 그건 당신을 따뜻하게 하지도 못할 거예요.

태양 표면의 온도는 대략 5,800K* 입니다. 거기에 잠시 머무르면 당신은 재가 될 거예요. 하지만 나노초는 그렇게 길지 않습니다. 빛이 거의 정확하게 30센티미터 이동할 시간이에요.†

---

* 혹은 ℃. 온도의 자릿수가 커지기 시작하면 사실상 상관이 없어요.
† 1광나노초는 0.29979미터입니다. 30센티미터와 아주 비슷하죠. 30센티미터를 1광나노초로 정의할 수 있습니다.

당신은 태양을 마주 보고 있다고 가정하겠습니다. 일반적으로는 태양을 똑바로 쳐다봐서는 안 되지만, 태양이 180도 시야를 모두 차지한다면 피하기 어려울 거예요.

1나노초 동안 약 1마이크로줄의 에너지가 당신의 눈으로 들어옵니다.

빛 1마이크로줄은 그렇게 큰 에너지가 아니죠. 컴퓨터 모니터 앞에서 눈을 감고 있다가 빠르게 눈을 떴다 감으면, 그 눈 깜짝할 사이의 반대 시간* 동안 스크린에서 빛이 눈에 들어오는 양이 태양 표면에서 1나노초 동안 들어오는 것과 비슷할 거예요.

태양에서 1나노초 동안 태양에서 온 광자는 당신의 눈으로 흘러 들어와 망막세포

---

* 이것을 표현하는 용어가 있나요? 용어가 있어야 할 것 같아요.

를 때립니다. 그리고 1나노초가 지나면 당신은 다시 집으로 돌아옵니다. 그동안 망막세포는 반응을 시작하지도 못했어요. 다음 몇백만 나노초(밀리초) 동안 (빛 에너지를 흡수한) 망막세포가 작동하여 당신의 뇌에 뭔가 일이 일어났다는 신호를 보내기 시작할 거예요.

당신이 태양에 1나노초 동안 머무는 걸 당신의 뇌가 알아차리는 데에는 3,000만 나노초가 걸립니다. 당신의 관점에서는 번쩍이는 것밖에 보이지 않을 거예요. 이 번쩍임은 당신이 태양에 머무는 것보다 더 훨씬 오래 지속되는 것처럼 보이고, 망막세포가 조용해져야 사라질 거예요.

망막세포가 뭐야? 막이 망했다는 말이야?

피부가 흡수하는 에너지는 아주 적을 거예요. 노출된 피부 1제곱센티미터당 약 10^{-5}줄입니다. IEEE P1584 기준에 따르면 부탄 라이터의 푸른 불꽃을 1초 동안 잡고 있으면 피부 1제곱센티미터당 약 5줄의 에너지가 전달됩니다. 2도 화상을 입는 경계에 가깝죠. 당신이 태양을 방문하는 동안의 열은 10^5배 더 약해요. 눈이 약하게 번쩍하는 것 말고는 알아채지도 못할 거예요.

그런데 좌표가 틀리면 어떻게 될까요?

태양의 표면은 상대적으로 차가워요. 이것은 불사조 같은 것보다 더 뜨겁지만 내부와 비교하면 아주 차갑습니다. 표면은 몇천 도지만 내부는 몇백만 도예요.* **거기서 1나노초를 보내면 어떻게 될까요?**

---

* 태양 표면에서 높이 떠 있는 얇은 기체인 코로나 역시 몇백만 도이지만 이유는 아무도 몰라요.

태양 안으로 들어간 사람
(NASA 시뮬레이션)

슈테판-볼츠만 법칙으로 당신이 태양 내부에 있는 동안 얼마만큼의 열에 노출되는지 계산할 수 있습니다. 태양 내부에서는 1**펨토초**면 IEEE P1584의 2도 화상 기준을 넘게 됩니다. (당신이 그곳에서 머무는) 1나노초는 100만 펨토초예요. 좋게 끝나지 않을 겁니다.

좋은 소식도 있습니다. 태양 깊은 곳에서 에너지를 운반하는 광자는 아주 짧은 파장을 가지고 있어요. 대부분 경질과 연질 엑스선입니다. 다양한 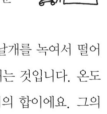 깊이로 당신의 몸을 뚫고 들어와서 내부 장기를 가열하고 DNA를 이온화시켜 당신이 타기 시작하기도 전에 돌이킬 수 없는 피해를 입힌다는 말이에요. 그러고 보니 "좋은 소식도 있습니다"로 이 문단을 시작했네요. 왜 그랬는지 모르겠습니다.

그리스신화에서 이카루스는 너무 태양 가까이 날아 그 열이 날개를 녹여서 떨어져 죽습니다. 그런데 '녹는다'는 것은 온도의 기능으로 상이 바뀌는 것입니다. 온도는 내부에너지를 측정한 것으로, **전체 시간** 동안 들어온 에너지의 합이에요. 그의 날개는 태양에 너무 가까이 날았기 때문이 아니라 그곳에서 너무 오랫동안 있었기 때문에 녹은 거예요.

잠깐만 머무르고 금방 나온다면, 당신은 어디든지 갈 수 있습니다.

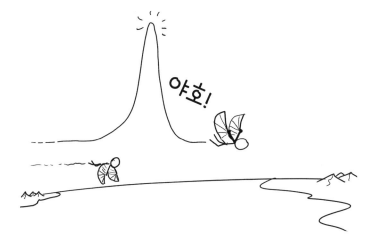

61. 자외선차단제로 태양 표면의 자외선을 막으려면

자외선차단지수가 제품이 주장하는 것과 같다면 태양 표면으로 한 시간 여행을 가기 위해 필요한 자외선차단지수는 얼마일까요?

- 브라이언[Brian]과 막스 파커[Max Parker]

자외선차단제의 자외선차단지수가 20이라고 되어 있으면 태양의 자외선 중 20분의 1만이 통과한다는 의미이기 때문에 일광 화상을 입기 전에 20배 더 오래 머물 수 있게 해줍니다.

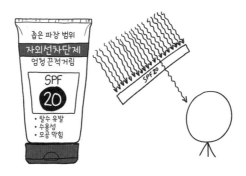

태양에 가까이 가면 아주 뜨거워요.[*] 표면 근처에서는 열과 복사의 세기가 여기

---

[*] Santana, C., I. Shur, R. Thomas, Smooth (New York, NY: Arista, 1999)

지구 궤도에서보다 약 4만 5,000배 더 강하기 때문에 그것을 막으려면 자외선차단 지수가 45,000이 되어야 합니다.

일반적으로 우주에는 자외선이 더 많습니다. 당신을 보호해주는 지구의 대기가 없기 때문이죠.

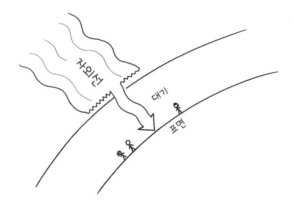

우주인들이 자외선 차단 우주복을 입고 있지 않으면 지구에서보다 훨씬 더 빠르게 태양 빛에 탈 거예요. (아폴로 우주인 진 서넌^{Gene Cernan}의 우주복 단열층이 찢어져 등 아래쪽에 심각한 일광 화상을 입은 이야기가 있습니다.)

우주에서 빛의 파장들의 조합은 지구 표면에서와 약간 다르지만 전체 자외선 지수는 지구의 맑은 날의 약 30배입니다. 그러면 30배 더 보호를 해야 하기 때문에 필요한 자외선차단지수는 최대 130만이 됩니다.

　다행히 이건 그렇게 불가능할 정도는 아니에요! 이론적으로 자외선차단지수는 곱해지기 때문에 여러 겹을 바르면 그 자외선차단지수들을 곱하면 됩니다. 자외선차단지수가 20인 자외선차단제를 바르면 태양 복사의 20분의 1만이 피부에 도달합니다. 그러니까 같은 자외선차단제로 **두 번째** 겹을 바르면 그 20분의 1의 20분의 1로 줄어드니까 전체로는 400분의 1로 줄어들게 된다는 말이죠. 그게 사실이라면 자외선차단지수 20인 자외선차단제를 두 겹으로 바르면 자외선차단지수는 400과 같아집니다!

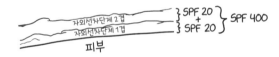

　자외선차단지수 20인 자외선차단제 다섯 겹은 자외선차단지수 320만과 같아져서 태양 표면에서 자외선을 차단하기에 충분합니다.

FDA(미국식품의약국)의 검증 기준으로는 자외선차단제를 약 20마이크로미터 두께로 발라야 합니다.* 그러니까 이론적으로 자외선차단지수 20인 자외선차단제를 대략 사람 머리카락 두께인 100마이크로미터만 바르면 태양에 아무리 가까이 가도 안전하게 보호할 수가 있어요.

이것은 수많은 이유로 분명하게 틀렸습니다. 가장 큰 이유는 자외선차단제는 태양의 열은 막지 못하고 자외선만 막는다는 거죠. 가시광선과 적외선인 태양의 **열**복사를 막기 위해서는 자외선차단제를 더 두텁게 발라야 하는데, 그 자체가 열을 높여 뜨겁게 만들 거예요. 10미터 두께의 자외선차단제도 당신이 구워지는 것을 막지 못할 겁니다.

* 실제로는 자외선차단제가 피부의 홈과 돌기 위로 불균일하게 발리기 때문에 대부분의 일광 화상은 더 얇은 '창'에서 일어납니다. 층이 불균일하고 대부분의 사람들이 충분히 두텁게 바르지 않기 때문에 자외선차단지수는 아마 두 배 이상 과대평가되었을 거예요.

이론적으로, 태양 표면 근처에 떠 있는 충분히 큰 자외선차단제 공은 충분히 오래 당신을 보호할 수 있지만 또 한 가지 문제가 있습니다. 증발되지 않도록 몸 전체를 덮어야 하고, 병에는 자외선차단제가 눈에 들어가지 않게 하라고 **분명하게** 적혀 있어요.

이것은 우리 목록에도 추가해야 할 것 같네요.

하지 말아야 할 일 목록
(???? 중 3,649번 항목)

#156,824 광견병에 걸린 동물 고기 먹기

#156,825 레이저 눈 수술 직접 하기

#156,826 캘리포니아 가금류 규제 기관에 당신 농장에서 포켓몬 알을 팔고 있다고
　　　　　말하기

#156,827 나이아가라폭포의 전체 물을 물리학 실험실의 열린 창문으로 흐르게 하기

#156,828 암모니아를 당신의 배에 주입하기

#156,829 (신규!) 당신을 10미터 자외선차단제 공에 넣고 태양으로 떨어지기

62. 태양을 만지고 싶다면

태양의 연료가 떨어지면 백색왜성이 되어
천천히 식을 거예요.
언제쯤 만져도 될 정도로 식을까요?

- 제버리 갈런드 Jabari Garland

태양은 약 200억 년 후면 상온으로 식을 거예요.

태양은 점점 뜨거워지고 있습니다. 핵이 점점 무거워져서 중력이 더 강하게 당겨 수소가 더 빠르게 타기 때문이죠. 약 50억 년 후면 태울 수소가 떨어지기 시작할 거예요. 핵이 자체 무게로 수축하면 수축에 의한 열이 몇 번의 짧은 핵융합을 일으키고 바깥층들을 팽창시켜* 날려 보낼 거예요. 그러면 나머지는 지구보다 약간 큰 불활성의 빠르게 회전하는 공, 백색왜성이 됩니다.

처음에는 태양의 잔해는 격렬한 수축 때문에 흰색으로 뜨겁지만 시간이 지나면 그 열이 우주로 방출되면서 점점 식을 거예요. 몇십억 년이 지나면 지금보다 더 차가워질 거예요. 50억~100억 년 지나면 캠프파이어 정도의 온도가 되어 거의 모든 열을 적외선으로 방출할 거예요. 그리고 다시 100억~200억 년이 지나면 상온에 도

---

* 지구를 삼킬 수도 있어요. 지구가 파괴된다는 것이 각주로 격하된 것은 이 장이 향하고 있는 방향에는 좋은 신호입니다.

달할 거예요.[*]

태양을 만져도 될 것 같지만 그래서는 안 됩니다. 왜 그런지 보기 위해서 우주선을 타고 태양으로 날아가는 상상을 해보죠.

태양의 백색왜성 잔해는 이전의 태양보다 훨씬 더 작아요. 당신의 우주선이 이전의 태양 표면 위치에 도착하면 태양의 잔해는 하늘에서 보름달보다 조금 큰 정도로밖에 보이지 않을 거예요.[†]

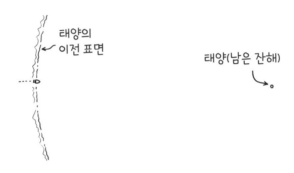

현재 우주에 존재하는 모든 백색왜성과는 달리 태양의 잔해는 어떤 빛도 만들어내지 않을 거예요. 태양을 보려면 우주선의 헤드라이트를 비춰야 합니다. (태양도 백색왜성이 되면 빛을 내지만, 이 경우는 이미 식은 상황을 가정하기 때문에 빛이 나오지 않음 – 옮긴이)

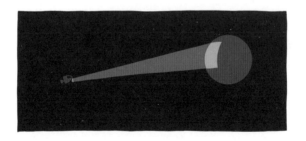

---

* 현재 하늘에는 상온의 별이 없습니다. 우주가 그럴 만큼 충분히 오래되지 않았기 때문이죠. 첫 세대의 백색왜성은 여전히 수축 때문에 뜨거워요. 이것이 식으려면 수십억 년이 걸릴 거예요. 우주는 아직 젊어요.

† 우리에게 달이 있었을 때. 그리고 하늘도.

표면은 아마 어두운 회색으로 보일 거예요. 대부분의 대기는 엄청난 압력으로 표면에 내려앉았을 거지만, 남은 수소 때문에 약간 푸르스름할 수 있어요.

그 별로 가는 동안은 괜찮게 느낄 거예요. 하지만 경치를 보기 위해 우주선을 잠시 멈추려고 한다면 문제가 생길 거예요. 잔해는 여전히 원래 태양 질량의 약 절반을 가지고 있기 때문에 이 거리에서의 중력은 벌써 지구 중력의 약 열 배가 될 거예요. 멈추거나 방향을 돌리려고 하면, 가속 방지용 슈트를 입고 있지 않다면 중력 때문에 기절을 하고 말 거예요.

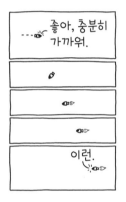

그런데 방향을 돌리는 것이 실수라면 계속 가는 것은 더 나쁩니다. 차가운 백색 왜성 표면에 제어된 착륙을 할 방법이 없기 때문이죠. 문제는 떨어지는 것이 아니라 마지막에 멈추는 겁니다. 그 별을 향해 떨어진다면 표면에 도달할 때에는 빛의 속력의 약 1퍼센트로 움직여 충돌로 산산조각이 날 거예요.

정말로 백색왜성에 우주선을 착륙시키길 원한다면 서핑을 시도해볼 수 있습니다. 대부분의 대기가 표면에 가라앉을 때까지 기다린 다음, 표면 접근 궤도로 우주선을 보내서 표면을 따라 미끄러지게 하여 속력을 점점 줄게 할 수 있어요. 당신은 거대한 서프보드가 필요하고, 핵융합층 위를 타게 될 거예요. 이 계획은 좋지 않고 잘되지 않을 것이 거의 확실하지만, 당신이 시도해볼 만한 다른 방법이 떠오르지 않아요.

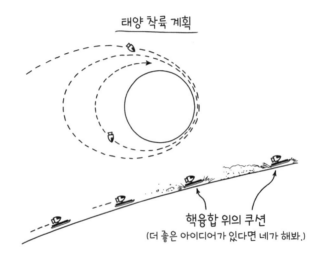

태양 착륙 계획

핵융합 위의 쿠션
(더 좋은 아이디어가 있다면 네가 해봐.)

당신은 로봇 탐사선을 보내야 합니다. 인간은 백색왜성 표면에서 살아남을 수가 없거든요. 어떤 압력복이나 생명 유지 장치도 당신을 살릴 수 없습니다.

별의 잔해 표면에 로봇 탐사선을 안전하게 내리는 데 성공한다면 반드시 중력으로 부서지지는 않을 거예요. 사람은 살아남을 수 없지만 이론적으로 어떤 종류의 컴퓨터는 살아남을 수 있습니다. 훨씬 더 작고 더 단단한 중성자별 위라면 분자로 이루어진 어떤 물질도 강력한 중력에 의해 얇은 원자층으로 평평해지겠지만, 지구 크기의 별의 잔해 위라면 일부 구조는 버틸 수 있어요.

지구에서는 얼음으로 작은 조각품을 만들 수 있지만, 얼음으로 1.5킬로미터보다 높은 산을 만들 수는 없습니다. 자체 무게로 수축하여 빙하처럼 흐를 거예요. 별의 잔해에서는 얼음 구조는 약 2.5센티미터 높이로 제한됩니다. 다른 재료는 더 큰 구조를 유지할 수 있지만, 가장 단단하고 압축에 강한 재료인 다이아몬드조차도 마천루 크기의 피라미드로 만들면 무너질 거예요.

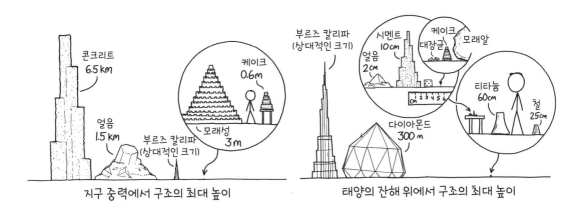

지구 중력에서 구조의 최대 높이

태양의 잔해 위에서 구조의 최대 높이

지구에서는 한쪽 끝이 매달린 철선은 자체 중력으로 끊어질 때까지 약 6.4킬로미터 길이가 될 수 있어요. 백색왜성에서는 자신의 무게를 겨우 7.5센티미터밖에 버티지 못합니다. 백색왜성 위에서 가장 긴 현수교는 2.5센티미터 넓이 이상의 틈을 가로지를 수 없어요. 더 길게 만들려면 거미줄처럼 높은 중량 대비 강도를 가진 재료가 필요합니다.

이 모든 것이 말해주는 것은 당신의 착륙선은 사람 크기가 아니라 개미 크기여야 한다는 것입니다. 그리고 움직이는 부분을 많이 만들어서는 안 됩니다. 하지만 관찰

한 것을 전파로 당신에게 보내줄 수 있는 몇 가지 전자제품이 들어간 작은 큐브를 만들 수 있을 거예요.

로봇 탐사선의 착륙을 별을 **만진** 것으로 간주할 수 있을까요? 모르겠습니다. 이건 일종의 철학적인 질문이네요. 하지만 그 별을 손으로 만지기를 원한다면 절대 불가능합니다. 별이 상온으로 식었다 해도 이것을 손으로 직접 만지고 살아날 방법은 없어요.

살아남는 부분을 신경 쓰지 않는다면…

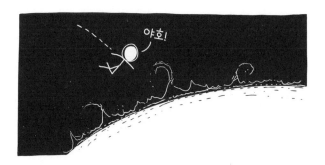

당신은 태양을 **지금도** 만질 수 있습니다.

63. 레몬 방울과 껌 방울 비가 내린다면

빗방울이 모두 레몬 방울과 껌 방울이라면
어떻게 될까요?

- 슈어 페스커-양Shuo Peskoe-Yang

모든 빗방울이 레몬 방울과 껌 방울이라면

아, 그건 어떤 비가 될까!

나는 입을 크게 벌리고 밖에 서 있을래…

　－동요

이 시나리오는《위험한 과학책》시리즈 기준으로 봐도 파국적입니다.

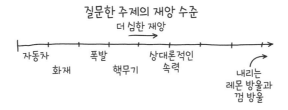

내리는 레몬 방울의 종단속도는 약 초속 10미터입니다. 이건 상처를 입힐 정도로 빠르지는 않을 수 있지만, 이에 맞는다면 분명히 이가 상할 거예요.

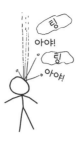

껌 방울은 레몬 방울보다 더 부드럽기 때문에 그만큼 많이 다치지는 않겠지만, 그것을 입으로 받는 것은 여전히 죽음으로 이어지는 좋은 방법으로 보입니다. 그냥 폭풍이 끝나기를 기다렸다가 땅에서 줍는 것이 더 나을 거예요.

첫 레몬 방울과 껌 방울 비는 맛있을 거예요. 비가 그치면 윌리 윙카*의 사탕 공장을 방문한 아이들처럼 흥분하여 마당으로 달려가 사탕을 배불리 주워 먹을 수 있어요. 다른 건 한 가지뿐이에요. 윙카의 공장 방문에서는 **모든** 방문객이 죽지는 않는다는 거죠.

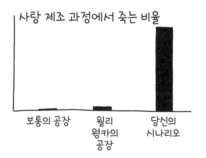

물이 같은 질량의 레몬 방울과 껌 방울로 바뀐다고 가정했을 때, 일반적인 폭풍우가 내리면 땅은 발목 깊이의 사탕으로 덮일 거예요. 물과 달리 사탕은 흙으로 스며들거나 아래로 흐르지 않습니다. 그냥 땅에 그대로 있을 거예요. 아이들과 동물들

---

* 로알드 달의 소설 《찰리와 초콜릿 공장》의 등장인물. – 편집자

이 쌓인 더미에 작은 구멍을 만들고 다른 곳에서는 설탕을 먹는 세균이 증식하겠지만, 사탕 덩어리는 그냥 그 자리에서 태양에 의해 녹을 거예요.

레몬 방울과 껌 방울 비가 내린 뒤 몇 주가 지나면 지붕이 붕괴하기 시작할 거예요.

집 지붕의 눈이 쌓이는 영역은 보통 0.1제곱미터에 10~30킬로그램을 견딜 수 있어야 합니다. 대략 물 30센티미터 높이와 같습니다. 미국 동부에서는 매년 약 1미터의 비가 내립니다. 몇 달 안에 대부분의 평평한 지붕은 그 무게 때문에 무너질 거란 말이죠.

우리는 곧바로 갈증으로 죽지는 않을 거예요. 지하수를 가지고 있는 지층과 호수에는 우리를 살려줄 물이 꽤 오랫동안 충분할 거예요. 표면의 물은 점점 고칼로리가 되긴 하겠지만요.

농사는 끝장날 거예요. 물로 이루어진 비가 갑자기 멈추면 금방 전 세계에서 가뭄이 일어날 거예요. 많은 농작물은 호수와 지하수에 의존하는 관개 시스템으로 물을 공급받지만 이들도 금방 사탕 더미에 묻힐 거예요. 농작물이 어떻게 살아남았다 하더라도 이들을 수확하는 것은 악몽과 같을 거예요. 무릎 높이 레몬 방울과 껌 방울의 끈적한 층을 지나가는 당신의 트랙터에 행운이 있길 바랍니다.

몇 년 안에 대부분의 도시는 설탕 덮개에 묻힐 거예요. 지구 전체가 사탕에 덮인

폼페이가 되는 거죠.

농업이 가장 오래 살아남을 곳은 거의 완전히 관개시설로만 농작물에 물을 대는 사막 지역일 거예요. 이집트 나일강을 따라 있는 농장 지대, 캘리포니아의 임페리얼 계곡, 투르크메니스탄의 사막과 같은 곳이죠. 카이로나 리마와 같이 거의 비가 오지 않는 도시들은 몇 년 동안 상대적으로 사탕에서 자유로운 상태를 지속할 수 있을 거예요. 나머지 세계가 파괴된 영향이 일부 문제를 일으키긴 하겠지만요.

40개가 넘는 나라가 사탕에 묻혀 있고 지금 모로코가 버리고 있으니 유로비전이 이제는 재미가 없어.

하지만 그들의 노래 "하하 바보들(너희 사막이 우리만큼 건조하길 원했지)"은 정말 인상적이야. 그들이 우승해야 한다고 생각해.

결국 우리 종은 그렇게 오래 살아남지 못할 거예요. 하지만 레몬 방울과 껌 방울 시나리오의 결과는 단순히 인류가 멸종하는 것보다 더 나쁠 거예요. 불과 며칠 내에 사탕은 지구의 모든 생명체보다 더 무거워지고, 지구에 그렇게 무거운 설탕 덮개가 더해지면 지구의 모양이 완전히 바뀔 거예요.

설탕은 탄수화물이고, 이산화탄소와 물로 분해될 수 있습니다. 이 과정에서 에너지가 방출됩니다. 설탕이 아이들이나 벌새, 세균과 같은 활기찬 생명체에게 그렇게 인기가 있는 이유죠. 흙에 설탕을 뿌리면 많은 양은 세균이 소화시켜 이산화탄소와 물의 형태로 주위로 돌려보낼 거예요.

설탕으로 살 수 있는 모든 생명체는 갑자기 주위에서 무제한으로 나타날 거예요.

많은 양의 사탕은 소화되지 않은 채로 묻혀 있겠지만, 일부는 화재와 같은 다른 과정으로 소화되거나 산화될 거고요. 그런 일이 일어나면 이산화탄소 수준이 급격히 높아져 지구가 데워지겠죠.

레몬 방울과 껌 방울은 물보다 밀도가 높기 때문에* 바다에 떨어지는 것은 녹기 전에 가라앉아 바다의 표면은 공기에 노출되어 있을 겁니다. 지구가 따뜻해지면 뜨겁고 점점 설탕이 많아지는 바다의 표면에서 물이 점점 빨리 증발할 거예요.

바다를 가진 행성이 너무 뜨거워지면 대기는 수증기로 가득 차게 됩니다. 이 수증기는 더 많은 열을 잡아서 온난화의 피드백 고리가 바다가 끓어서 없어질 때까지 걷잡을 수 없게 만들 테고요. 이와 비슷한 일이 먼 과거에 금성에서 일어났을 거예요. 다행히 복잡한 계산 후에 과학자들은 지구가 빠른 시일 이내에 폭주 온실효과의 위험에 있지는 않다고 대체로 결론 내렸습니다. 바다를 끓게 할 정도의 온난화를 만들 정도로 대기에 이산화탄소가 많지는 않기 때문입니다. 지구에 있는 모든 화석연료를 다 태운다고 해도 말이죠.

---

* 방금 잔에 물을 따라서 여러 종류의 사탕들을 넣어봤어요. 과학입니다!

하지만 사탕은 할 수 있습니다. 사탕 안에 있는 탄소의 일부만 산화된다 해도 대기의 이산화탄소 수준을 몇 년 안에 현재의* 0.042퍼센트에서 5퍼센트나 10퍼센트로 올릴 수 있어요. 지구가 젊고 태양이 더 차갑고 작았을 때 이후로 본 적이 없는 수준이죠. 모형에 따르면 이 수준은 폭주 온실효과를 촉발시킬 수 있습니다.

지구의 온도는 용광로 수준에 도달해서 지구의 표면을 살균시켜 생명의 나무의 종말을 가져올 거예요. 운 좋은 설탕을 먹는 호열성†의 세균 일부는 살아남을 수도 있겠지만, 지구의 물이 끓어서 사라지는 것을 지켜볼 어떤 생명체도 남아 있지 않을 거예요. 설탕에 절은 바다가 끓어서 사라지면 지구는 설탕 덩어리가 바닥에 깔린 바다를 가진 생명체가 없는 그을린 암석이 될 거예요.

---

* 2024년 12월 정도가 되면 이 값이 달라질 것으로 예상됩니다.

† 생존력, 번식력, 생물 활성 따위를 상온보다 높은 온도에서 더 잘 나타내는 성질. - 편집자

마지막 희망: 바다가 끓어서 없어지고 나면 레몬 방울과 껌 방울로 바뀔 빗방울이 더 이상 없어질 거니까 적어도 그 비는 그칠 것입니다. 지구는 금성처럼 보일 것이고, 물은 거의 없거나 전혀 없고, 그 물이 비가 되기에는 온도가 너무 뜨거울 거예요.

금성에 강수가 전혀 없는 것은 아닙니다. 금성의 산꼭대기는 우리가 눈(사실은 서리에 더 가까운)이라고 부르는 물질로 덮여 있어요. 낮은 지역에서 증발되어 산 위에 쌓인 금속처럼 보이는 것입니다. 폭주 온실효과 이후의 지구는 금성처럼 건조하고, 그을린 산꼭대기에 금속 눈이 덮여 있을 거예요.

노래의 뒷부분은 그냥 건너뛰어야 할 겁니다.

감사의 글

많은 분들이 이 책을 가능하게 만들어주었습니다.

자신들의 전문성을 기꺼이 나누어주신 모든 분들께 감사드립니다. 고에너지 입자들에 대한 질문에 대답해준 신디 킬러[Cindy Keeler], 암모니아와 마찰발광에 대한 통찰을 준 데릭 로[Derek Lowe], 철 증기를 들이마시지 말라고 말해준 나탈리 마호왈드[Natalie Mahowald]에게 감사드립니다. 법에 대한 질문에 대답해준 블레츠너[A.J. Blechner], 조너선 지트레인[Jonathan Zittrain], 잭 쿠시먼[Jack Cushman]과 하버드 도서관 이노베이션 랩의 모든 분들, 나이아가라폭포를 지키는 의문의 비밀 국제 폭포 경찰에 대한 정보를 제공해준 하버드의 마야 베그마스코[Maya Bergmasco]와 국제공동위원회의 데릭 스펠레이[Derek Spelay]에게 감사드립니다. 망원경에 대한 질문에 대답해준 필 플레이트[Phil Plait]와 휘핑크림의 무게를 재어준 트레이시 윌슨[Tracy Wilson]에게 감사드립니다. 범죄를 저지르는 것은 나쁜 일이라고 말해주었지만 '더 재미있을 것 같으니' 익명으로 해달라고 한 연방 검사에게도 감사드립니다.

제가 작성한 답을 읽고 코멘트를 해준 캣 헤이건[Kat Hagan], 저넬 셰인[Janelle Shane], 레우벤 라자루스[Reuven Lazarus], 닉 머독[Nick Murdoch], 그리고 백색왜성에서 구조의 크기부터 마리오 단계의 버섯 수까지 모든 숫자를 포함하여 이 책에 대한 '사실 확인'이라는 놀라운 프로젝트를 해준 크리스토퍼 나이트[Cristopher Night]에게 감사드립니다. 실수가 있다면 모두 저의 책임입니다.

이 책의 시작부터 출판까지 이끌어주면서 저를 믿어준 편집자 코트니 영[Courtney

Young과 리버헤드Riverhead의 전체 팀, 로리 영Lorie Young, 제니 몰스Jenny Moles, 킴 데일리 Kim Daly, 애슐리 서턴Ashley Sutton, 진 마틴Jynne Martin, 제프 클로스케Geoff Kloske, 게이브 리얼 레빈슨Gabriel Levinson, 멀리사 솔리스Melissa Solis, 케이틀린 누난Caitlin Noonan, 클레어 바카로Claire Vaccaro, 헬렌 옌터스Helen Yentus, 그레이스 한Grace Han, 티리크 무어Tyriq Moore, 린다 프리드너Linda Friedner, 안나 샤이트하우어Anna Scheithauer에게 감사드립니다.

글을 책의 모양에 맞게 정리해준 재능 있는 디자이너이자 가까운 친구인 크리스 티나 글리슨Christina Gleason에게 감사드립니다. 전체 프로젝트를 관리하고 영웅적으로 모든 일을 제대로 진행시킨 케이시 블레어Casey Blair에게 감사드립니다. 구성에 도움 을 준 머리사 거닝Marissa Gunning, 이 모든 일을 가능하도록 도와준 데릭Derek, 그리고 에이전트 세스 피시먼Seth Fishman과 출판 에이전시 The Gernert Co.의 잭 거너트Jack Gernert, 레베카 가드너Rebecca Gardener, 윌 로버츠Will Roberts, 노라 곤잘레즈Nora Gonzalez에 게 감사드립니다.

질문을 해준 모든 분들께 감사드립니다. 그들에게 답하는 것을 가능하게 해준 연 구자들께 감사드립니다. 그리고 모든 것에 호기심이 있고, 전 세계의 일에 흥분하 고, 항상 모험을 추구하는 아내에게 감사를 전합니다.

참고 자료

1. 수프로 태양계를 채운다면

Lewis, Geraint F., and Juliana Kwan, "No Way Back: Maximizing Survival Time Below the Schwarzschild Event Horizon," Publications of the Astronomical Society of Australia, 2007, https://arxiv.org/abs/0705.1029.

2. 돌아가는 헬리콥터 날개에서 버틴다면

Anthony, Julian, and Wagdi G. Habashi, "Helicopter Rotor Ice Shedding and Trajectory Analyses in Forward Flight," Journal of Aircraft 58, no. 5 (April 28, 2021), https://doi.org/10.2514/1.C036043.

Liard, F. (ed.), Helicopter Fatigue Design Guide, Advisory Group for Aerospace Research and Development, November 1983, https://apps.dtic.mil/dtic/tr/fulltext/u2/a138963.pdf.

3. 극도로 차가운 물체 옆에 있는다면

O'Connor, BS, Mackenzie, Jordan V. Wang, MD, MBE, MBA, and Anthony A. Gaspari, MD, "Cold Burn Injury After Treatment at Whole-Body Cryotherapy Facility," JAAD Case Reports 5, no. 1 (December 4, 2018): 29 – 30, https://www.ncbi.nlm.nih.gov/pmc/articles/PMC6280691/.

Raman, Aaswath P., Marc Abou Anoma, Linxiao, Eden Raphaeli, and Shanhui Fan, "Passive Radiative Cooling Below Ambient Air Temperature Under Direct Sunlight," Nature 515 (2014): 540 – 544, https://doi.org/10.1038/nature13883.

"Safe Handling of Cryogenic Liquids," Health & Safety Manual: Section 7: Safety Guidelines & SOP's, University of California, Berkeley: College of Chemistry, https://chemistry.berkeley.edu/research-safety/manual/section-7/cryogenic-liquids.

"Safety Instructions: Cryogenics Liquid Safety," Oregon State University: Environmental Health & Safety, https://ehs.oregonstate.edu/sites/ehs.oregonstate.edu/files/pdf/si/cryogenics_si.pdf.

Sun, Xingshu, Yubo Sun, Zhiguang Zhou, Muhammad Ashraful Alam, and Peter Bermel, "Radiative Sky Cooling: Fundamental Physics, Materials, Structures, and Applications," Nanophotonics 6, no. 5 (July 29, 2017): 997–1015, https://www.degruyter.com/document/doi/10.1515/nanoph-2017-0020/html.

··

4. 철 덩어리를 증발시킨다면

"Iron (Fe) Pellets Evaporation Materials," Kurt J. Lesker Company, https://www.lesker.com/newweb/deposition_materials/depositionmaterials_evaporationmaterials_1.cfm?pgid=fe1.

Mahowald, Natalie M., Sebastian Engelstaedter, Chao Luo, Andrea Sealy, Paulo Artaxo, Claudia Benitez-Nelson, Sophie Bonnet, Ying Chen, Patrick Y. Chuang, David D. Cohen, Francois Dulac, Barak Herut, Anne M. Johansen, Nilgun Kubilay, Remi Losno, Willy Maenhaut, Adina Paytan, Joseph M. Prospero, Lindsey M. Shank, and Ronald L. Siefert, "Atmospheric Iron Deposition: Global Distribution, Variability, and Human Perturbations," Annual Review of Marine Science 1 (January 2009): 245–278, https://www.annualreviews.org/doi/abs/10.1146/annurev.marine.010908.163727.

Spalvins, T., and W. A. Brainard, "Ion Plating with an Induction Heating Source," NASA Lewis Research Center, January 1, 1976, https://ntrs.nasa.gov/citations/19760010307.

··

5. 자동차로 우주 끝에 간다면

"Early Estimate of Motor Vehicle Traffic Fatalities for the First Quarter of 2021," Traffic Safety Facts, National Highway Traffic Safety Administration, U.S. Department of Transportation, August 2021, https://www.nhtsa.gov/sites/nhtsa.gov/files/2021-09/Early-Estimate-Motor−Vehicle−Traffic−Fatalities−Q1−2021.pdf.

"NHTSA Releases Q1 2021 Fatality Estimates, New Edition of 'Countermeasures That Work,'" National Highway Traffic Safety Administration, U.S. Department of Transportation, September 2, 2021, https://www.nhtsa.gov/press−releases/q1−2021−fatality−estimates−10th−countermeasures−that−work.

. . . .

6. 비둘기에 매달려 하늘로 올라가려면

Abs, Michael, Physiology and Behaviour of the Pigeon(Cambridge, MA: Academic Press, 1983), 119.

Berg, Angela M., and Andrew A. Biewener, "Wing and Body Kinematics of Takeoff and Landing Flight in the Pigeon (Columba livia)," Journal of Experimental Biology 213 (May 15, 2010): 1651 – 1658, https://journals.biologists.com/jeb/article/213/10/1651/9685/Wing−and−body−kinematics−of−takeoff−and−landing.

Callaghan, Corey T., Shinichi Nakagawa, and William K. Cornwell, "Global Abundance Estimates for 9,700 Bird Species," Proceedings of the National Academy of Sciences of the United States of America, May 25, 2021, https://www.pnas.org/content/118/21/e2023170118/tab−figures−data.

Liu, Ting Ting, Lei Cai, Hao Wang, Zhen Dong Dai, and Wen Bo Wang, "The Bearing Capacity and the Rational Loading Mode of Pigeon During Takeoff," Applied Mechanics and Materials 461 (November 2013): 122 – 127, https://www.scientific.net/AMM.461.122.

Pennycuick, C. J., and G. A. Parker, "Structural Limitations on the Power Output of the Pigeon's Flight Muscles," Journal of Experimental Biology 45,(December 1, 1966): 489 – 498, https://journals.biologists.com/jeb/article/45/3/489/34321/Structural−Limitations−on−the−Power−Output−of−the.

. . . .

● 짧은 대답들 1

Bates, S. C., and T. L. Altshuler, "Shear Strength Testing of Solid Oxygen," Cryogenics 35, no. 9 (September 1995): 559 – 566, https://www.sciencedirect.com/science/article/abs/pii/0011227559591254I.

7. 티라노사우루스와 같이 산다면

Barrick, Reese E., and William J. Showers, "Thermophysiology and Biology of Gigantosaurus: Comparison with Tyrannosaurus," Palaeontologia Electronica 2, no. 2 (1999), https://web.archive.org/web/20210612062144/https://palaeo-electronica.org/1999_2/gigan/issue2_99.htm.

Hutchinson, John R., Karl T. Bates, Julia Molnar, Vivian Allen, and Peter J. Makovicky, "A Computational Analysis of Limb and Body Dimensions in Tyrannosaurus rex with Implications for Locomotion, Ontogeny, and Growth," PLOS ONE 9, no. 5 (2011), https://journals.plos.org/plosone/article?id=10.1371/journal.pone.0026037.

McNab, Brian K., "Resources and Energetics Determined Dinosaur Maximal Size," PNAS106, no. 29 (2009): 12184 – 12188, https://www.pnas.org/content/106/29/12184.full.

O'Connor, Michael P., and Peter Dodson, "Biophysical Constraints on the Thermal Ecology of Dinosaurs," Paleobiology 25, no. 3 (1999): 341 – 368, https://www.jstor.org/stable/2666002.

8. 분출하는 간헐천에 서 있는다면

Hutchinson, Roderick A., James A. Westphal, and Susan W. Kieffer, "In Situ Observations of Old Faithful Geyser," Geology 25, no. 10 (1997): 875 – 878, https://doi.org/10.1130/0091-7613(1997)025⟨0875:ISOOOF⟩2.3.CO;2.

Karlstrom, Leif, Shaul Hurwitz, Robert Sohn, Jean Vandemeulebrouck, Fred Murphy, Maxwell L. Rudolph, Malcolm J. S. Johnston, Michael Manga, and R. Blaine McCleskey, "Eruptions at Lone Star Geyser, Yellowstone National Park, USA: 1. Energetics and Eruption Dynamics," Journal of Geophysical Research: Solid Earth 118, no. 8 (June 19, 2013): 4048 – 4062, https://agupubs.onlinelibrary.wiley.com/doi/abs/10.1002/jgrb.50251.

Kieffer, Susan, "Geologic Nozzles," Reviews of Geophysics 27, no. 1 (February 1989): 3–38, http://seismo.berkeley.edu/~manga/kieffer1989.pdf.

O'Hara, D. Kieran, and E. K. Esawi, "Model for the Eruption of the Old Faithful Geyser, Yellowstone National Park," GSA Today 23, no. 6 (June 2013): 4 – 9, https://www.geosociety.org/gsatoday/archive/23/6/article/i1052−5173−23−6−4.htm.

"Superintendents of the Yellowstone National Parks Monthly Reports, June 1927," Yellowstone National Park, 1927, https://archive.org/details/superintendentso27june.

Whittlesey, Lee H., Death in Yellowstone: Accidents and Foolhardiness in the First National Park (Plymouth, England: Roberts Rinehart Publishers, 1995).

10. 책의 팽창기를 추정한다면

Buringh, Eltjo, and Jan Luiten Van Zanden, "Charting the 'Rise of the West': Manuscripts and Printed Books in Europe, A Long−Term Perspective from the Sixth through Eighteenth Centuries," The Journal of Economic History 69, no. 2 (2009): 409 – 445. doi:10.1017/S0022050709000837.

Grout, James, "The Great Library of Alexandria," Encyclopaedia Romana, http://penelope.uchicago.edu/~grout/encyclopaedia_romana/greece/paganism/library.html.

Pelli, Denis, and C. Bigelow, "A Writing Revolution," Seed: Science Is Culture (2009), https://web.archive.org/web/20120331052409/http://seedmagazine.com/supplementary/a_writing_revolution/pelli_bigelow_sources.pdf.

11. 바나나로 교회를 채운다면

Grant, Amy, "Banana Tree Harvesting: Learn How and When to Pick Bananas," Gardening Know How, https://www.gardeningknowhow.com/edible/fruits/banana/banana−tree−harvesting.htm.

Pew Research Center, "How Religious Commitment Varies by Country Among People of All Ages," The Age Gap in Religion Around the World, June 13, 2018, https://www.pewforum.org/2018/06/13/how−religious−commitment−varies−by−country−among−people−of−all−ages/.

Stark Bro's., "Harvesting Banana Plants," The Growing Guide: How to Grow Banana Plants, https://www.starkbros.com/growing−guide/how−to−grow/fruit−trees/banana−plants/harvesting.

12. 발사된 총알을 손으로 잡는다면

Centers for Disease Control and Prevention, "Morbidity and Mortality Weekly Report," MMWR 53, no. 50(December 24, 2004), https://www.cdc.gov/mmwr/PDF/wk/mm5350.pdf.

Close Focus Research, "Maximum Altitude for Bullets Fired Vertically," http://www.closefocus-research.com/maximum-altitude-bullets-fired-vertically.

"Model 1873 U.S. Springfield at Long Range," Rifle Magazine 35, no. 5 (2003), https://web.archive.org/web/20160409042559/https://www.riflemagazine.com/magazine/article.cfm?magid=78&tocid=1094.

13. 지구의 질량을 제거한다면

Blackwell, David, Maria Richards, Zachary Frone, Joe Batir, Andres Ruzo, Ryan Dingwall, and Mitchell Williams, "Temperature-at-Depth Maps for the Conterminous US and Geothermal Resource Estimates," SMU Geothermal Lab, October 24, 2011, https://www.smu.edu/Dedman/Academics/Departments/Earth-Sciences/Research/GeothermalLab/DataMaps/TemperatureMaps.

16. 우리은하가 해변에 있다면

Abuodha, J. O. Z., "Grain Size Distribution and Composition of Modern Dune and Beach Sediments, Malindi Bay Coast, Kenya," Journal of African Earth Sciences 36 (2003): 41-54, http://www.vliz.be/imisdocs/publications/37337.pdf.

Stauble, Donald K., "A Review of the Role of Grain Size in Beach Nourishment Projects," U.S. Army Engineer Research and Development Center: Coastal and Hydraulics Laboratory, 2005, https://www.fsbpa.com/05Proceedings/02-Don%20Stauble.pdf.

17. 그네를 타고 가장 높이 올라가려면

Case, William B., and Mark A. Swanson, "The Pumping of a Swing from the Seated Position,"

American Journal of Physics 58, no. 463 (1990), https://aapt.scitation.org/doi/10.1119/1.16477.

Curry, Stephen M., "How Children Swing," American Journal of Physics 44, no. 924 (1976), https://aapt.scitation.org/doi/10.1119/1.10230.

Post, A. A., G. de Groot, A. Daffertshofer, and P. J. Beek, "Pumping a Playground Wing," Motor Control 11, no. 2 (2007): 136 – 150, https://research.vu.nl/en/publications/pumping-a-playground-swing.

Roura, P., and J. A. Gonzalez, "Towards a More Realistic Description of Swing Pumping Due to the Exchange of Angular Momentum," European Journal of Physics 31, no. 5 (August 3, 2010), https://iopscience.iop.org/article/10.1088/0143-0807/31/5/020.

Wirkus, Stephen, Richard Rand, and Andy Ruina, "How to Pump a Swing," The College Mathematics Journal 29, no. 4 (2018): 266 – 275, https://www.tandfonline.com/doi/abs/10.1080/07468342.1998.11973953.

18. 새총으로 비행기를 날린다면

"Eco-Climb," Airbus, https://web.archive.org/web/20170111010030/https://www.airbus.com/innovation/future-by-airbus/smarter-skies/aircraft-take-off-in-continuous-eco-climb/.

Chati, Yashovardhan S., and Hamsa Balakrishnan, "Analysis of Aircraft Fuel Burn and Emissions in the Landing and Take Off Cycle Using Operational Data," 6th International Conference on Research in Air Transportation (ICRAT 2014), May 10, 2014, http://www.mit.edu/~hamsa/pubs/ICRAT_2014_YSC_HB_final.pdf.

19. 운석이 느리게 지구와 충돌한다면

Crosta, G. B., P. Frattini, E. Valbuzzi, and F. V. De Blasio, "Introducing a New Inventory of Large Martian Landslides," Earth and Space Science 5, no. 4 (March 1, 2018): 89 – 119, https://agupubs.onlinelibrary.wiley.com/doi/full/10.1002/2017EA000324.

DePalma, Robert A., Jan Smit, David A. Burnham, Klaudia Kuiper, Phillip L. Manning, Anton Oleinik, Peter Larson, Florentin J. Maurrasse, Johan Vellekoop, Mark A. Richards, Loren Gurche, and Walter Alvarez, "A Seismically Induced Onshore Surge Deposit at the KPg Boundary, North Dakota," PNAS 116, no. 7(April 1, 2019): 8190-8199, https://doi.org/10.1073/pnas.1817407116.

Korycansky, D. G., and Patrick J. Lynett, "Run-up from Impact Tsunami," Geophysical Journal International 170, no. 3 (September 1, 2007): 1076-1088, https://doi.org/10.1111/j.1365-246X.2007.03531.x.

Massel, Stanisław R., "Tsunami in Coastal Zone Due to Meteorite Impact," Coastal Engineering 66, (2012): 40-49, https://doi.org/10.1016/j.coastaleng.2012.03.013.

Schulte, Peter, Jan Smit, Alexander Deutsch, Tobias Salge, Andrea Friese, and Kilian Beichel, "Tsunami Backwash Deposits with Chicxulub Impact Ejecta and Dinosaur Remains from the Cretaceous-Palaeogene Boundary in the La Popa Basin, Mexico," Sedimentology 59, no. 3 (April 1, 2012): 737-765, doi:10.1111/j.1365-3091.2011.01274.x.

Su, Xing, Wanhong Wei, Weilin Ye, Xingmin Meng, and Weijiang Wu, "Predicting Landslide Sliding Distance Based on Energy Dissipation and Mass Point Kinematics," Natural Hazards 96 (2019): 1367-1385, https://doi.org/10.1007/s11069-019-03618-z.

Wunnemann, K., and R. Weiss, "The Meteorite Impact-Induced Tsunami Hazard," The Royal Society 373, no. 2053 (October 28, 2015), https://doi.org/10.1098/rsta.2014.0381.

. . . .

23. 2언데실리언 달러 배상을 피하려면

Boston Consulting Group: Press Releases, "Despite COVID-19, Global Financial Wealth Soared to Record High of $250 Trillion in 2020," June 10, 2021, https://www.bcg.com/press/10june2021-despite-covid-19-global-financial-wealth-soared-record-high-250-trillion-2020.

. . . .

24. 별의 소유권을 따진다면

White, Reid, "Plugging the Leaks in Outer Space Criminal Jurisdiction: Advocation for the Creation of a Universal Outer Space Criminal Statute," Emory International Law Review 35, no. 2 (2021), https://scholarlycommons.law.emory.edu/eilr/vol35/iss2/5/.

....

25. 사라진 타이어의 행방을 밝히려면

Halle, Louise L., Annemette Palmqvist, Kristoffer Kampmann, and Farhan R. Khana, "Ecotoxicology of Micronized Tire Rubber: Past, Present and Future Considerations," Science of the Total Environment 706, no. 1, (March 2020), https://doi.org/10.1016/j.scitotenv.2019.135694.

Parker-Jurd, Florence N. F., Imogen E. Napper, Geoffrey D. Abbott, Simon Hann, Richard C. Thompson, "Quantifying the Release of Tyre Wear Particles to the Marine Environment Via Multiple Pathways," Marine Pollution Bulletin 172 (November 2021), https://www.sciencedirect.com/science/article/abs/pii/S0025326X21009310.

Sieber, Ramona, Delphine Kawecki, and Bernd Nowack, "Dynamic Probabilistic Material Flow Analysis of Rubber Release from Tires into the Environment," Environmental Pollution 258 (March 2020), https://www.sciencedirect.com/science/article/abs/pii/S0269749119333998.

Tian, Zhenyu, Haoqi Zhao, Katherine T. Peter, Melissa Gonzalez, Jill Wetzel, Christopher Wu, Ximin Hu, Jasmine Prat, Emma Mudrock, Rachel Hettinger, Allan E. Cortina, Rajshree Ghosh Biswas, Flavio Vinicius Crizostomo Kock, Ronald Soong, Amy Jenne, Bowen Du, Fan Hou, Huan He, Rachel Lundeen, Alicia Gilbreath, Rebecca Sutton, Nathaniel L. Scholz, Jay W. Davis, Michael C. Dodd, Andre Simpson, Jenifer K. McIntyre, and Edward P. Kolodziej, "A Ubiquitous Tire Rubber–Derived Chemical Induces Acute Mortality in Coho Salmon," Science 371, no. 6525(January 8, 2021): 185–189, https://www.science.org/doi/abs/10.1126/science.abd6951.

....

26. 플라스틱에 포함된 공룡의 양을 추정한다면

Fuel Chemistry Division, "Petroleum," https://personal.ems.psu.edu/~pisupati/ACSOutreach/Petroleum_2.html.

Goni, Miguel A., Kathleen C. Ruttenberg, and Timothy I. Eglinton, "Sources and Contribution of Terrigenous Organic Carbon to Surface Sediments in the Gulf of Mexico," Nature

389 (1997): 275 – 278, https://www.whoi.edu/cms/files/goni_et_al_Nature_1997_35805.
pdf.

Libes, Susan, "The Origin of Petroleum in the Marine Environment," chap. 26 in Introduction
to Marine Biogeochemistry(Cambridge, MA: Elsevier, 2009), https://booksite.elsevier.
com/9780120885305/casestudies/01−Ch26−P088530web.pdf.

Powell, T. G., "Developments in Concepts of Hydrocarbon Generation from Terrestrial Organic
Matter," 1989, https://archives.datapages.com/data/circ_pac/0011/0807_f.htm.

State of Louisiana: Department of Natural Resources,

"Where Does Petroleum Come From? Why Is It Normally Found in Huge Pools Under
Ground? Was It Formed in a Big Pool Where We Find It, or Did It Gather There Due to
Outside Natural Forces?," http://www.dnr.louisiana.gov/assets/TAD/education/BGBB/3/
origin.html.

University of South Carolina, "School of the Earth, Ocean, and Environment," https://sc.edu/
study/colleges_schools/artsandsciences/earth_ocean_and_environment/index.php.

· ·

27. 바다에 물기둥 수족관을 만든다면

Bailey, Helen, and David H. Secor, "Coastal Evacuations by Fish During Extreme Weather
Events," Sci Rep 6, no. 30280 (2016), https://doi.org/10.1038/srep30280.

Brown, Frank A., Jr., "Responses of the Swimbladder of the Guppy, Lebistes reticulatus, to
Sudden Pressure Decreases," The Biological Bulletin 76, no. 1 (1939): 48 – 58, https://
www.jstor.org/stable/1537634.

Heupel, M. R., C. A. Simpfendorfer, and R. E. Hueter, "Running Before the Storm: Blacktip
Sharks Respond to Falling Barometric Pressure Associated with Tropical Storm Gabrielle,"
Journal of Fish Biology 63(2003): 1357 – 1363, https://onlinelibrary.wiley.com/doi/
abs/10.1046/j.1095−8649.2003.00250.x.

Hogan, Joe, "The Effects of High Vacuum on Fish," Transactions of the American Fisheries Society 70,
no. 1(1941): 469 – 474, https://afspubs.onlinelibrary.wiley.com/doi/abs/10.1577/1548−
8659%281940%2970% 5B469%3 ATEOHVO%5D2.0.CO%3B2.

Holbrook, R. I., and T. B. de Perera, "Fish Navigation in the Vertical Dimension: Can Fish

Use Hydrostatic Pressure to Determine Depth?," Fish and Fisheries 12(2011): 370 – 379, https://onlinelibrary.wiley.com/doi/10.1111/j.1467−2979.2010.00399.x.

Sullivan, Dan M., Robert W. Smith, E. J. Kemnitz, Kevin Barton, Robert M. Graham, Raymond A. Guenther, and Larry Webber, "What Is Wrong with Water Barometers?," The Physics Teacher 48, no. 3 (2010): 191 – 193, https://aapt.scitation.org/doi/10.1119/1.3317456.

28. 지구 크기의 눈으로 본다면

Mishima, S., A. Gasset, S. D. Klyce, and J. L. Baum, "Determination of Tear Volume and Tear Flow," Invest. Ophthalmol. Vis. Sci. 5, no. 3 (1966): 264 – 276, https://iovs.arvojournals.org/article.aspx?articleid=2203634.

Steinbring, Eric, "Limits to Seeing High−Redshift Galaxies Due to Planck−Scale−Induced Blurring," Proceedings of the International Astronomical Union 11, no. S319, 54 – 54, 2015, doi:10.1017/S1743921315009850.

29. 하루아침에 로마를 건설한다면

The Civic Federation, "Estimated Full Value of Real Estate in Cook County Saw Six Straight Years of Growth Between 2012 – 2018," October 30, 2020, https://www.civicfed.org/civic−federation/blog/estimated−full−value−real−estate−cook−county−saw−six−straight−years−growth.

U.S. Bureau of Economic Analysis, "Gross Domestic Product: All Industries in Cook County, IL[GDPALL17031]," retrieved from FRED, Federal Reserve Bank of St. Louis, November 20, 2021, https://fred.stlouisfed.org/series/GDPALL17031.

30. 해저에 세운 유리관을 타고 마리아나해구에 닿는다면

Stommel, Henry, Arnold B. Arons, and Duncan Blanchard, "An Oceanographical Curiosity: The Perpetual Salt Fountain," Deep Sea Research 3, no. 2(1956): 152 – 153, https://www.

sciencedirect.com/science/article/pii/0146631356900958.

31. 신발 상자를 가장 비싸게 채우려면

"What is the volume of a kilogram of cocaine?," The Straight Dope Message Board, https://
boards.straightdope.com/t/what−is−the−volume−of−a−kilogram−of−cocaine/286573.

32. MRI 주변 자기장의 영향이 궁금하다면

NOAA, "Maps of Magnetic Elements from the WMM2020," https://www.ngdc.noaa.gov/geo-
mag/WMM/image.shtml.

Tremblay, Charles, Sylvain Martel, binjamin conan, Dumitru Loghin, and alexandre bigot,
"Fringe Field Navigation for Catheterization," IFMBE Proceedings 45 (2014), https://www.
researchgate.net/publication/270759488_Fringe_Field_Navigation_for_Catheterization.

33. 조상으로 부를 수 있는 사람의 수가 궁금하다면

Kaneda, Toshiko, and Carl Haub, "How Many People Have Ever Lived on Earth?," Population
Reference Bureau, May 18, 2021, https://www.prb.org/articles/how−many−people−
have−ever−lived−on−earth/.

Rohde, Douglas L. T., Steve Olson, and Joseph T. Chang, "Modelling the Recent Common
Ancestry of All Living Humans," Nature 431 (2004): 562 – 566, https://doi.org/10.1038/
nature02842.

Roser, Max, "Mortality in the Past — Around Half Died As Children," Our World in Data,
June 11, 2019, https://ourworldindata.org/child−mortality−in−the−past.

34. 날아가는 새를 달리는 차에 안전히 태우려면

Mosher, James A., and Paul F. Matray, "Size Dimorphism: A Factor in Energy Savings for Broad−
Winged Hawks," The Auk 91, no. 2 (April 1974): 325 – 341, https://www.jstor.org/sta-

ble/4084511.

Pennycuick, C. J., Holliday H. Obrecht III, and Mark R. Fuller, "Empirical Estimates of Body Drag of Large Waterfowl and Raptors," J Exp Biol 135, no. 1 (March 1988): 253 – 264, https://journals.biologists.com/jeb/article/135/1/253/5435/Empirical-Estimates-of-Body-Drag-of-Large.

··

35. 규칙 없는 자동차 경주에서 이기려면

Kumar, Vasantha K., and William T. Norfleet, "Issues on Human Acceleration Tolerance After Long-Duration Space Flights," NASA Technical Memorandum 104753, October 1, 1992, https://ntrs.nasa.gov/citations/19930020462.

National Aeronautics and Space Administration, "Astronautics and its Applications," Environment of Manned Systems: Internal Environment of Manned Space Vehicles, 105 – 126, https://history.nasa.gov/conghand/mannedev.htm.

Spark, Nick T., "46.2 Gs!!!: The Story of John Paul Stapp, 'The Fastest Man on Earth,'" Wings/Airpower Magazine, http://www.ejectionsite.com/stapp.htm.

··

36. 진공관으로 스마트폰을 만든다면

Shilov, Anton, "Apple's A14 SoC Under the Microscope: Die Size & Transistor Density Revealed," Tom's Hardware, October 29, 2020, https://www.tomshardware.com/news/apple-a14-bionic-revealed.

Sylvania, "Engineering Data Service," http://www.nj7p.org/Tubes/PDFs/Frank/137-Sylvania/7AK7.pdf.

War Department: Bureau of Public Relations, "Physical Aspects, Operation of ENIAC are Described," February 16, 1946, https://americanhistory.si.edu/comphist/pr4.pdf.

··

37. 레이저로 내리는 비를 막는다면

Hautiere, Nicholas, Eric Dumont, Roland Bremond, and Vincent Ledoux, "Review of the

Mechanisms of Visibility Reduction by Rain and Wet Road," ISAL Conference, 2009, https://www.researchgate.net/publication/258316669_Review_of_the_Mechanisms_of_Visibility_Reduction_by_Rain_and_Wet_Road.

Pendleton, J. D., "Water Droplets Irradiated by a Pulsed CO2 Laser: Comparison of Computed Temperature Contours with Explosive Vaporization Patterns," Applied Optics 24, no. 11 (1985): 1631 – 1637, https://www.osapublishing.org/ao/abstract.cfm?uri=ao−24−11−1631.

Sageev, Gideon, and John H. Seinfeld, "Laser Heating of an Aqueous Aerosol Particle," Applied Optics 23, no. 23(December 1, 1984), http://authors.library.caltech.edu/10136/1/SAGao84.pdf.

Takamizawa, Atsushi, Shinji Kajimoto, Jonathan Hobley, Koji Hatanaka, Koji Ohtab, and Hiroshi Fukumura, "Explosive Boiling of Water After Pulsed IR Laser Heating," Physical Chemistry Chemical Physics 5 (2003), https://pubs.rsc.org/en/content/articlelanding/2003/CP/b210609d.

. . . .

40. 용암으로 램프를 만든다면

UNEP Chemicals Branch, "The Global Atmospheric Mercury Assessment: Sources, Emissions and Transport," UNEP−Chemicals, Geneva, 2008, https://wedocs.unep.org/bitstream/handle/20.500.11822/13769/UNEP_GlobalAtmosphericMercuryAssessment_May2009.pdf?sequence=1&isAllowed=y.

. . . .

41. 냉장고로 지구를 식힌다면

Thurber, Caitlin, Lara R. Dugas, Cara Ocobock, Bryce Carlson, John R. Speakman, and Herman Pontzer, "Extreme Events Reveal an Alimentary Limit on Sustained Maximal Human Energy Expenditure," Science Advances 5, no. 6, https://www.science.org/doi/10.1126/sciadv.aaw0341.

42. 피를 마셔 혈중알코올농도를 높이려면

Thank you to Conor Braman, among others, for correcting a missing zero in the original version of this chapter's calculations.

Brady, Ruth, Sara Suksiri, Stella Tan, John Dodds, and David Aine, "Current Health and Environmental Status of the Maasai People in Sub−Saharan Africa," Cal Poly Student Research: Honors Journal 2008, 17 – 32, https://digitalcommons.calpoly.edu/cgi/viewcontent.cgi?referer=&httpsredir=1&article=1005&context=honors.

United States Air Force Medical Service, "Alcohol Brief Counseling: Alcohol Education Module," Air Force Alcohol and Drug Abuse Prevention and Treatment Tier II, October 2007, https://www.minot.af.mil/Portals/51/documents/resiliency/AFD−111004−028.pdf?ver=2016−06−10−110043−200.

44. 거미 대 태양의 승부가 궁금하다면

Greene, Albert, Jonathan A. Coddington, Nancy L. Breisch, Dana M. De Roche, and Benedict B. Pagac Jr., "An Immense Concentration of Orb−Weaving Spiders with Communal Webbing in a Man−Made Structural Habitat(Arachnida: Araneae: Tetragnathidae, Araneidae)," American Entomologist: Fall 2010, 146 – 156, https://www.entsoc.org/PDF/2010/Orb−weaving−spiders.pdf.

Hofer, Hubert and Ricardo Ott, "Estimating Biomass of Neotropical Spiders and Other Arachnids (Araneae, Opiliones, Pseudoscorpiones, Ricinulei) by Mass−Length Regressions," The Journal of Arachnology 37, no. 2 (2009): 160 – 169, https://doi.org/10.1636/T08−21.1.

Newman, Jonathan A., and Mark A. Elgar, "Sexual Cannibalism in Orb−Weaving Spiders: An Economic Model," The American Naturalist 138, no. 6 (1991): 1372 – 1395, https://www.jstor.org/stable/2462552.

Topping, Chris J., and Gabor L. Lovei, "Spider Density and Diversity in Relation to Disturbance in Agroecosystems in New Zealand, with a Comparison to England," New Zealand Journal of Ecology 21, no. 2(1997): 121 – 128, https://newzealandecology.org/nzje/2020.

Wilder, Shawn M. and Ann L. Rypstra, "Trade−off Between Pre− and Postcopulatory Sexual Cannibalism in a Wolf Spider (Araneae, Lycosidae)," Behavioral Ecology and Sociobiology 66

(2012): 217 – 222, https://link.springer.com/article/10.1007/s00265−011−1269−0.

45. 죽은 피부를 통해 사람을 들이마신다면

Clark, R. P., and S. G. Shirley, "Identification of Skin in Airborne Particulate Matter," Nature 246 (1973): 39 – 40, https://www.nature.com/articles/246039a0.

Morawska, Lidia and Tunga Salthammer, eds., Indoor Environment: Airborne Particles and Settled Dust(Hoboken, NJ: Wiley, 2003).

Weschler, Charles J., Sarka Langer, Andreas Fischer, Gabriel Beko, Jørn Toftum, and Geo Clausen, "Squalene and Cholesterol in Dust from Danish Homes and Daycare Centers," Environ. Sci. Technol. 45, no. 9 (2011): 3872 – 3879, https://pubs.acs.org/doi/10.1021/es103894r.

46. 사탕을 부숴 번개를 만들려면

Xie, Yujun, and Zhen Li, "Triboluminescence: Recalling Interest and New Aspects," Chem 4, no. 5 (May 10, 2018), https://doi.org/10.1016/j.chempr.2018.01.001.

● 짧은 대답들 4

Ratnayake, Wajira S., and David S. Jackson, "Gelatinization and Solubility of Corn Starch During Heating in Excess Water: New Insights," Journal of Agricultural and Food Chemistry 54, no. 10 (2006): 3712 – 3716, https://pubs.acs.org/doi/10.1021/jf0529114.

Wertheim, Heiman F. L., Thai Q. Nguyen, Kieu Anh T. Nguyen, Menno D. de Jong, Walter R. J. Taylor, Tan V. Le, Ha H. Nguyen, Hanh T. H. Nguyen, Jeremy Farrar, Peter Horby, and Hien D. Nguyen, "Furious Rabies After an Atypical Exposure," PLoS Med. 6, no. 3(2009): e1000044, https://doi.org/10.1371/journal.pmed.1000044.

48. 양성자 지구와 전자 달 시나리오가 궁금하다면

Carroll, Sean, "The Universe Is Not a Black Hole," 2010, http://www.preposterousuniverse. com/blog/2010/04/28/the-universe-is-not-a-black-hole/.

Garon, Todd S., and Nelia Mann, "Re-examining the Value of Old Quantization and the Bohr Atom Approach," American Journal of Physics 81, no. 2, (2013): 92, https://aapt.scitation.org/doi/10.1119/1.4769785.

50. 일본이 사라진다면

Lindsey, Rebecca, "Climate Change: Global Sea Level," Climate.gov, August 14, 2020, https://www.climate.gov/news-features/understanding-climate/climate-change-global-sea-level.

Gamo, T., N. Nakayama, N. Takahata, Y. Sano, J. Zhang, E. Yamazaki, S. Taniyasu, and N. Yamashita, "Revealed by Time-Series Observations over the Last 30 Years," 2014, https://www.semanticscholar.org/paper/Revealed-by-Time-Series-Observations-over-the-Last-Gamo-Nakayama/57bd09d9b01e7735cd593b5a2147a9c64bbd-5b7e?p2df.

Ward, Steven N., and Erik Asphaug, "Impact Tsunami-Eltanin," Deep-Sea Research II 49 (2002): 1073 - 1079, https://websites.pmc.ucsc.edu/~ward/papers/final_eltanin.pdf.

51. 달빛으로 불을 붙인다면

Plait, Phil, "BAFact Math: The Sun Is 400,000 Times Brighter than the Full Moon," Discover Magazine: Bad Astronomy, August 27, 2012, https://www.discovermagazine.com/the-sciences/bafact-math-the-sun-is-400-000-times-brighter-than-the-full-moon.

52. 침으로 수영장을 채운다면

Federation Internationale de Natation, "FR 2: Swimming Pools," https://web.archive.org/

web/20160902023159/http://www.fina.org/content/fr-2-swimming-pools.

Watanabe, S., M. Ohnishi, K. Imai, E. Kawano, and S. Igarashi, "Estimation of the Total Sa-liva Volume Produced Per Day in Five-Year-Old Children," Arch Oral Biol. 40, no. 8, 781–782, https://www.sciencedirect.com/science/article/abs/pii/000399699500026L?via%3Dihub.

54. 빨대에 나이아가라폭포를 흐르게 한다면

Cashco, "Fluid Flow Basics of Throttling Valves," 17, https://www.controlglobal.com/assets/Media/MediaManager/RefBook_Cashco_Fluid.pdf.

New York Power Authority, "Niagara River Water Level and Flow Fluctuations Study Final Re-port," Niagara Power Project FERC No. 2216, August 2005, https://web.archive.org/web/20160229090220/http://niagara.nypa.gov/ALP%20working%20documents/finalre-ports/html/IS23WL.htm.

55. 걷는 순간부터 시간이 과거로 간다면

Blum, M. D., M. J. Guccione, D. A. Wysocki, P. C.

Robnett, E. M. Rutledge, "Late Pleistocene Evolution of the Lower Mississippi River Valley, Southern Missouri to Arkansas," GSA Bulletin 112, no. 2 (February 2000): 221–235, https://pubs.geoscienceworld.org/gsa/gsabulletin/article-abstract/112/2/221/183594/Late-Pleistocene-evolution-of-the-lower?redirectedFrom=fulltext.

Braun, Duane D., "The Glaciation of Pennsylvania, USA," Developments in Quaternary Scienc-es 15 (2011): 521–529, https://www.sciencedirect.com/science/article/abs/pii/B9780444534477000404.

Bryant, Jr., Vaughn M., "Paleoenvironments," Handbook of Texas Online, 1995, https://www.tshaonline.org/handbook/entries/paleoenvironments.

Carson, Eric C., J. Elmo Rawling III, John W. Attig, and Benjamin R. Bates, "Late Cenozoic Evolution of the Upper Mississippi River, Stream Piracy, and Reorganization of North American Mid-Continent Drainage Systems," GSA Today 28, no. 7 (July 2018): 4–11, https://www.geosociety.org/gsatoday/science/G355A/abstract.htm.

Fildani, Andrea, Angela M. Hessler, Cody C. Mason, Matthew P. McKay, and Daniel F. Stockli, "Late Pleistocene Glacial Transitions in North America Altered Major River Drainages, as Revealed by Deep-Sea Sediment," Scientific Reports 8 (2018), https://www.nature.com/articles/s41598-018-32268-7.

"Interglacials of the Last 800,000 Years," Reviews of Geophysics 54, no. 1 (2015): 162-219, https://agupubs.onlinelibrary.wiley.com/doi/10.1002/2015RG000482.

Knox, James C., "Late Quaternary Upper Mississippi River Alluvial Episodesa Their Significance to the Lower Mississippi River System," Engineering Geology 45, no. 1-4 (December 1996): 263-285, https://www.sciencedirect.com/science/article/abs/pii/S0013795296000178?via%3Dihub.

Millar, Susan W. S., "Identification of Mapped Ice-Margin Positions in Western New York from Digital Terrain-Analysis and Soil Databases," Physical Geography 25, no. 4 (2004): 347-359, https://www.tandfonline.com/doi/abs/10.2747/0272-3646.25.4.347.

Sheldon, Robert A., Roadside Geology of Texas (Missoula, MT: Mountain Press Publishing Company, 1991).

....

56. 위를 암모니아로 채운다면

Padappayil, Rana Prathap, and Judith Borger, "Ammonia Toxicity," StatPearls Publishing LLC, https://www.ncbi.nlm.nih.gov/books/NBK546677/.

....

● 짧은 대답들 5

Olive Garden, "Nutrition Information," https://media.olivegarden.com/en_us/pdf/olive_garden_nutrition.pdf.

Sagar, Stephen M., Robert J. Thomas, L. T. Loverock, and Margaret F. Spittle, "Olfactory Sensations Produced by High-Energy Photon Irradiation of the Olfactory Receptor Mucosa in Humans," International Journal of Radiation Oncology, Biology, Physics 20, no. 4 (April 1991): 771-776, https://www.sciencedirect.com/science/article/abs/

pii/036030169190021U.

58. 전 세계를 눈으로 덮으려면

Buckler, J. M., "Variations in Height Throughout the Day," Archives of Disease in Childhood 53, no. 9 (1989): 762, http://dx.doi.org/10.1136/adc.53.9.762.

National Oceanic and Atmospheric Administration, "Welcome to: Cooperative Weather Observer: Snow Measurement Training," National Weather Service, https://web.archive.org/web/20150221171450/http://www.srh.noaa.gov/images/mrx/coop/SnowMeasurement-Training.pdf.

Roylance, Frank D., "A Likely Record, but Experts Will Get Back to Us," Baltimore Sun, https://web.archive.org/web/20140716134151/http://articles.baltimoresun.com/2010−02−07/news/bal−md.storm07feb07_1_baltimore−washington−forecast−office−snow−depth−biggest−storm.

60. 1나노초 동안 태양에 머무른다면

IEEE, org, "IEEE 1584−2018, IEEE Guide for Performing Arc−Flash Hazard Calculations," https://www.techstreet.com/ieee/standards/ieee−1584−2018?gateway_code=ieee&vendor_id=5802&product_id=1985891.

61. 자외선차단제로 태양 표면의 자외선을 막으려면

Food and Drug Administration, "Sunscreen Drug Products," https://www.regulations.gov/docket/FDA−1978−N−0018.

62. 태양을 만지고 싶다면

Blouin, S., P. Dufour, C. Thibeault, and N. F. Allard, "A New Generation of Cool White Dwarf Atmosphere Models. IV. Revisiting the Spectral Evolution of Cool White Dwarfs,"

The Astrophysical Journal 878, no. 1 (2019), https://iopscience.iop.org/article/10.3847/1538-4357/ab1f82.

Chen, Eugene Y., and Brad M. S. Hansen, "Cooling Curves and Chemical Evolution Curves of Convective Mixing White Dwarf Stars," Monthly Notices of the Royal Astronomical Society 413, no. 4(June 2011): 2827-2837, https://academic.oup.com/mnras/article/413/4/2827/965051.

Koberlein, Brian, "Frozen Star," March 2, 2014, https://briankoberlein.com/blog/frozen-star/.

Renedo, I., L. G. Althaus, M. M. Miller Bertolami, A. D. Romero, A. H. Corsico, R. D. Rohrmann, and E. Garcia-Berro, "New Cooling Sequences for Old White Dwarfs," The Astrophysics Journal 717, no. 1 (2010), https://iopscience.iop.org/article/10.1088/0004-637X/717/1/183.

Salaris, M., L. G. Althaus, and E. Garcia-Berro, "Comparison of Theoretical White Dwarf Cooling Timescales," Astronomy & Astrophysics 555(July 2013), https://www.aanda.org/articles/aa/full_html/2013/07/aa20622-12/aa20622-12.html.

Srinivasan, Ganesan, Life and Death of the Stars, Undergraduate Lecture Notes in Physics, 2014, https://link.springer.com/book/10.1007/978-3-642-45384-7.

Veras, Dimitri, and Kosuke Kurosawa, "Generating Metal-Polluting Debris in White Dwarf Planetary Systems from Small-Impact Crater Ejecta," Monthly Notices of the Royal Astronomical Society 494, no. 1(May 2020): 442-457, https://academic.oup.com/mnras/article-abstract/494/1/442/5788436?redirectedFrom=fulltext.

Wilson, R. Mark, "White Dwarfs Crystallize as They Cool," Physics Today 72, no. 3 (2019):14, https://physicstoday.scitation.org/doi/10.1063/PT.3.4156.

··

63. 레몬 방울과 껌 방울 비가 내린다면

Goldblatt, C., T. Robinson, and D. Crisp, "Low Simulated Radiation Limit for Runaway Greenhouse Climates," Nature Geoscience 6 (2013): 661-667, https://www.semanticscholar.org/paper/Low-simulated-radiation-limit-for-runaway-climates-Goldblatt-Robinson/4be39d2e4114f1347569d81029f59005e141befe.

Gunina, Anna, and Yakov Kuzyakov, "Sugars in Soil and Sweets for Microorganisms: Review of Origin, Content, Composition and Fate," Soil Biology and Biochemistry 90 (2015): 87 – 100, https://www.sciencedirect.com/science/article/abs/pii/S0038071715002631.

Heymsfield, Andrew J., Ian M. Giammanco, and Robert Wright, "Terminal Velocities and Kinetic Energies of Natural Hailstones," Geophysical Research Letters 41, no. 23 (November 25, 2014): 8666 – 8672, https://agupubs.onlinelibrary.wiley.com/doi/full/10.1002/2014GL062324.

Myhre, G., D. Shindell, F.-M. Breon, W. Collins, J. Fuglestvedt, J. Huang, D. Koch, J.-F. Lamarque, D. Lee, B. Mendoza, T. Nakajima, A. Robock, G. Stephens, T. Takemura, and H. Zhang, "Anthropogenic and Natural Radiative Forcing," Climate Change 2013: The Physical Science Basis, https://www.ipcc.ch/site/assets/uploads/2018/02/WG1AR5_Chapter08_FINAL.pdf.

찾아보기

지은이 랜들 먼로

전 세계 300만 부 이상 판매된 베스트셀러 《위험한 과학책》, 《더 위험한 과학책》, 《랜들 먼로의 친절한 과학 그림책》의 저자이자 인기 사이언스 웹툰 'xkcd' 작가입니다. 과학적인 질문들에 답해주는 블로그 'what if?'를 운영하며 과학 덕후들의 사랑을 듬뿍 받고 있기도 하죠. 국제천문연맹(IAU)은 한 소행성에 먼로의 이름을 붙여주기도 했습니다. '4942 먼로'라고 하는 이 소행성은 지구와 같은 행성에 부딪혔을 경우 대규모 멸종 사태를 불러올 수 있을 만큼 큰 소행성이라고 하네요. 한때 미국항공우주국(NASA)에서 로봇공학자로 일했으며, 현재 매사추세츠에 거주하고 있습니다.

옮긴이 이강환

서울대학교 천문학과를 졸업하고 같은 대학원에서 박사 학위를 받았습니다. 영국 켄트대학교에서 로열 소사이어티 펠로로 연구할 때까지는 정상적인 과학자의 길을 걷는 듯했으나, 국립과천과학관에 들어가며 특이한 경로로 진입했습니다. 안정적인 직업 때문이 아닌가 싶었는데 갑자기 정규직 공무원을 버리고 임기제 공무원인 서대문자연사박물관 관장을 맡았어요. 그러고는 다시 과학기술정보통신부 장관 정책보좌관을 맡으며 별정직 공무원이 되었어요. 지금은 드디어 공무원에서 벗어나 민간인 신분이 되었고, 여러 매체를 통해 과학을 알리고 있습니다.

익명으로 과학 팟캐스트에 오래 출연했다는 소문이 있으며 《우주의 끝을 찾아서》로 한국출판문화상을 받은 것을 큰 자랑으로 생각합니다. 지은 책으로 《빅뱅의 메아리》, 《응답하라 외계생명체》, 《쎄트렉아이 러시》(공저) 등, 옮긴 책으로 《신기한 스쿨버스》, 《웰컴 투 더 유니버스》, 《더 위험한 과학책》 등이 있습니다.

아주 위험한 과학책

초판 1쇄 발행일 2023년 4월 27일
초판 10쇄 발행일 2024년 7월 5일

지은이 랜들 먼로
옮긴이 이강환

발행인 조윤성

편집 엄초롱, 최안나 **디자인** 서윤하 **마케팅** 서승아
발행처 ㈜SIGONGSA **주소** 서울특별시 성동구 광나루로 172 린하우스 4층(우편번호 04791)
대표전화 02-3486-6877 **팩스(주문)** 02-585-1755
홈페이지 www.sigongsa.com / www.sigongjunior.com

ⓒ 랜들 먼로, 2023

ISBN 979-11-6925-717-6 03400

*SIGONGSA는 시공간을 넘는 무한한 콘텐츠 세상을 만듭니다.
*SIGONGSA는 더 나은 내일을 함께 만들 여러분의 소중한 의견을 기다립니다.
*잘못 만들어진 책은 구입하신 곳에서 바꾸어 드립니다.

WEPUB 원스톱 출판 투고 플랫폼 '위펍' __wepub.kr
위펍은 다양한 콘텐츠 발굴과 확장의 기회를 높여주는
SIGONGSA의 출판IP 투고·매칭 플랫폼입니다.